THE FUTURE OF HUMANITY

TERRAFORMING MARS, INTERSTELLAR TRAVEL, IMMORTALITY, AND OUR DESTINY BEYOND EARTH

離開太陽系

MICHIO KAKU

加來道雄 著

黎湛平 譯

各界好評

本書點出隨著太陽的演化，我們的地球終將不適人居，而人類必將離開地球與太陽系。天文學家已經發現了許多系外行星，為了幫助人類適應未來的環境，天文物理與太空科技將成為最熱門的領域！

——江瑛貴／清華大學天文研究所教授

將來太空旅行可能不再是夢想，人類可以隨時造訪、甚至移居其他星球，成為宇宙公民。本書作者理性探討各種挑戰及可能，富有啓發性，或許有一天，我們會用上。

——李景輝／中央研究院天文暨天文物理研究所副所長

加來道雄教授不像一般科普作家，把已知的知識寫成易懂的文字，而是根據已知的科學定律，大膽預測人類的未來。這種討論「未知」的課題，必須透徹了解「已知」，除了深厚科學與哲學素養，還得有令人讚賞的創意。

——陳文屏／中央大學天文研究所講座教授

地球就如人一般會生老病死。因此人類即使沒因為自己的愚蠢而毀滅自己，也終須面對因大自然環境改變所造成的末日。本書探討人類要如何才能擺脫各種自然的末日並且持續在宇宙間生存！

——黃崇源／中央大學天文研究所所長

加來博士條理分明、深入淺出，從火箭發展史一路講述至行星形成，亦闡釋人類如何移民火星或甚至氣態巨行星（木星、土星）的幾顆岩石衛星……《離開太陽系》熱情洋溢，處處流露「我們一定能做到」的強大影響力。

——《華爾街日報》

理論物理學家加來道雄精彩描繪人類在其他行星生存繁衍的多種可能方式。加來堅信「人類若不離開地球，終將走向淪亡」，從人類航向太空的簡史切入，再轉向目前由多位億萬富翁主導（如貝佐斯、布蘭森、馬斯克等人）重返月球、探索火星的種種付出和努力。……加來維持他一貫清晰易懂的敘事觀念，另以多部科幻小說和《銀河飛龍》等流行文化輔助說明。加來的科普書一向是暢銷榜常客，《離開太陽系》無疑又是一本長銷之作。

——《出版人周刊》

加來道雄以現有的科學概念為讀者打下基礎，再推開一扇扇想像之窗，讓讀者想望千餘年後可能的文明發展進程。他尤其擅長從膾炙人口的科幻作品尋找詞彙、汲取靈感。從漫威的《鋼鐵人》至諾蘭的《星際效應》，他信手拈來，利用大眾共享的文化經驗引述觀念、建立平台，探索遙遠未來的諸多猜想。

——《紐約時報書評》

加來道雄秉持一貫的樂觀與穩健，為讀者描繪一幅幅引人入勝的新奇場景，闡述人類如何在不違反自然法則的前提下、克服重重難關，翱翔宇宙。作者亦一如往常、將觸角伸向其他領域，進一步著墨太陽系外行星、延年增壽的研究、智慧機器人以及安居移民於新世界的細部構想。

——《科克斯書評》

獻給摯愛的妻，靜枝，愛女米雪和艾莉森。

目次

離開太陽系

THE FUTURE OF HUMANITY: TERRAFORMING MARS, INTERSTELLAR TRAVEL, IMMORTALITY, AND OUR DESTINY BEYOND EARTH

第二部——邁向星際之旅

第三部——永存宇宙

致謝

為了這本書以及我在全國廣播網和電視聯播網的節目，我採訪過許多科學家與專家，在此誠摯感謝諸位慷慨撥冗接受訪問、貢獻所長。各位的知識與對科學的真知灼見，才使本書得以順利成形。

我也要感謝我的經紀人 Stuart Krichevsky。感謝他多年來的協助與辛勞，讓我的著作本本成功。我欠他太多。他永遠都是我第一個尋求忠告的對象。

我還要謝謝我在 Penguin Random House 的編輯 Edward Kastenmeier。感謝他的指導與意見，使本書內容不偏離主軸，而他的建議也再一次讓書稿增色不少，整本書無處不見他穩健的編輯態度。

誠摯感謝以下各界先鋒和開拓先驅：

Peter Doherty, Nobel laureate, St. Jude Children's Research Hospital / Gerald Edelman, Nobel laureate, Scripps Research Institute / Murray Gell-Mann, Nobel laureate, Santa Fe Institute and Caltech / Walter Gilbert, Nobel laureate, Harvard University / David Gross, Nobel laureate, Kavli Institute for Theoretical Physics / Henry Kendall, Nobel laureate, MIT / Leon Lederman, Nobel laureate, Illinois Institute of Technology / Yoichiro Nambu, Nobel laureate, University of Chicago / Henry Pollack, Intergovernmental Panel on Climate Change, Nobel Peace Prize / Joseph Rotblat, Nobel laureate, St. Bartholomew's Hospital / Steven Weinberg, Nobel laureate, University of Texas at Austin / Frank Wilczek, Nobel laureate, MIT / Amir Aczel, author of *Uranium Wars* / Buzz Aldrin, astronaut, NASA, second man to walk on the moon / Geoff Andersen, U.S. Air Force Academy, author of *The Telescope* / David Archer, geophysical scientist, University of Chicago, author of *The*

Long Thaw / Jay Barbree, coauthor of *Moon Shot* / John Barrow, physicist, Cambridge University, author of *Impossibility* / Marcia Bartusiak, author of *Einstein's Unfinished Symphony* / Jim Bell, astronomer, Cornell University / Gregory Benford, physicist, University of California, Irvine / James Benford, physicist, president of Microwave Sciences / Jeffrey Bennett, author of *Beyond UFOs* / Bob Berman, astronomer, author of *Secrets of the Night Sky* / Leslie Biesecker, senior investigator, medical genomics, National Institutes of Health / Piers Bizony, author of *How to Build Your Own Spaceship* / Michael Blaese, senior investigator, National Institutes of Health / Alex Boese, founder of Museum of Hoaxes / Nick Bostrom, transhumanist, Oxford University / Lt. Col. Robert Bowman, director, Institute for Space and Security Studies / Travis Bradford, author of *Solar Revolution* / Cynthia Breazeal, codirector, Center for Future Storytelling, MIT Media Laboratory / Lawrence Brody, senior investigator, medical genomics, National Institutes of Health / Rodney Brooks, former director, MIT Artificial Intelligence Laboratory / Lester Brown, founder and president of Earth Policy Institute / Michael Brown, astronomer, Caltech / James Canton, author of *The Extreme Future* / Arthur Caplan, founder of Division of Medical Ethics, NYU School of Medicine / Fritjof Capra, author of *The Science of Leonardo* / Sean Carroll, cosmologist, Caltech / Andrew Chaikin, author of *A Man on the Moon* / Leroy Chiao, astronaut, NASA / Eric Chivian, physician, International Physicians for the Prevention of Nuclear War / Deepak Chopra, author of *Super Brain* / George Church, professor of genetics, Harvard Medical School / Thomas Cochran, physicist, Natural Resources Defense Council / Christopher Cokinos, astronomer, author of *The Fallen Sky* / Francis Collins, director, National Institutes of Health / Vicki Colvin, chemist, Rice University / Neil Comins, physicist, University of Maine, author of *The Hazards of Space Travel* / Steve Cook, Marshall Space Flight Center, NASA spokesperson / Christine Cosgrove, coauthor of *Normal at Any Cost* / Steve Cousins, Willow Garage Personal Robots Program / Philip Coyle, former U.S. assistant secretary of defense / Daniel Crevier, computer scientist, CEO of Coreco Imaging / Ken Croswell, astronomer, author of *Magnificent Universe* / Steven Cummer, computer scientist, Duke University / Mark Cutkosky, mechanical engineer, Stanford University / Paul Davies, physicist, author of *Superforce* / Daniel Dennett, codirector, Center for Cognitive Studies, Tufts University / Michael Dertouzos, computer scientist, MIT / Jared Diamond, Pulitzer Prize winner, UCLA / Mariette DiChristina, editor in chief, *Scientific American* / Peter Dilworth, research scientist, MIT Artificial Intelligence Laboratory / John Donoghue, creator of BrainGate, Brown University / Ann Druyan, writer and producer, Cosmos Studios / Freeman Dyson, physicist, Institute for Advanced Study, Princeton / David Eagleman, neuroscientist, Stanford University / Paul Ehrlich, environmentalist, Stanford University / John Ellis, physicist, CERN / Daniel Fairbanks, geneticist, Utah Valley University, author of *Relics of Eden* / Timothy Ferris, writer and producer, author of *Coming of Age in the Milky Way* / Maria Finitzo, filmmaker, stem cell expert, Peabody Award winner / Robert Finkelstein, robotics and computer science, Robotic Technology, Inc. / Christopher Flavin, senior fellow,

Worldwatch Institute / Louis Friedman, cofounder, Planetary Society / Jack Gallant, neuroscientist, University of California, Berkeley / James Garvin, chief scientist, NASA / Evalyn Gates, Cleveland Museum of Natural History, author of *Einstein's Telescope* / Michael Gazzaniga, neurologist, University of California, Santa Barbara / Jack Geiger, cofounder, Physicians for Social Responsibility / David Gelernter, computer scientist, Yale University / Neil Gershenfeld, director, Center for Bits and Atoms, MIT Media Laboratory / Paul Gilster, author of *Centauri Dreams* / Rebecca Goldburg, environmentalist, Pew Charitable Trusts / Don Goldsmith, astronomer, author of *The Runaway Universe* / David Goodstein, former vice provost, Caltech / J. Richard Gott III, physicist, Princeton University, author of *Time Travel in Einstein's Universe* / Stephen Jay Gould, biologist, Harvard University / Ambassador Thomas Graham, arms control and nonproliferation expert under six presidents / John Grant, author of *Corrupted Science* / Eric Green, director, National Human Genome Research Institute, National Institutes of Health / Ronald Green, genomics and bioethics, Dartmouth College, author of *Babies by Design* / Brian Greene, physicist, Columbia University, author of *The Elegant Universe* / Alan Guth, physicist, MIT, author of *The Inflationary Universe* / William Hanson, author of *The Edge of Medicine* / Chris Hadfield, astronaut, CSA / Leonard Hayflick, University of California, San Francisco School of Medicine / Donald Hillebrand, director, Argonne National Laboratory's Energy Systems Division / Allan Hobson, psychiatrist, Harvard University / Jeffrey Hoffman, astronaut, NASA, MIT / Douglas Hofstadter, Pulitzer Prize winner, author of *Gödel, Escher, Bach* / John Horgan, journalist, Stevens Institute of Technology, author of *The End of Science* / Jamie Hyneman, host of *MythBusters* / Chris Impey, astronomer, University of Arizona, author of *The Living Cosmos* / / Robert Irie, computer scientist, the Cog Project, MIT Artificial Intelligence Laboratory / P. J. Jacobowitz, journalist, *PC Magazine* / Jay Jaroslav, Human Intelligence Enterprise, MIT Artificial Intelligence Laboratory / Donald Johanson, paleoanthropologist, Institute of Human Origins, discoverer of Lucy / George Johnson, science journalist, *New York Times* / Tom Jones, astronaut, NASA / Steve Kates, astronomer, TV host / Jack Kessler, professor of medicine, Northwestern Medical Group / Robert Kirshner, astronomer, Harvard University / Kris Koenig, astronomer, filmmaker / Lawrence Krauss, physicist, Arizona State University, author of *The Physics of Star Trek* / Lawrence Kuhn, filmmaker, *Closer to Truth* / Ray Kurzweil, inventor and futurist, author of *The Age of Spiritual Machines* / Geoffrey Landis, physicist, NASA / Robert Lanza, biotechnology expert, head of Astellas Global Regenerative Medicine / Roger Launius, coauthor of *Robots in Space* / Stan Lee, creator of Marvel Comics and Spider-Man / Michael Lemonick, former senior science editor, *Time* magazine / Arthur Lerner-Lam, geologist and volcanist, Earth Institute / Simon LeVay, author of *When Science Goes Wrong* / John Lewis, astronomer, University of Arizona / Alan Lightman, physicist, MIT, author of *Einstein's Dreams* / Dan Linehan, author of *SpaceShipOne* / Seth Lloyd, mechanical engineer and physicist, MIT, author of *Programming the Universe* / Werner R. Loewenstein, former director of Cell Physics Laboratory, Columbia University /

Joseph Lykken, physicist, Fermi National Accelerator Laboratory / Pattie Maes, professor of media arts and sciences, MIT Media Laboratory / Robert Mann, author of *Forensic Detective* / Michael Paul Mason, author of *Head Cases* / W. Patrick McCray, author of *Keep Watching the Skies!* / Glenn McGee, author of *The Perfect Baby* / James McLurkin, computer scientist, Rice University / Paul McMillan, director, Space Watch / Fulvio Melia, astrophysicist, University of Arizona / William Meller, author of *Evolution* / Paul Meltzer, Center for Cancer Research, National Institutes of Health / Marvin Minsky, computer scientist, MIT, author of *The Society of Mind* / Hans Moravec, Robotics Institute of Carnegie Mellon University, author of *Robot* / Philip Morrison, physicist, MIT / Richard Muller, astrophysicist, University of California, Berkeley / David Nahamoo, IBM Fellow, IBM Human Language Technologies Group / Christina Neal, volcanist, U.S. Geological Survey / Michael Neufeld, author of *Von Braun: Dreamer of Space, Engineer of War* / Miguel Nicolelis, neuroscientist, Duke University / Shinji Nishimoto, neurologist, University of California, Berkeley / Michael Novacek, paleontology, American Museum of Natural History / S. Jay Olshansky, biogerontology, University of Illinois at Chicago, coauthor of *The Quest for Immortality* / Michael Oppenheimer, environmentalist, Princeton University / Dean Ornish, clinical professor of medicine, University of California at San Francisco / Peter Palese, virologist, Icahn School of Medicine at Mount Sinai / Charles Pellerin, former director of astrophysics, NASA / Sidney Perkowitz, author of *Hollywood Science* / John Pike, director, GlobalSecurity.org / Jena Pincott, author of *Do Gentlemen Really Prefer Blondes?* / Steven Pinker, psychologist, Harvard University / Tomaso Poggio, cognitive scientist, MIT / Corey Powell, editor in chief, *Discover* / John Powell, founder, JP Aerospace / Richard Preston, author of *The Hot Zone* and *The Demon in the Freezer* / Raman Prinja, astronomer, University College London / David Quammen, evolutionary biologist, author of *The Reluctant Mr. Darwin* / Katherine Ramsland, forensic scientist, DeSales University / Lisa Randall, physicist, Harvard University, author of *Warped Passages* / Sir Martin Rees, astronomer, Cambridge University, author of *Before the Beginning* / Jeremy Rifkin, founder, Foundation on Economic Trends / David Riquier, writing instructor/teaching assistant, Harvard University / Jane Rissler, former senior scientist, Union of Concerned Scientists / Joseph Romm, Senior Fellow at Center for American Progress, author of *Hell and High Water* / Steven Rosenberg, head of Tumor Immunology Section, National Institutes of Health / Oliver Sacks, neurologist, Columbia University / Paul Saffo, futurist, Stanford University and Institute for the Future / Carl Sagan, astronomer, Cornell University, author of *Cosmos* / Nick Sagan, coauthor of *You Call This the Future?* / Michael H. Salamon, NASA's Discipline Scientist for Fundamental Physics and Beyond Einstein program / Adam Savage, host of *MythBusters* / Peter Schwartz, futurist, founder of Global Business Network / Sara Seager, astronomer, MIT / Charles Seife, author of *Sun in a Bottle* / Michael Shermer, founder, Skeptic Society and *Skeptic* magazine / Donna Shirley, former manager, NASA Mars Exploration Program / Seth Shostak, astronomer, SETI Institute / Neil Shubin, evolutionary biologist, University of Chicago, author of *Your Inner Fish* / Paul Shuch, aerospace engineer, executive director emeritus, SETI League / Peter Singer, author of *Wired for War* / Simon Singh, writer and producer, author of *Big Bang* / Gary Small, coauthor of *iBrain* / Paul Spudis, geologist and lunar scientist, author of *The Value of the Moon* / Steven Squyres, astronomer, Cornell University / Paul Steinhardt, physicist, Princeton University, coauthor of *Endless Universe* / Jack Stern, stem cell surgeon, clinical professor of neurosurgery, Yale University / Gregory Stock, UCLA, author of *Redesigning Humans* / Richard Stone, science journalist, *Discover Magazine* / Brian Sullivan, astronomer, Hayden Planetarium / Michael Summers, astronomer, coauthor of *Exoplanets* / Leonard Susskind, physicist, Stanford University / Daniel Tammet, author of *Born on a Blue Day* / Geoffrey Taylor, physicist, University of Melbourne / Ted Taylor, physicist, designer of U.S. nuclear warheads / Max Tegmark, cosmologist, MIT / Alvin Toffler, futurist, author of *The Third Wave* / Patrick Tucker, futurist, World Future Society / Chris Turney, climatologist, University of Wollongong, author of *Ice, Mud and Blood* / Neil deGrasse Tyson, astronomer, director, Hayden Planetarium / Sesh Velamoor, futurist, Foundation for the Future / Frank von Hippel, physicist, Princeton University / Robert Wallace, coauthor of *Spycraft* / Peter Ward, coauthor of *Rare Earth* / Kevin Warwick, human cyborg expert, University of Reading / Fred Watson, astronomer, author of *Stargazer* / Mark Weiser, research scientist, Xerox PARC / Alan Weisman, author of *The World Without Us* / Spencer Wells, geneticist and producer, author of *The Journey of Man* / Daniel Werthheimer, astronomer, SETI@home, University of California, Berkeley / Mike Wessler, Cog Project, MIT Artificial Intelligence Laboratory / Michael West, CEO, AgeX Therapeutics / Roger Wiens, astronomer, Los Alamos National Laboratory / Arthur Wiggins, physicist, author of *The Joy of Physics* / Anthony Wynshaw-Boris, geneticist, Case Western Reserve University / Carl Zimmer, biologist, coauthor of *Evolution* / Robert Zimmerman, author of *Leaving Earth* / Robert Zubrin, founder, Mars Society

前言

七萬五千年前的某一天，人類差點就滅絕了。[1]當時，發生在今日印尼一帶的強烈爆炸送出鋪天蓋地的濃厚煙灰和碎石，覆蓋方圓數萬哩大地：這場雷霆萬鈞的多峇火山（Toba）大爆發，為地球近兩千五百萬年來排名第一的火山爆發事件。這次噴發揚起近兩千七百九十二立方公里的塵土，規模難以想像，還導致今日分屬馬來西亞與印度的大部分地區皆覆上厚達九公尺的火山灰。最後，這批有毒煙塵飄洋過海來到非洲，所經之途無不留下死亡與毀滅的痕跡。

請想像一下這場巨災所導致的混亂：蔽日灰雲和滾燙高溫襲擊我們的老祖宗，許多人被濃厚的煙灰及塵土嗆死或毒死。接著，「火山冬天」（volcanic winter）隨之而來，溫度驟降，眼見所及盡是植被凋零、野生動物橫屍遍野的淒涼景象。人類和動物被迫在荒蕪土地上尋覓所剩無幾的食物，且大多死於飢餓，彷彿整個地球都陷入瀕死狀態。活下來的寥寥數人只有一個目標：在死亡之幕落下以前，他們得盡可能逃得越遠越好。

說不定你我身上都能找到這次巨變的明確證據。[2]遺傳學家注意到一件不尋常的事實：任兩個人身上帶有的遺傳因子（DNA）幾乎完全一致。相對的，任兩頭黑猩猩的遺傳變異卻遠遠大於整個人類族群的遺傳變異。若以數學概念來解釋這種現象，某一理論是推測當年的火山爆發奪走絕大多數人的性命，只留下一小撮活口——約莫兩千人。然而不可思議的是，這幫髒兮兮、衣衫襤褸的人類竟成為亞當和夏娃，繁衍後代遍布整個星球。故你我幾乎都是彼此的複製體或兄弟姊妹，咱們的祖先全來自同一群飽經風霜、人數少到可能連大飯店舞廳都塞不滿的人。

這群人辛苦跋涉、翻山越嶺，橫越貧瘠大地，但他們可能壓根沒想到：將來有一天，他們的子孫將統治這星球的每一個角落。

今天，我們凝視未來，這才發現兩千五百萬年前的那次事件，說不定就是未來地球大浩劫的彩排。我個人是在一九九二年意識到這件事的。當時，我聽見一則驚人的消息，說是科學家首度發現一顆繞著遙遠恆星轉動的行星。而憑著前述這項發現，天文學家證明在我們的太陽系之外還有其他行星存在。那是人類對宇宙認知的一次大躍進，然而接下來，當我知道那顆系外行星繞著一顆死掉的恆星「脈衝星」（pulsar）轉動——脈衝星是超新星爆炸殘留的星體，而那場爆炸或許摧毀了行星上潛在的所有生命——我反倒難過起來。就科學所知，若鄰近恆星發生爆炸，沒有任何生物能頂得住恆星爆炸所釋出的核爆級威力。

於是我開始想像：那顆行星或許曾有過文明。該文明意識到自己的母恆星（太陽）正處於垂死邊緣，急忙造出一支或能將他們送往其他星系的大型太空艦隊。那顆行星想必也曾處於極大的混亂之中：驚惶絕望的居民爭先恐後、在逐一啓航的船艦上搶奪所剩無幾的空位。我想像那些被拋下的人，即將面對最終命運太陽爆炸時，內心有多麼恐懼。

人類總有一天終會遭遇某種滅絕等級的大事件，這和物理定律同樣無可避免、必然發生。但我們是否能像數千萬年前的老祖宗一樣，懷抱決心和毅力，絕處逢生、力挽狂瀾？

概略瀏覽一下地球出現過的生命形式，從顯微鏡底下的細菌到高聳參天的森林、移動緩慢的恐龍和主宰地球的人類，我們發現，超過九成九九最後都會滅絕。這表示滅絕乃家常便飯，且情勢對我們極為不利。挖開你我腳下的土地，那些出土的化石紀錄正是許多古老生命形式曾經存在的證據，最後卻僅有極小部分得以存活至今。在人類出現以前，地球曾出現過數百萬種物種、也都各自有過一段風光日子，然後漸漸死亡消逝。這就是生命的故事。

不論我們有多珍惜那教人心醉、浪漫至極的落日餘暉，或清新拂面的海風，或溫暖怡人的夏日，這一切終究會結束。這顆行星總有一天將不再適合人類居住。大自然終將背棄你我，如同祂對其他所有滅絕生物所做的一樣。

在地球浩瀚的生命史中，顯示生物體在遭遇不友善的生存環境時，只有三條路可走：要嘛離開、要嘛適應，否則只能等死。假如我們眼光轉向未來、並且看得夠遠，會發現人類終將面臨一場嚴重到不可能適應的巨大災難——我們勢必得離開地球，否則註定毀滅。沒有其他選擇。

這類災難在過去曾反覆出現，未來也無可避免地會一再發生。地球已然熬過五次大滅絕周期，超過百分之九十的生物亦因此消失。誠如白晝之後必有黑夜，大滅絕一定會再度發生。

若以數十年為一個比較基準，人類此刻面臨的威脅並非自然災害，大多是咎由自取，這都要怪我們自己愚昧無知、短視近利：大氣層開始與我們為敵，於是地球陷入暖化危機。全球局勢最不穩定的幾個地區，其核武數量激增，於是人類不得不面對現代戰爭威脅。細菌戰危機亦迫在眼前，像愛滋病毒或伊波拉病毒這類經空氣傳播的微生物，只要一記噴嚏或咳嗽就能造成威脅，消滅百分之九十八以上的人類。不僅如此，我們還面臨汙染擴大、地球資源瘋狂消耗的問題。在未來某個時間點，人類消耗的資源可能會超過地球承載量（carrying capacity），終而來到生態末日，導致眾人互相爭奪這顆星球最後殘存的資本。

除了自己造孽，另外還有幾乎不受人類掌控的自然災害：我們可能在數千年後遭遇另一次冰河時期。過去十萬年間，大部分的地表覆蓋最厚可達八百公尺的堅冰，而荒涼的冰凍大地亦導致許多動物絕種。接著在一萬年前，氣候回暖、冰雪融化，這段短暫的溫暖時期使現代文明突然興起，人類也利用這個機會遷徙繁衍。然而，這只是曇花一現的「間冰期」，意即地球在接下來的一萬年內將再度進入冰河期。下一次冰河期來臨時，城市將埋沒在厚如高山的冰雪底下，人類文明也將被堅冰壓碎、擊垮。

另外就是，黃石公園底下的超級火山也可能自千年酣睡中悠悠轉醒，撕裂美國土地、再以嗆人的有毒煙灰和碎石雲吞沒地球。這座火山最近幾次爆發的時間分別是六十三萬年前、一百三十萬年前及兩百一十萬年前，爆發間隔約七十萬年。依循這個規律，我們可能在未來十萬年內遭遇另一場毀天滅地的大爆發。

若再以百萬年觀之，地球要面對的是另一次隕石或彗星衝擊，情況和六千五百萬年前恐龍絕跡那次差不多。當時，有塊縱徑近十公里的隕石衝向墨西哥的猶加敦半島（Yucatán peninsula），火紅熾熱的殘骸直上雲霄、復又如雨滴落下。這次爆炸規模比多峇火山爆發大得多，煙塵聚集的灰雲遮蔽日光，甚至導致全球氣溫驟降。植物枯死，食物鏈瓦解，以植物為食的恐龍首先餓死，不久即輪到肉食恐龍命喪黃泉。到最後，地球上約九成的生物因這場大浩劫而消滅殆盡。

幾千年來，人類樂觀地罔顧現實，忘了地球其實是漂浮在極可能相當致命的岩石池中。一直到最近十年，科學家才動手計算一場大衝擊可能造成的實際風險。現在我們知道，橫越地球軌道的近地天體（NEOs）數量達好幾千顆，不時威脅地球上的億萬生命。二〇一七年六月，總計有一萬六千兩百九十四顆「太空石頭」完成編目，不過這還只是已經發現的部分。據天文學家估計，太陽系內或許還有數百萬顆未知天體，隨時可能與地球擦身而過。

有次我訪問已故天文學家卡爾．薩根（Carl Sagan），會面中談到這類威脅。他特別強調：我們活在「宇宙靶場」中，周遭盡是危險隱憂。他告訴我，地球早晚會被大型小行星擊中。若能設法照亮這些小行星，我們會看見夜空中充滿成千上萬象徵危機的光點。

就算我們假設能順利避開這些危險，眼前還有件大事，足以令其他危機相形見絀：從現在算起、大概再過五十億年，太陽會膨脹成紅巨星，塞滿天空。屆時太陽將變得極巨大，就連地球都將沒入它炙熱的大氣層，如此高熱將使地球宛如地獄，生物幾乎不可能存活。

但人類不像其他只能坐困愁城、等待命運降臨的地球生物，我們有能力主宰自己的命運。幸運的是，我們已著手創造各式工具，力抗大自然拋出的難題，讓人類不至於成為那注定滅絕的百分之九十九點九之一。在這本書裡，我們會讀到幾位開路先鋒的事蹟，他們充滿幹勁，有遠見也有資源，有能力改變人類的命運。此外也會認識幾位夢想家，他們深信人類能在外太空生存並繁衍後代。我們還會分析幾項科技的革命性進展，人類將得以跨出地球、在太陽系其他地區安身立命，甚至可能遠至太陽系外。

不過，如果我們當眞能從歷史學到寶貴的一課，那麼這一課肯定是人類會在面臨生存威脅時，一次又一次奮發繼起、正面迎戰，一次又一次達到更高的目標。就某種意義而言，這種探險精神早已嵌入我們的基因、深深刻進你我的靈魂。

但此刻，我們或許正要面對人類最大的一項挑戰：掙脫地球束縛、奔向外太空。物理法則清楚揭示，人類遲早會遇上威脅基本生存的全球危機。

生命彌足珍貴，是以不該只出現在一顆星球上，不該任憑行星威脅擺布。

我們需要一份「保單」，薩根如此對我說。他的結論是，人類應該成為「雙行星兩棲物種」。換言之，我們需要備案。

這本書也會帶領讀者探索歷史和過去挑戰，以及攤在我們眼前的各種可能方案。這條路絕不輕鬆，也會遇上不少挫折，但我們別無選擇。

從七萬五千年前瀕臨滅絕至今，歷代先祖勇往直前、最後成功殖民整個地球。所以我也希望，這本書能針對將來無可迴避的艱難險阻，列出克服障礙的必要步驟。或許，人類的終極命運就是悠遊移居眾星之間，成為「多行星族類」。

引言：邁向多行星族類

假如人類的永續生存將面臨存亡危機，那麼我們對自己的物種就有最基本的責任：冒險犯難，尋找新世界。

——美國天文學家卡爾．薩根

恐龍之所以滅絕，是因為牠們沒有太空計畫。如果人類因為沒有太空計畫而導致滅絕，那就是我們活該。

——美國科幻小說家賴瑞．尼文（Larry Niven）

小時候，我讀了艾西莫夫（Isaac Asimov）的《基地三部曲》，這系列被譽為科幻小說史其中一部最偉大的傳奇故事。艾西莫夫筆下的雷射槍作戰、抵禦外星人等太空戰役固然教人神往，但真正令我震撼的，是他提出一個簡單卻深刻的問題：五萬年後，人類文明將走向何方？人類的終極命運究竟是什麼？

艾西莫夫在這開天闢地的三部曲中，描繪了人類足跡遍布銀河系的景象，而這數百萬人跡廣布的行星則由龐大的「銀河帝國」統治。在那個時代，人類已走得太遠，以致孕育人類偉大文明的原鄉早已消失在史前迷霧之中。銀河系遍布許許多多先進的社會體系，眾人亦透過複雜的經濟網絡彼此連結。既然擁有如此巨量的樣本，我們就能像預測分子運動一樣，利用數學預測任一事件的未來發展。

多年前，我曾邀請艾西莫夫博士至敝校演講。在聆聽他深富哲理的談話時，博士的淵博知識令我吃驚萬分。我問起那個自孩提時代便縈繞心頭的問題：究竟是什麼動機促使他寫下基地系列？他怎麼會想到「涵蓋整個銀河系」這麼大的主題？博士沒有片刻猶豫，馬上回答此乃受到羅馬帝國興衰啓發，因而寫下這個故事。後人可以從帝國興亡的故事中，看見羅馬人的命運如何遭歷史洪流淹沒。

於是我開始好奇，人類歷史是否也有其定數？也許，我們的命運是終將創造遍及全銀河系的文明。也許，人類的命運確實就在星辰之間。

艾西莫夫作品中潛藏的許多主題，其實更早以前就有人探討過了：譬如奧拉夫．斯塔普雷頓（Olaf Stapledon）最具影響力的小說《造星者》（*Star Maker*）。小說主角幻想自己能翱翔外太空，終而抵達數顆遙遠行星。在意識世界裡，他穿越銀河，造訪一個又一個星系，見識一個又一個奇異璀璨的外星帝國。有些逐漸強盛壯大，創造豐餘富足的太平盛世，有些甚至利用星河建立龐大的星際帝國。其餘則猶如廢墟，因怨恨、衝突及戰爭而日益破敗。

後世許多科幻小說也納進斯塔普雷頓提出的革新概念。譬如，《造星者》主角發現，許多超先進文明會刻意對低階文明保密、封鎖其存在事實，以免後者遭高階科技污染——這個想法和《銀河飛龍》（*Star Trek*）系列中，星際聯邦指導原則之一「最高指導原則」（Prime Directive）如出一轍。

《造星者》主角亦巧遇一支複雜文明：該文明成員將母恆星包在一個巨大球體內，以便汲取其能量。這個概念後來稱為「戴森球」（Dyson sphere），業已成為今日科幻小說的基本要素。

他還見過不斷與族人心電感應、藉此溝通的奇特種族，族裡每一個體都曉得其他個體的私密想法。這個構想也早於《銀河飛龍》的「博格人」（Borg）：博格人彼此「心意相通」，集體服從「蜂群意志」（will of the Hive）。

小說來到尾聲時，主角終於見到「造星者」本尊——創造並修補所有宇宙、賦予各宇宙獨立物理定律的「仙人」。這表示我們的宇宙只是眾多宇宙之一。主角瞠目結舌旁觀造星者工作，後者猶如變戲法似地做出令人期待的嶄新國度，同時將不入眼的文明一把抹去。

在廣播電台猶如科技奇蹟的一九三〇年代，斯塔普雷頓這本先鋒之作引發極大震撼。當時，進行星際之旅、接觸外星文明的想法壓根是癡人說夢，荒謬至極。那時候，螺旋槳飛機還穩坐「頂尖科技」寶座，人類還沒有能力衝出白雲、探索天際，因此星際旅行的希望看似渺茫，可能性微乎其微。

《造星者》甫一推出旋即大賣。英國知名科幻小說家亞瑟．克拉克爵士（Authur C.Clarke）稱其為有史以來最傑出的科幻作品。《造星者》點燃「戰後科幻作家」一整個世代的想像力，但是這本傑作沒多久便消逝於在二次大戰的混亂與暴行中，為普羅大眾遺忘。

尋找新行星

目前，克卜勒太空望遠鏡（Kepler spacecraft）和地表作業的一群天文學家，已在銀河系內發現近四千顆繞恆星旋轉的行星。既然如此，應該有人會開始好奇：斯塔普雷頓描寫的外星文明是否當眞存在？

二〇一七年，美國國家航空暨太空總署（NASA）的科學家發現不只一顆、而是「七顆」大小跟地球差不多的行星，繞著我們附近、離地球約卅九光年的某恆星轉動。這七顆行星中的三顆離母恆星夠近，足以支持液態水存在。要不了多久，天文學家就能確認這幾顆行星是否覆蓋含水汽的大氣層。由於水號稱「萬能溶劑」，可作為有機化學物質的混料缽、造出DNA分子，因此科學家說不定有辦法證明這種「生命衍生條件」為宇宙通則。也許我們就快找到行星天文學界的聖杯，在外太空覓得地球的孿生兄弟。

約莫在同一時間，天文學家又得到另一項改變遊戲規則的重大發現：一顆與地球差不多大小、命名為「毗鄰星 b」（Proxima Centauri b）的行星，繞著離地球最近的恆星「毗鄰星」轉動。毗鄰星和地球的距離不過區區四點二光年，長久以來，科學家始終推測毗鄰星應該會是人類探索的第一顆太陽系外恆星。

這幾顆行星充其量只是浩瀚的《太陽系外行星百科》(*Extrasolar Planets Encyclopaedia*)裡的幾筆資料，而這份百科全書幾乎周周更新，內容囊括就連斯塔普雷頓也只能望之興嘆的奇特星系——譬如光是母恆星就有四顆以上、且彼此互繞的不尋常星系。許多天文學家相信，只要不違反物理定律，凡是你想像得到的行星組成，實際上都可能藏在於某不知名星系深處。

這也就是說，其實我們可以粗略計算整個宇宙有多少類地行星（Earth-sized）存在。銀河系約有一千億顆恆星，那麼光是我們這個星系裡，大概就有兩百億顆地球大小的行星圍繞它們的太陽旋轉。再加上目前的儀器約可觀測到一千億個星系，算算整個可觀測宇宙有多少顆大小近似地球的行星？答案揭曉：二億兆。夠嚇人吧？

在明白銀河系可能塞滿無數適居星球之後，往後各位應該不會再以相同的眼光看待夜空了。

待天文學家確認這些行星的性質，下一個目標就是分析其大氣層是否含氧及水蒸氣（即所謂「生命象徵」），並聽取無線電波、探測這些星球有沒有智慧文明存在。這項發現將成為人類歷史的重要轉捩點，足以與人類「馴火」（懂得用火）相提並論。此進展不僅重新定義地球和宇宙的關係，也將改變人類的命運。

太空探索的新黃金時代

所有關於系外行星的振奮發現、以及新世代夢想家提出的嶄新構想，終於再度喚起社會大眾對「太空旅行」的興趣。起初因為冷戰和強權對抗的關係，美俄開始擬定太空計畫。當年美國將數字驚人的聯邦預算（占百分之五點五）投入「阿波羅太空計畫」，但老百姓壓根不在意金額多少：因為美國的威信正遭受威脅。然而這種狂熱競爭不可能永遠持續下去，於是資金支援日漸短絀，終於瓦解。

美國太空人最近一次在月球漫步，已是近四十五年前的往事了。現在，「神農五號」運載火箭（Saturn V）和太空梭拆解成一塊塊零件，扔在博物館和垃圾場任其生鏽，而它們的故事也封進蒙塵的史書裡，無人聞問。在太空計畫退燒之後的年歲裡，NASA被批為「沒有未來的單位」，空轉數十年，執意繼續前人走過的道路。

不過，美國的經濟局勢在過去幾年起了變化。太空旅行一度要價高昂、占用大筆國家預算，現在造價卻穩定下降，這很大一部分要歸因於一群新興企業家投入的資金、精力與熱誠。NASA的牛步令他們失去耐性，諸如特斯拉汽車執行長艾隆・馬斯克（Elon Musk）、維珍集團執行長理查・布蘭森（Richard Branson）、亞馬遜創始人傑夫・貝佐斯（Jeff Bezos）等人早已紛紛打開支票簿，著手建造新型火箭。這些企業家不只想賺錢，他們也想實現孩提時代的夢想：探索星辰。

現在全國上下再度齊心盼望。眼前的問題已非美國「要不要」送太空人上紅星，而是「何時」達成目標。美國前總統歐巴馬則言明，美國太空人將在二〇三〇年左右漫步火星，而現任總統川普則要求NASA加快進度。

諸如NASA「太空發射系統」（Space Launch System，SLS，將與「獵戶座太空船」搭配出任務）、伊隆・馬斯克的「獵鷹重型火箭」（Falcon Heavy）等一系列運載火箭，目前皆已進入初期測試階段。這群火箭肩負重任，將載著地球太空人登上月球、小行星、火星甚至更遠的地方。事實上，這項任務所凝聚的熱情與密集宣傳，使各方的火箭計畫逐漸顯現較勁之勢。由於有多個團體相互競爭，看誰能率先插旗火星大地，未來前往火星的路上搞不好會因此塞車呢。

有些人是這麼寫的：人類即將進入太空旅行的新黃金年代。而在歷經數十年漠視之後，宇宙探索將再度成為舉國振奮的國家大事。

展望未來，我們依稀看見科學將使太空探索全面改觀。由於大量現代科技皆出現創新進展、牽涉層面也推進得更廣，於是我們可以大膽推斷：將來有一天，人類文明將移往外太空，改造外星並使其地球化，人類也得以周遊眾星之間。雖然這是個長期目標，但至少現在可以給出合理的時間表，預估何時能達成這座宇宙里程碑。

在這本書裡，我會探討達成這項雄大目標的各種必要步驟。不過，要想探知人類未來如何開展，理解這些先進奇蹟背後的相關科學原理，才是至要關鍵。

科技革新浪潮

浩瀚的科學疆界橫亙眼前，而這道界線或有助於客觀審視人類壯闊的歷史萬象。如果老祖宗有機會看見今天的我們，不知他們有何想法？回溯歷史，人類大多時候都過得不太好，在嚴苛、冷漠的世界裡掙扎求生，預期壽命頂多二、三十歲。那時人類過著游牧生活，把所有家當都背在身上、四處遷徙，天天辛苦尋找食物和遮風避雨之處，成天活在恐懼中，害怕凶猛的掠食者、疫病與飢餓。然而，要是這群老祖宗能見到今日的我們，看見我們能送出越過整個星球的即時影像，建造火箭送人上月球、上太空，還有可自動駕駛的車輛，老祖宗肯定以為我們是術士、巫師或魔法師什麼的。

歷史顯示，物理學的進步通常會啓發科學革新，且形勢如浪潮整片襲來。十九世紀物理學家創造力學與熱動力學理論，促成第一波科技革新浪潮；工程師因此造出蒸氣引擎，旋而引發火車頭及相關工業革命。這次科技轉移的影響深遠，使人類文明脫離愚昧無知、貧窮、一切只能仰仗勞力的詛咒，從此進入機械時代。

來到二十世紀，第二波革新浪潮由精通電學及磁學定律的物理大師打頭陣，進而開創電子時代。這波革新促成城市電氣化，各式先進發電機、電視、廣播、雷達紛紛進駐城市，並催生現代太空計畫，送人類上月球。

二十一世紀的第三波革新主要表現在高科技產業，領頭羊則是發明電晶體及雷射的量子物理學家。超級電腦、網際網路、現代電子通訊設備、全球定位系統（GPS）以及無所不在的微晶片應運而生，深入生活各個層面。

我也會在書裡介紹一些科學技術，這些技術將帶領我們跨得更遠，探索行星和恆星。本書第一部分會討論在月球設立永久基地、殖民火星（火星地球化）的努力和進展，而這就不免要用到包含人工智慧（AI）、奈米技術、生物技術在內的第四波新科技。雖然「改造火星」這個目標仍超出人類現階段的能力範圍，不過，二十二世紀的新科技必定能讓我們把這塊荒涼的冰凍沙漠變成安居樂土。我們也會考慮利用具自我修復力的機器人、超強韌超輕量的奈米材質以及生物工程作物，這都能大幅降低成本，讓火星變成名副其實的世外桃源。最後，我們會繼續前進，越過火星，在小行星和氣態巨行星（類木行星，即木星、土星）的衛星上開疆闢地，落地生根。

本書第二部分著眼於更長久之後的年代，屆時我們將有能力移居太陽系外、探索鄰近恆星。同樣的，這項任務也超出人類現階段的科技能耐，但諸如奈米船（nanoship）、雷射光帆（laser sail）、衝壓噴射核融合引擎（ramjet fusion machine）、反物質引擎（antimatter engine）等第五波科技革新將可助其實現。事實上，為了實踐星際旅行，NASA已撥款贊助相關物理研究。

本書第三部分將分析人體的必要調整，好讓我們能在眾星之間覓得新家園。一趟星際旅行可能歷時數十載或甚至好幾世紀，因此人類勢必得進行遺傳工程改造，使我們能熬過長時間的外太空旅行，而延長壽命或許是方法之一。今日看來，儘管「青春之泉」不可能存在，科學家仍多方探索，想找出最有希望減緩、或甚至停止老化過程的可能辦法。你我的後代子孫或許有機會享有某種形式的不朽。再者，為了順應與地球不同的重力、大氣組成和生態系，我們可能也得利用遺傳工程改造基因，才有辦法在遙遠行星順利繁衍。

多虧「人腦聯結體計畫」（Human Connectome Project，HCP）——該計畫詳盡描繪人類大腦中的每一條神經元——將來某一天，我們說不定就能透過巨大雷射光束，將「神經網路體」（connectomes，或稱「聯結體」）送出外太空，免除星際旅行引發的諸多問題。我管這個程序叫「埠對埠雷射傳輸」（laser porting），它說不定能讓我們的意識自由移動、以光速盡情探索星系甚至宇宙，如此就不必擔心星際旅行的顯著風險了。

假如上個世紀的人，將今日的你我視為術士或魔法師，那麼我們又將如何看待百年之後的後代子孫？

在現代人眼中，我們的後代子孫可能有如希臘眾神：如「默丘利」（Mercury）般敏捷，穿梭星際、造訪鄰近星球，或像「維納斯」（Venus）擁有不朽的完美軀體。再不然就像「阿波羅」，能無限取用母恆星的能量，或如「宙斯」（Zeus）發出精神指令，使願望成真。他們說不定還能利用基因工程做出「飛馬佩迦速斯」（Pegasus）這類神祕幻獸呢。

換言之，人類的命運是成為人類一度畏懼和崇拜的神祇。科學將賜與良方，讓我們依想像形塑宇宙，然而問題就在於人類獲得這份巨大「神力」的同時，是否也能擁有所羅門王的智慧，善用這股力量？

此外，我們也可能和地球以外的生命搭上線。要是人類遇上比我們先進數百萬年的高階文明，可能會發生什麼情況？他們能漫遊星系、改變時空結構，說不定還能操縱黑洞，利用蛀孔進行超光速時空之旅。針對這一點，本書也會予以討論。

二〇一六年，天文學家宣稱找到某種「巨型結構」——或許巨大如戴森球——繞著一顆遙遠恆星轉動的證據，於是天文界和媒體對外太空先進文明的推測與期盼，亦達到高峰。雖然這些證據尚不足以做出結論，卻是科學家首度正視「外太空可能真有高等文明存在」的事實。

最後，本書還會探究人類面臨地球（或甚至宇宙本身）死亡的可能性。雖然我們的宇宙還很年輕，我們依然能預見在遙遠未來的某一天，人類文明可能逐漸逼近「大凍結」（Big Freeze），即氣溫驟降至絕對零度左右，所有已知生物將無法繼續生存。屆時，我們的科技是否進步到足以逃離這個宇宙、穿越超時空（hyperspace），探索全新且更年輕的宇宙？

理論物理學派（也是我本人的專長）開啓一扇新觀念之門，指出我們的宇宙可能僅是漂浮在多重宇宙泡泡中的一個。每個泡泡都是一個宇宙。說不定在多重宇宙的其他泡泡中，有個新家正在等著我們。凝望這群宇宙時，我想也許人類有一天能解開造星者的偉大設計之謎。

所以，科幻小說裡令人驚嘆的非凡事蹟，比如那些一度被認為只是夢想家想像力過盛的產物，說不定有一天會確實成真。

人類即將踏上或許是有史以來最偉大的冒險旅程。而諸多驚人且快速的科學進展，則可能在艾西莫夫、斯塔普雷頓與現實之間的鴻溝築梁建橋。「離開地球」是邁向星際這段漫長旅途的第一步。中國古諺有云：千里之行，始於足下。這趟旅程就從世上第一具火箭開始吧。

第一部

脫離地球

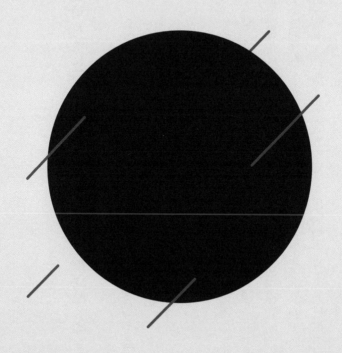

第一章 準備升空

任何一個坐上全世界最大氫氧燃料系統的人，要是得知自己即將火燒屁股、卻毫不擔憂，其實並未全盤了解狀況。

——美國太空人約翰．楊恩（John Young）

一八九九年十月十九日，一名十七歲少年爬上櫻桃樹、有了頓悟。他才剛讀完英國小說家H．G．威爾斯（H.G. Wells）的小說《世界大戰》（*War of the Worlds*），其中「火箭能帶我們探索宇宙」這個想法令他興致勃勃。他想像，若能做出某種可能可以飛抵火星的裝置，肯定超級棒的，於是便有了「人類的命運是探索紅星」此一遠大志向。待少年從樹梢下來，他的人生徹底改觀。他將為夢想獻出一生，持續改良火箭，只為實現願景。在他往後的人生裡，每年的十月十九日都將是值得紀念的日子。

這名少年是羅伯特．戈達德（Robert Goddard）。他不斷改良設計，造出了第一枚以液態燃料為動力的多節火箭（multistage rocket），並經多次發射，自此改變了人類的命運軌跡。

齊奧爾科夫斯基——深具遠見的孤獨隱士

戈達德是為數不多的火箭先驅之一。這群深具遠見的先驅者雖然孤獨、貧窮、遭同儕奚落訕笑，卻仍排除萬難、勇往直前，並為太空旅行奠定基礎。另一位是偉大的俄國火箭科學家康斯坦丁・齊奧爾科夫斯基（Konstantin Tsiolkovsky）。他詳細闡述太空旅行的理論基礎，為戈達德預先鋪路。齊奧爾科夫斯基是個隱士，生活清苦，勉強以教書維持生計。年輕時，他大多窩在圖書館鑽研科學期刊、學習牛頓運動定律，再將其應用於太空旅行研究。[3]航向月球和火星是他的夢想。他完全不倚賴科學社群，單憑自己想通可應用於火箭的數學、物理學和力學原理，算出了地球的「脫離速度」（escape velocity）❶——即物體擺脫地球重力所需的速度——為每小時四萬兩百公里。若和他那個時代的常用交通工具「馬匹」相比（時速二十四公里），這個速度實在太快太快了。

一九〇三年，齊奧爾科夫斯基發表著名的火箭方程式，可依火箭重量及燃料供應量算出火箭的最大飛行速度。該方程式顯示，速度與燃料的呈指數關係。如果想讓火箭速度增加一倍，一般通常會推測只要增加一倍燃料就好了，但事實不然。實際需要的燃料量是速度改變量的指數倍。為了追加推進力、提升速度，就必須耗費極大量的燃料。

這層指數關係使人一眼看清，脫離地球需要大量燃料。齊奧爾科夫斯基憑著這道方程式，首次估算出飛上月球需要多少燃料。不過他的願景還要再過許多許多年才會實現。

齊奧爾科夫斯基的思考原則是：地球是我們的搖籃，但我們不可能永遠待在搖籃裡。此外，他相信名為「宇宙主義」（cosmism）的哲學觀，主張探索外太空才是人類的未來。他在一九一一年寫道：「立足小行星，拾起月岩，在乙太空間打造流動太空站，在地球、月球和太陽周圍籌畫可

❶ 審定注：脫離速度又叫做第二宇宙速度。若與讓物體以圓形軌道環繞地球的第一宇宙速度相比，則是大了$\sqrt{2}$倍。

供居住的太空環，隔著不到數十公里的近距離觀察火星、登上其衛星或甚至降落火星表面——還有什麼比這些主意更瘋狂！」[4]

不過齊奧爾科夫斯基實在太窮了，沒有能力將數學公式化為眞實模型。好在有戈達德接下他的棒子，當眞造出火箭原型，奠定未來太空旅行的基礎。

戈達德——火箭之父

羅伯特．戈達德對科學感興趣的起點，是小時候目睹自己居住的城鎮電氣化：他開始相信，科學會顚覆人類生活的每一層面。他父親支持他的興趣，買望遠鏡、顯微鏡給他，還為他訂閱科學雜誌《科學的美國人》（*Scientific American*）。戈達德起先拿風箏和氣球做實驗，不過有一天，他在圖書館看書，意外翻到牛頓名作《數學原理》（*Principia Mathematica*）並學會運動定律，自此他的興趣立刻變成「如何將牛頓定律應用於火箭科學」。

透過三項創新，戈達德有系統地將求知欲轉變成有用的科學工具。第一，他用不同燃料做實驗，發現粉末型燃料效率不佳，完全不夠力。雖然中國在數百年前就發明火藥，並且應用在火箭上，可是粉狀火藥燃燒不平均，導致中國的火箭仍以玩具用途為主。戈達德靈機一動，以液態燃料取代粉末燃料。由於液態燃料控制精確，故能穩定且完全燃燒。他做了一只雙筒火箭，一筒裝酒精之類的液態燃料，另一筒則塡入氧化劑（如液態氧）。這些液體經由連串管路與閥門送進燃燒室，激發經過精密控制的小爆炸，推動火箭。

戈達德明白，隨著火箭升上天，燃料箱也會逐漸清空，於是他的第二項創新就是導入可拋棄空燃料槽的多節火箭，在升空過程中逐漸減輕負重，大大提高火箭的飛行範圍和效率。

第三項創新是應用「陀螺儀」（gyroscopes）。陀螺儀一旦開始旋轉，其軸心會固定指向一個方向，再怎麼轉也不會改變指向。打個比方來說：如果陀螺儀的軸心指向北極，就算上下倒置，最後還是會繼續指著同一方向。這也就是說，假如太空船在行進間亂飄、偏離航道，這時只要調整火箭就能修正之前的錯誤動作，重回既定航道。戈達德心知他能利用陀螺儀的特性，讓火箭持續對準目標。

一九二六年，戈達德成功發射液態燃料火箭，此舉創造了歷史。火箭向上飛了十三公尺高，降落在五十六公尺遠的甘藍菜田裡。（這只火箭當年的降落處，如今是一片供所有火箭科學家使用的空地，而且還被官方列為「國家歷史地標」。）

戈達德在他位於克拉克大學（Clark College）的實驗室裡，成功打造適用於所有化學火箭的基本架構。今天，發射台上那轟隆巨響、一飛衝天的龐然大物，完完全全就是照戈達德設計的原型所建構出來的。

受盡奚落

戈達德雖成就非凡，但他無疑是媒體眼中落井下石的理想對象。一九二〇年，他認眞思考太空旅行可行性的消息曝光後，遭《紐約時報》嚴詞批評，指責此舉可能排擠其他經費較不充裕的物理學家。「戈達德教授霸著克拉克大學的位子……」，《紐約時報》挖苦道，「但他似乎沒搞清楚作用和反作用力的關係，也不曉得他得找到比眞空更好的媒介來產生反作用力。當然囉，教授似乎只是缺乏高中天天在教的基礎知識吧。」[5] 然後在一九二九年，戈達德完成另一次發射後，麻薩諸塞州伍斯特（Worcester）當地的報紙下了一道語帶羞辱的標題：「登月火箭錯過目標——只差三十八萬四千二百二十八點三九五五公里」。《紐約時報》和其他媒體顯然對牛頓力學一竅不通，誤以為火箭無法在外太空的眞空中移動。

牛頓第三運動定律言明：所有作用力必定會產生一大小相等、方向相反的反作用力，而太空旅行正是由這股力量支配。任何有過「吹了氣球再放開、看著氣球到處亂飛」經驗的小朋友，對這個定律肯定不陌生：瞬間從氣球裡衝出的空氣是「作用力」，而「反作用力」則是氣球本身往前移動的力。同樣的道理，火箭末端射出的熾熱氣體是作用力，火箭向前移動的推進力是反作用力，這套規則就算在眞空環境下也依然成立。

戈達德於一九四五年去世，無緣看見《紐約時報》編輯在一九六九年、阿波羅號登陸月球之後刊登的道歉啓事。該報寫道：「火箭在眞空中確實如同在大氣中一樣，皆能運作，今已確認無誤。《紐約時報》承認錯誤，謹此致歉。」

火箭的戰爭與和平

火箭學發展的第一階段，我們有齊奧爾科夫斯基這樣的夢想家，全心鑽研太空旅行的物理與數學基礎。第二階段則有實際造出首批火箭原型的戈達德。來到第三階段，火箭學家開始引起強權政府注意。韋納・馮布勞恩（Wernher von Braun）繼承前人的草圖、夢想和模型，得到德國政府的支持（後來再加上美國），終於成功造出能載人上月球的巨型火箭。[6]

對所有研究火箭的科學家來說，最值得慶賀的就是同儕間誕生了一位「貴族」：馮布勞恩男爵的父親在德國威瑪共和時期，官拜農業大臣，而母親那一系的血脈可追溯至法國、丹麥、蘇格蘭與英格蘭王室。幼年時期，馮布勞恩的鋼琴造詣頗深，甚至還創作不少曲子。在某個時間點，他或許有機會朝音樂家或作曲家之路邁進，爾後功成名就，但就在他母親買給他望遠鏡之後，他的命運徹底轉變。太空令他深深著迷。他飢渴地一頭栽進科幻小說世界，而火箭推進汽車所創造的飆速紀錄也令他大感振奮，深獲啓發。十二歲那年，有一天，他不小心在柏林熙來攘往的大街上引發一場混亂：他把好幾串火箭炮綁在玩具車上，結果小車跑得跟火箭一樣快，他興奮極了。可惜警察並不欣賞他的創意。馮布勞恩遭警方拘留，不過旋即因為父親的影響力而獲釋。多年後，他開心憶起這件往事：「那輛玩具車的表現完全超出我最狂野的想像，瘋狂地橫衝直撞，像彗星一樣拖著一道火光。後來火箭燒光、發出一聲轟天巨響，結束它光芒璀璨的表演，而玩具車又繼續翻了好幾翻才停下來。」

馮布勞恩承認自己的數學一直很差。不過他矢志改良火箭的決心，令他在微積分、牛頓定律、太空力學方面表現出色。有一次他對教授說：「我打算飛上月球。」[7]後來他進了物理研究所，也順利於一九三四年取得博士學位。不過他大多時候都跟「柏林火箭協會」（Berlin Rocket Society）的業餘玩家鬼混。這個組織利用其他機器剩餘的零件製作火箭，然後在市郊一塊三百畝的空地上試射。那年，該協會試射成功，火箭飛上三千二百公尺高空。

馮布勞恩本來可能成為德國某大學的物理教授，寫寫天文學、航太學方面的學術文章。無奈戰事一觸即發，德國所有社群團體——包括大學在內——皆因此軍事化。馮布勞恩的際遇與前輩戈達德不同——戈達德央請美國軍方贊助他的研究，卻遭拒絕。納粹政府則以截然不同的態度對待馮布勞恩。德國陸軍軍械部（German Army Ordnance Department）一直在為備戰尋覓新武器，他們注意到馮布勞恩的研究，遂慷慨挹注資金。由於馮布勞恩的工作內容太過敏感，他的博士論文甚至遭軍方列為機密，直到一九六〇年才公開發表。

不過，各方資訊皆顯示馮布勞恩對政治無感。火箭才是他的最愛。如果政府願意贊助他的研究，他欣然接受。德國納粹圓了他一輩子的夢想：主持一項建造未來火箭的大型計畫。預算幾無上限，計畫成員皆是德國科學界一時之選。馮布勞恩宣稱，當時他獲得納粹黨員身分——後來甚至成為黨衛隊員（ＳＳ）——並非反映他的政治立場，而是成為政府雇員的慣例儀式。只不過，你若與魔鬼打交道，魔鬼只會要求你付出更多。

V2火箭升空

在馮布勞恩領導下，齊奧爾科夫斯基的塗鴉速寫和戈達德的火箭原型最後化為「復仇武器二號火箭」（Vengeance Weapon 2）。前述這項先進的戰爭武器震懾了倫敦與安特衛普，幾乎將整座城市夷為平地。V2火箭威力驚人，當下把戈達德的火箭給比下去，後者猶如小孩玩具。V2火箭高十四公尺，重達一萬兩千五百公斤，飛行時速可達閃電般的五千七百多公里，上升高度最高近一百公里。它以三倍音速擊中目標，除了衝破音障時造成的兩聲爆裂音，不發出任何警告。V2射程亦可達三百多公里。因為沒有人追蹤得到、也沒有任何飛行器能趕上它，故當時幾乎沒有可用的反制措施。

V2寫下許多世界紀錄，擊敗過去所有火箭在速度及射程方面的成就。V2是第一顆長程導向飛彈，也是第一具突破音障的火箭。不過最教人印象深刻的是，V2同時也是首具飛出大氣界限、進入太空的飛行器。

這項先進武器令當時的英國政府不知所措，不知該如何形容這玩意兒。為此他們發明了一套說詞，表示這些爆炸全是煤氣管線出錯造成的。可是，由於這類恐怖爆炸的起因顯然來自天空，老百姓遂挖苦稱之為「飛天煤氣管」。一直要到納粹宣布他們使用新型武器對抗英國之後，首相邱吉爾才承認英國遭受火箭攻擊。

突然間，彷彿整個歐洲與西方文明的存亡皆繫於這一小群獨立作業、由馮布勞恩領軍的科學家。

戰爭威脅

德國的先進武器大獲成功，人類卻隨之付出慘烈的代價。當時用來攻擊同盟國的V2火箭總數超過三千枚，造成約九千人死亡。不過根據在勞改營生產V2的戰犯說法，死亡人數可能更高——至少達到一萬兩千人。這就是魔鬼索取的代價。馮布勞恩太晚覺悟，他身陷泥沼，難以脫身。

當他終於親自造訪火箭工廠時，他嚇壞了。馮布勞恩的友人引述他當時的話：「太糟糕了，簡直跟地獄一樣。我當下直覺就去找黨衛隊談，但他們措辭嚴厲、叫我少管閒事，還要我小心下一個穿條紋衣在這兒工作的就是我自己！……我立刻明白，再怎麼拿人道之類的理由跟他們講理，最後也只是白費力氣。」有人問馮布勞恩的另一名同事，馮布勞恩是否批評過這些滅絕營，而他答：「在我看來，如果當時他眞的開口，可能當場就被一槍打死了吧。」

馮布勞恩淪為怪獸爪牙，而這頭怪獸是他幫忙創造出來的。一九四四年，德國戰事吃緊，他在一場派對上喝得酩酊大醉，表示這場戰爭應該不會有好結果。他一心只想鑽研火箭。他很後悔研發這些武器、而不是太空船。馮布勞恩運氣不佳——那晚的派對有祕密警察竊聽。這番酒後之言立刻傳進政府耳裡，馮布勞恩即刻遭蓋世太保逮捕，接下來兩個星期，他被關在波蘭的監獄裡，不曉得自己是否會遭處決。更多指控與流言蜚語相繼浮上檯面，有些官員也害怕他會投誠英國，毀掉德國對V2的所有努力。一切端看希特勒怎麼決定。

最後，負責軍事建設的亞伯特．史佩爾（Albert Speer）直接請求希特勒饒過馮布勞恩一命，因為就V2火箭研發而言，馮布勞恩仍被認為是不可或缺的角色。

V2火箭領先同年代超過數十年，卻要到一九四四年底才完全成為作戰工具。惟此時同盟軍與蘇俄紅軍已於柏林會師集結，納粹德國瀕臨崩解，V2火箭無力回天。

一九四五年，馮布勞恩和一百多名助手向同盟軍投降。這群科學家與裝滿三百節車廂的V2火箭及零件，最後祕密送進美國——這其實是「迴紋針行動」（Operation Paperclip）的一部分，目的是盤問並吸收曾為納粹科學服務的科學家。

戰後，美國陸軍悉心研究V2火箭，爾後成為「紅石火箭」（Redstone rocket）的基礎，馮布勞恩和助手們的納粹紀錄也一筆勾銷。不過，馮布勞恩在納粹政府時期高度爭議的角色，依然持續困擾他。美國喜劇演員莫特·薩爾（Mort Sahl）或許會以一句俏皮話總結馮布勞恩一生的事業：「我意在摘星，但偶爾會不小心擊中倫敦。」[8]美國歌手湯姆·萊雷（Tom Lehrer）則譜詞寫下：「火箭一旦升空，誰管它往哪掉？只要不是我家屋頂就好。」

火箭科學與強權對峙

在一九二〇及三〇年代，美國政府官員錯失一次戰略先機：他們並未意識到，戈達德早就在美國自家後院完成這項極具前瞻性的工作了。二戰結束後，他們又錯過第二次機會，這回是馮布勞恩。整個五〇年代，美國把馮布勞恩和他的團隊晾在一旁，並未給予任何實質關注。後來各軍種也開始對立競爭：陸軍在馮布勞恩的帶領下交出「紅石飛彈」，海軍祭出「先鋒」（Vanguard missile），空軍則是「擎天」（Atlas）。

由於馮布勞恩對陸軍單位沒有任何必須即刻履行的任務，他開始對科學教育有了興趣。他和華特·迪士尼聯手創作一系列電視動畫特輯，極盡未來火箭科學家之想像。在這個系列中，馮布勞恩為登陸月球、打造火星星際艦隊所需投注的科學技術，繪出概略輪廓。

美國的火箭計畫有一搭沒一搭地進行，蘇聯反倒進展神速。[9]史達林與赫魯雪夫確切掌握太空計畫的戰略重要性，將其列為首要發展項目。蘇聯的太空計畫主腦為謝爾蓋·科羅列夫（Sergei Korolev），他的身分始終被列為最高機密，多年來頂多被冠上「設計主任」或「工程師」之名。此外，當年紅軍也抓到不少V2火箭工程師，集體送往蘇聯。在他們的指導下，蘇聯取得V2基本設計圖、火速造出一系列火箭或飛彈。基本上，美國和蘇聯的軍械單位皆以V2火箭為基本模型，只是另加改造或組合，而戈達德具開創性的火箭原型正是V2火箭的基礎。

美國和蘇聯都把「發射第一顆人造衛星」列為重要目標之一。首先提出這個概念的是牛頓：他在一張示意圖中注意到（這圖現已十分有名），從山頂發射砲彈，砲彈會落在山腳附近。然若根據他的運動方程式，計算出砲彈移動速度越快、就能飛得更遠。如果發射速度夠快，它會完全繞著地球跑，變成衛星。這是一次極具歷史意義的重大突破：若把炮彈換成月亮，那麼牛頓的運動方程式應該可以精準預測月球的運動軌跡。

在這個砲彈思考實驗中，牛頓提出一道關鍵問題：蘋果會掉下來，月亮也會嗎？砲彈在落向地球的過程中處於自由落體狀態，那麼月球肯定也會以自由落體的方式落下。牛頓的眞知灼見推動史上另一次偉大的科學革命：他能算出砲彈、月球、行星或幾乎所有物體的運動軌跡。舉例來說，利用牛頓運動定律，各位輕輕鬆鬆就能算出以下問題的答案：若要使砲彈繞著地球飛，必須以每小時兩萬九千公里的速度發射出去。

蘇聯在一九五七年十月發射全世界第一枚人造衛星「史普尼克號」（Sputnik），牛頓的想像自此成眞。

史普尼克時代

史普尼克成功發射，這個消息劇烈衝擊美國民心，程度難以估計。美國人迅速了解到，蘇聯在火箭科技方面已居世界領導地位。就在兩個月後，海軍發射先鋒火箭時遭遇重大挫敗，在全球電視媒體大大出糗，這份屈辱更形加劇。那時我年紀還小，但印象鮮明：那晚我問母親，我能不能熬夜看火箭發射。她不情願地答應了。當我看見火箭才往上飛了一公尺多、旋即倒栽蔥墜回地面、摧毀發射台並引發劇烈刺目的大爆炸，整個人嚇呆了。我清楚看見唧在火箭錐頭的人造衛星墜落，消失在火球烈焰中。

屈辱並未停止。幾個月後，先鋒火箭的第二次發射也失敗了。媒體大肆報導，戲稱其為「失敗尼克」（Flopnik）、「沒用尼克」（Kaputnik）。蘇聯的聯合國代表甚至開玩笑表示，蘇聯應該對美國伸出援手。

為了讓美國從這場聲譽重創的媒體危機中恢復過來，馮布勞恩銜命必須盡速發射人造衛星「探險者一號」（Exploer I），負責的運載火箭為「朱諾一號」（Juno I）。朱諾一號依紅石火箭改良而來，說到底還是以V2為基礎。

但蘇聯手中不只一張王牌。往後數年，蘇聯締造一連串「史上第一」紀錄，主宰媒體版面：

一九五七年：史普尼克二號（Sputnik 2）載著第一隻動物——名叫「萊卡」（Laika）的狗——進入地球軌道。
一九五七年：月球一號（Lunik 1）第一架飛掠月球的太空飛行器。
一九五九年：月球二號（Lunik 2）第一架抵達並墜毀於月球的太空飛行器。
一九五九年：月球三號（Lunik 3）第一架拍下月球背面照片的太空飛行器。
一九六〇年：史普尼克五號（Sputnik 5）首次載著一批動物安全返回地球。
一九六一年：金星一號（Venera 1）第一架飛掠金星的太空飛行器。

一九六一年，俄羅斯太空人尤里．加加林（Yuri Gagarin）安全飛上太空、繞行地球，蘇聯太空計畫來到顛峰，達成其最重要的成就。

當年，史普尼克引發一場遍及全美的大恐慌，至今仍記憶猶新。像蘇聯這樣一個看似落後的國家，為何一下子超前美國這麼多？

評論家將這一連串尷尬失敗的根本原因歸咎於美國的教育體制。美國學生落後蘇聯學生太多。美國必須迅速並全面籌畫宣導活動，集中資金、資源與媒體焦點，致力打造能與蘇聯並駕齊驅的新一代科學家。當時的新聞報導甚至還出現「伊凡會讀書，強尼不識字」❷這種標題。這段窘困時期的產物即是「史普尼克世代」：一群把成為物理學家、化學家或火箭學家視為國民義務的年輕學子。

至於軍方是否該從命運看似悲舛的平民科學家手中，奪回美國太空大計的掌控權，當時的美國總統艾森豪雖承受巨大壓力，仍毅然決然堅持讓平民科學家繼續主導研究方向，並成立「美國國家航空暨太空總署」（NASA）。接任的甘迺迪總統也對加加林的地球繞行做出回應，要求NASA加快進程，在十年內登陸月球。

這次宣告讓美國開始動起來。一九六六年，高達百分之五點五的聯邦總預算（數字令人瞠目結舌）撥入月球計畫項目。NASA一如既往步步為營，藉由數次發射來改良實現登月所需的科學技術。在載人飛行計畫方面，他們先執行一人的「水星計畫」（Mercury）、然後是兩人的「雙子星計畫」（Gemini），最後才是三人的「阿波羅計畫」（Apollo）。NASA也同樣謹慎執行太空旅行的每一步驟：首先要求太空人離開安全的太空船、完成人類第一次太空漫步，其次是讓太空人執行複雜的太空船對接任務。接下來，太空人必須完整繞行月球一圈、但不降落月球。最後，NASA終於準備好直接把太空人送上月球了。

馮布勞恩被請去協助建造神農五號火箭，那可是有史以來最大的載運火箭。神農五號堪稱令人驚嘆的工程傑作：它比自由女神像還高兩公尺，可將重達一百四十公噸的酬載（載運物品）送進地球軌道。

❷ 譯注：伊凡、強尼為蘇、美兩國常見人名。

最重要的是，它還能以超過每小時四萬兩百公里的速度（即物體脫離地球的速度）將大型酬載送上太空。

但是，NASA始終揮不去可能發生致命災難的陰影。尼克森總統就曾經為阿波羅十一號的任務結果準備了兩份電視演說稿。一份是宣布任務失敗，美國太空人命喪月宮，而這個場景實際上也差點發生了。在登月艙即將著陸的倒數幾秒時，電腦警鈴大作，指揮官阿姆斯壯遂改以手動操控登月艙，最後穩穩降落月球表面。後來分析顯示，他們的燃料只能再撐五十秒——登月艙確實有可能墜毀月球。

幸好在一九六九年七月二十日那天，尼克森總統用的是另一份講稿：祝賀美國太空人成功登陸月球。即使到了今天，神農五號也依舊是唯一載人飛越近地軌道（near-Earth orbit）的火箭型號，表現出乎意料地完美無瑕。NASA一共造了十五枚神農火箭，其中十三枚發射升空，沒有出過一次意外。自一九六八年十二月起至一九七二年十二月止，神農五號火箭總共運送二十四名太空人登月或飛掠月球，而阿波羅計畫的太空人們更是被譽為恢復美國聲望的國民英雄，實至名歸。

蘇聯同樣積極參與這場奔月競賽，卻碰上一連串難題：首先是火箭計畫首腦科羅列夫於一九六六年辭世，而他們原本研發要送太空人上月球的N-1火箭，連續四次發射失敗。不過，當時蘇聯的經濟早已因冷戰而極度緊繃，無法跟經濟規模兩倍於蘇聯的美國競爭，或許這才是最具決定意義的關鍵因素。

迷途太空

我還記得阿姆斯壯和艾德林踏上月球的那一刻。那是一九六九年七月，我在華盛頓州路易堡（Fort Lewis）的步兵團受訓，每天都在想我會不會被派赴越南戰場。看著歷史就在自己眼前發生，感覺十分激動也非常焦慮，若我戰死沙場，就不能跟我的兒孫們分享這段登陸月球的歷史記憶了。

神農五號火箭於一九七二年完成最後一趟任務，自此之後，其他問題開始占據美國大眾的注意力：「向貧窮宣戰」（War on Poverty）正如火如荼展開，而越戰則耗去越來越多的金錢與生命。當美國人開始在戰場上、或就在你家隔壁喪失性命，登陸月球感覺似乎太奢侈了。

太空計畫所需投入的航太成本亦教人吃不消。後阿波羅時代的藍圖業已完成，也有更多提案尚待討論，其中一項是發射無人火箭，由軍方和對英雄主義較不感興趣、更在意運送「有價值的設備上太空」的商業及科學團體主導。另一項提案則強調把「人」送上太空的重要性。現實是殘酷的。比起默默無聞的太空探測器，送「太空人」上太空比較容易說服國會和納稅人掏錢贊助。某國會議員一語驚醒夢中人：「沒有太空明星，要錢免談。」（No Buck Rogers, no bucks.）❸

這兩個團體想找出又快又便宜的方法來探索外太空，不想每隔幾年才搞一次成本浩大的太空任務，結果卻弄出個沒有任何人滿意的奇特組合：把太空人跟貨物儀器一起送上天。

這個折衷辦法就是「太空梭」，自一九八一年開始運作。這種飛行器同樣也是工程傑作，過去數十年發展的所有古典、先進科技全都用上了。太空梭可將二十七噸的酬載送進軌道，還能停靠國際太空站（International Space station，ＩＳＳ），它也跟阿波羅計畫的飛行模組不同（只飛一次就被迫退休），太空梭的設計主軸之一就是部分原件可重複使用。太空梭像飛機一樣，可載送七名太空人上太空、再接他們返回地球，於是，往返太空似乎也逐漸成為例行公事。美國人已經習慣太空人在抵達太空站之後、向我們揮手問候的畫面。然而這卻是由許多國家共同埋單、妥協之下的產物。

隨著時間過去，太空梭的問題也一一浮現。首先，儘管設計太空梭的本意是省錢，成本卻三級跳，變成每一次發射都得花上十億美金。粗略換算下來，等於送一公斤物品至近地軌道的成本

❸ 譯注：Buck Rogers 是太空歌劇作品的虛構人物，而 bucks 則是美元的暱稱。

接近九萬美金，幾乎是其他載運系統的四倍。企業紛紛抱怨，委託商用火箭載送衛星的成本要比ＮＡＳＡ便宜多了。其次是「班次」不多，ＮＡＳＡ每隔好幾個月才發射一次，就連美國空軍也被這些限制搞得灰頭土臉，不得不取消幾次發射任務，另覓其他選擇。

太空梭何以未能符合期待？新澤西州普林斯頓高等研究院物理學家弗里曼・戴森（Freeman Dyson）自有一套想法。綜觀鐵路發展史，可知鐵路從一開始就定義為「運載媒介」，運送人和商品。每一項產業的商業端和消費端都有其各自的規則和考量，壁壘分明，因此最後也能拆解獨立並分項考量，提高效率同時降低成本。但太空梭不同，其用途始終介於商業與消費之間，無法明確區隔。再加上超出成本、發射延期等問題，根本達不到「人人可用」的目的，只能「處處落空」。

然後在「挑戰者號」（*Challenger*）和「哥倫比亞號」（*Columbia*）出事之後，這種情況更是雪上加霜。兩次事故總共奪走十四位勇敢太空人的性命，也削弱了社會大眾、私人企業和政府對太空計畫的支持態度。誠如雙胞胎物理學家詹姆斯和古格里・班福德（James and Gregory Benford）所寫的，「國會越來越把ＮＡＳＡ視為『業務』單位，而非『研究』單位。」他們還觀察到，「太空站進行的科學研究大多沒有實際用處……只是在太空露營，並非住在太空。」[10]

少了冷戰這道東風，太空計畫迅速失去金援和動力。在阿波羅計畫全盛時期，曾經有過一個笑話：ＮＡＳＡ如果想跟國會要經費，只要說「俄國！」國會就立刻打開支票簿並且回問「多少？」但那種好日子早已是過去式。就像艾西莫夫形容的：我們觸地得分——然後把球撿起來，轉身回家。

二〇一一年，太空計畫的命運終於來到最後關頭：前總統歐巴馬簽署一項新法案，造成另一場「情人節大屠殺」（Valentine's Day massacre）[4]。歐巴馬一口氣取消原本要取代太空梭的「星座計畫」（Constellation program）[5]、還有月球計畫及火星計畫。為了減輕美國民眾的稅務負擔，他不再支付這些計畫經費，希望改由民間單位補足差額。於是太空計畫底下的兩萬名資深員工突然失業，這群NASA最棒、最聰明的人才智庫就這樣隨手不要了，但遭受最大屈辱的要屬美國太空人——在與俄羅斯太空人針鋒相對數十年之後，現在竟然被迫得搭便車，要借用俄羅斯的推進火箭才能往返太空站。探索太空的輝煌時代似乎已然終結，情勢降到最低點。

太空計畫的問題或許能以兩個字總結：成、本。任何勞什子玩意兒要想放上近地軌道，每公斤要價兩萬美元。想像你的身體是純金打造的好了，把這樣的你送上軌道大概就需要這麼多錢。也就是說，如果想把物品送上月球，每一公斤隨隨便便都得付個二十萬美金左右。如果目的地是火星，甚至可上看兩百萬美元。那麼太空人呢？送太空人去火星的費用總計粗估介於四千億至五千億美元之間。

我住紐約。對我來說，太空梭進城那天是很感傷的一天。儘管滿心好奇的觀光客排排站在路邊，在太空梭轟隆隆通過大街時開心地又叫又笑，但這其實是象徵一個時代的結束。這艘大船將公開展示，最後落腳處是四十二號碼頭。同時取代太空梭的飛行器無消無息，感覺我們好像就要放棄科學、並因此放棄未來。

回顧這些晦暗陰霾的日子，有時候，我會想起十五世紀的中國艦隊。那時的中國不論在科學、探險方面都是領導者，無庸置疑：他們發明火藥、羅盤及印刷術，而在軍事和科技方面，無人能出其右。當時同處於中世紀的歐洲社會因宗教戰爭而貧窮破敗，宗教裁判所處處折磨人，審判女巫、蠱人迷信樣樣都來，偉大的科學家和有遠見的夢想家諸如布魯諾（Giordano Bruno）、伽利

---

❹ 譯注：一九二九年情人節發生在美國芝加哥的屠殺案，至今未偵破。

❺ 審定注：星座計畫原是NASA於二〇〇五年提出為期二十年的太空計畫，短程目標是完工國際太空站，並再度重返月球。最終目標是登陸火星。

略（Galileo Galilei）等人，不是下令燒死就是囚禁，研究也遭官方禁止。那時候的歐洲是科技「淨輸入」地區，而非創新泉源。

當時在鄭和的指揮之下，中國啓動有史以來最雄心勃勃的海上遠征計畫。這支艦隊有兩萬八千名船員，三百一十七艘巨船——每一艘都比哥倫布的帆船大上五倍。整個世界要到四百年後才能再見足堪比擬的陣仗。而且這項遠征任務不只去了一次，是七次：從一四〇五年到一四三三年間，鄭和率領艦隊穿過已知世界、繞過東南亞和中東，最後來到東非。他的每一次探險都發現並帶回古老、造型奇特的動物木雕（譬如長頸鹿）❻，在廟堂上呈君王。

無奈明帝國敗亡，新統治者認為遠征探險毫無用處，甚至頒布命令禁止老百姓擁有船隻。前朝的龐大艦隊就這麼任其腐敗燒燬，鄭和的偉大成就也遭掩蓋。繼任的帝王們成功切斷中國和世界的聯繫，中國轉趨封閉並引來災難性的後果，衰敗瓦解，混亂和內戰不斷，終而興起革命。

有時我會想，不論哪個國家其實都非常容易掉進自負自滿的陷阱，然後耽溺於自我成就、一連數十載，終至落沒衰亡。科學是繁榮昌盛的動力。背棄科技的國度總有一天會落入無盡下墜的迴圈裡。

美國的太空計畫同樣也曾一度衰退。但現在，政治和經濟環境改變了，一群新角色逐漸站上舞台中央：堅毅果敢的太空人交棒給豪邁氣派的億萬企業家，新主意、新能源、新金援正在驅動這股復興風潮。但是，私募基金結合公共財政，是否眞能鋪出一條通往天際的康莊大道？

❻ 審定注：這裡作者提到的是永樂十一年（西元一四一三年），鄭和第四次下西洋，首度繞過阿拉伯半島，到達今天的肯亞，致使永樂十三年肯亞特使向明成祖獻「麒麟」（活生生的動物，並非僅是作者所言木雕）。明書法家沈度做有《瑞應麒麟圖》描繪當時情景，該畫作今收藏於費城藝術博物館。

第二章 太空旅行的新黃金年代

妳是燃燒我靈魂的光。
妳是我的太陽，我的月亮，我的滿天星辰。

——美國詩人E．E．康明斯（E.E. Commings）

美國的載人太空計畫並未如中國的海上艦隊，一退步便持續衰退數世紀。在歷經數十年的冷落忽視之後，這項計畫重生了。扭轉這股浪潮的因素很多，列舉如下。

首先是矽谷企業家們投入大量的資源財力。「私募基金和公共財政」這個罕見組合使新一代火箭計畫露出一線曙光，同時，太空旅行成本降低，也讓這一系列計畫變得可行。此外，好萊塢和電視台亦推出不少「太空探索」的相關電影和特別節目，重新燃起美國民眾對太空旅行的興趣，進而來到局勢反轉的臨界點。

不過最重要的還是NASA終於重獲關注。度過多年混亂、躊躇、舉棋不定的日子，NASA在二〇一五年十月八日宣布長程目標：送太空人登陸火星。NASA甚至也為自己勾勒一套藍圖，準備重返月球。只是這一回，月球不再是最終目的地，而是「登上火星」這個更具野心的目標的墊腳石。這個一度茫然渙散的單位突然找到方向了。政治分析家大大讚揚這個決定，認為NASA再一次肩負起在太空探索領域的領導責任。

那麼就先來聊聊離我們最近的鄰居天體——月球，然後再把航線向外延伸至無垠太空。

重返月球

支持NASA重返月球的重要推手有二：重型運載火箭「太空發射系統」（SLS）和「獵戶座太空船」。兩者都是歐巴馬總統於二〇一〇年初、大砍「星座計畫」預算所留下的孤兒。不過NASA仍設法保全星座計畫中的獵戶座太空船，以及尚處於計畫階段的重型運載火箭SLS。這兩項要件源自截然不同的任務計畫，NASA東拼西湊，另創一套基礎發射系統。

目前進度顯示，SLS與獵戶座太空船預計於二〇二〇年中，執行載人近月飛行任務。

各位應該會先看出來，「SLS與獵戶座太空船」這組合跟直屬前輩「太空梭」截然不同，卻和「神農五號」有些神似。過去四十多年來，神農五號一直都只是博物館展覽品，卻在某種意義上起死回生、以SLS之姿歸隊。這是一套令人似曾相識的新組合。

SLS可載運酬載達一百三十噸，高度則和神農五號差不多，約一一七公尺。升空時，太空人的座位設置跟太空梭不同：他們並非坐在火箭側面的太空船裡、而是在火箭尖頂上的太空艙內，就跟瞓在神農五號上方的阿波羅號一樣。而「SLS獵戶座」的用途也不同於太空梭，主要是設計用來載人、而非載物。此外，「SLS獵戶座」的目標不僅止於進入近地軌道，它跟神農五號一樣，旨在達到脫離速度，擺脫地球束縛。

神農五號火箭和阿波羅號只能送三名太空人上太空，但獵戶座太空船可載運四至六名機組員。而獵戶座也跟阿波羅號一樣，艙內空間十分狹窄，直徑不到五公尺、高三點三公尺，重兩萬五千八百公斤。（由於空間珍貴，歷史上太空人的個子都不高。以俄國加加林為例，他的身高只有一五八公分。）

此外，SLS和神農五號不同的是，後者專為登月設計，但SLS可以載你到任何地方——月球、小行星甚至火星都行。

然而，有幾位億萬富翁早已受不了NASA的官僚與牛步，他們也想把太空人送上月球、甚至比NASA早一步登上火星。這群年輕企業家受到前總統歐巴馬的提議所誘，支持讓私人企業接手載人太空計畫。

捍衛NASA立場者宣稱，NASA步調謹慎乃是基於安全考量。在發生兩次太空梭

圖一：神農五號（唯一載人上月球的火箭）、太空梭及其他處於測試階段的運載火箭的尺寸比例圖。

爆炸意外後，國會聽證會在輿論的強力反對之下，幾乎全面中止太空計畫。如果再發生一次類似事件，太空計畫極可能就此畫下句點。此外他們也指出，NASA於一九九〇年代也曾盡力配合「更快、更好、更便宜」的宗旨，然而當「火星觀察者號」（Mars Observer）於一九九三年即將進入火星軌道之際，卻因為燃料槽爆炸而導致失聯，許多人就批評NASA操之過急，故這道「更快、更好、更便宜」的標語也因此默默撤下。

所以我們必須在「一頭熱地只想加快腳步」和「陷於安全及成本陰影的官僚作風之間」，設法求取巧妙平衡。

儘管如此，依然有兩位億萬富翁率先搶進太空計畫，企圖找出捷徑。他們是傑夫．貝佐斯和伊隆．馬斯克。前者為亞馬遜創始人和《華盛頓郵報》老闆，後者則是PayPal、特斯拉汽車聯合創辦人，並創辦「太空探索技術公司」（SpaceX）。

報章媒體已先一步為此冠上「億萬富翁之戰」的稱號。

貝佐斯和馬斯克都想把人類搬進外太空。不過馬斯克把眼光放得比較遠，鎖定火星為目標，至於貝佐斯則決定先登上月球再說。

奔向月球

來自全國各地的朝聖者湧入佛羅里達州，爭相目睹即將載送太空人上月球的第一座太空艙。這座登月艙將載著三名太空人進行一趟史無前例的旅程，首度實際接觸另一顆天體。這趟奔月之旅預計歷時三天，太空人也將經歷前所未有的體驗——譬如失重狀態。完成這段英勇之旅後，太空艙會安全墜落於太平洋，而艙內乘客將受到英雄式歡迎，開啓人類歷史的新篇章。

這趟旅程的每一道計算皆遵循牛頓運動定律，確保旅途精準無誤。但是有個問題：上述一切其實全是杜撰的，節錄自凡爾納（Jules Verne）在冷戰結束後不久、於一八六五年出版的小說《從地球到月球》（*From the Earth to the Moon*）❶。而且故事中籌畫登月任務的並非NASA，而是「巴爾的摩槍枝俱樂部」。

然而眞正不可思議的是，凡爾納在人類首次登月的百餘年前寫下這則故事，卻能精準預測實際登上月球時的諸多特點。不論是登月艙大小、發射地點和返回地球的方法，凡爾納一一正確描述。

這本書唯一的明顯錯誤是利用「大砲」送太空人上月球。砲彈擊發後會猛然產生兩萬倍於重力的加速度，這個速度肯定害死太空船上的每一個人。不過，在液態燃料火箭出現以前，凡爾納無從設想另一種太空旅行方式。

凡爾納也假設太空人將體驗失重狀態，但只會發生在「地球與月球的中點」這個位置上。凡爾納並不知道，其實太空人整段旅程都會處於失重狀態。（時至今日，依然有許多評論家對「失重」有所誤解，有時甚至表示失重是因為太空無重力所致。事實上，太空可謂「重力滿載」，至少足以鞭策巨如木星的超大行星繞著太陽轉。太空人之所以感覺失重，是因為太空人和他身邊的所有物體皆以等速墜落。也就是說，太空船內的太空人和太空船一起往下掉，因而產生重力「被關掉」的錯覺。）❷

今天，點燃這把「新太空競賽」之火的人事，並非巴爾的摩槍枝俱樂部成員的私人募款，而是貝佐斯此等商業巨頭的支票簿。他才不想等NASA批准他製作火箭、用納稅人的錢建造發射台。他自己成立公司「藍色起源」（Blue Origin），用自己的零用錢造火箭、蓋發射台。

❶ 審定注：凡爾納另外幾本膾炙人口的小說包括《海底兩萬里》、《環遊世界八十天》及《地心歷險記》等等。

❷ 審定注：太空人所處的太空船，在物理上被稱作「自由落體坐標系」，是一個理想的慣性坐標系。

目前藍色起源的進度已超越計畫階段：自製火箭系統「新薛帕德」（New Shepard）已建置完成，其名是為了紀念首位乘坐次軌道火箭（suborbital rocket）進入太空的美國人亞倫．薛帕德（Alan Shepard）。事實上，新薛帕德火箭是全球第一架成功降落回原發射台的次軌道火箭，這點打敗了馬斯克的獵鷹火箭（獵鷹是全球第一架可重複使用、真正運送物品進入近地軌道的火箭）。

貝佐斯的新薛帕德火箭還只是「次軌道」火箭，意即無法達到每小時一萬兩千八百公里的速度、故無法進入近地軌道。雖然這款火箭無法帶我們上月球，卻有可能成為美國首座固定提供「太空觀光服務」的載人火箭。前陣子，藍色起源釋出一段新薛帕德假想旅行的短片，看起來就像坐在豪華郵輪頭等艙一樣：踏進太空艙，各位立刻感受到寬敞舒適的內部空間，和科幻電影常見那種狹小、擁擠的艙房截然不同。你和另外五位乘客在這寬廣的大房間裡繫好安全帶，斜躺沉入舒適的黑皮革座椅，隔著七十幾公分寬、一公尺高的大窗戶向外看，而「每一個座位都『靠窗』——太空中最大的一扇窗。」貝佐斯如是說。太空旅行未曾如此奢華怡人。

由於你即將進入外太空，請務必配合幾項預防措施：啟程兩天前，請先到美國德州的范霍恩（Van Horn）報到，這是藍色起源發射設施所在地。你會見到同行團員，且聽取簡報。由於此行全程自動化，所以不會有任何機組員陪同飛行。

講師表示，整趟飛行歷時十一分鐘：你會直直衝上近一百公里高空，來到大氣層與外太空的交界。窗外的天空會先變成深紫色、然後墨黑。待太空艙來到外太空，你就可以解開安全帶，體驗四分鐘的失重狀態。屆時你會像雜耍演員一樣在空中翻滾飄浮，不受地球重力限制。

體驗失重時，有些人會噁心想吐，但是沒關係，講師說，因為旅程太短，影響不大。（NASA會用「嘔吐彗星」（vomit comet）來訓練太空人。「嘔吐彗星」是一架可模擬失重狀態的KC-135空中加油機。「嘔吐彗星」先筆直往上衝，然後關掉引擎、任其落下。這時，太空人有如空中墜落的石子，成為「自由落體」。三十秒後，引擎重新啓動，太空人這才落在機艙地板上。如此過程會一再重複好幾個鐘頭。）

這趟新薛帕德之旅結束之際，太空艙會釋放降落傘，最後利用自身火箭裝置穩穩降落地面。回程不再掉進大海，而且也跟太空梭不一樣——新薛帕德備有安全系統，會在發射失敗時彈出乘客（「挑戰者號」太空梭沒有這種彈射系統，導致七名太空人不幸喪生）。

藍色起源還未公布「次軌道太空之旅」一趟要價多少，不過分析家認為，初始價格大概在每人二十萬美元之譜。這個數字其實是他們的次軌道火箭研發對手布蘭森訂出來的，他是另一位在太空探索史上占有一席之地的億萬富翁。布蘭森是「維珍航空」（Virgin Atlantic Airways）、「維珍銀河」（Virgin Galactic）創辦人，另外也贊助航太工程師伯特．魯坦（Burt Ruten）做研究。二〇〇四年，魯坦研發的「太空船一號」（SpaceShipOne）贏得「X獎基金會」一千萬美元的「安薩里大獎」（Ansari XPRIZE），令他一時聲名大噪。太空船一號能飛上一百多公里高空，抵達大氣邊緣。雖然太空船一號在二〇一四年飛越加州莫哈維沙漠（Mojave Desert）時發生嚴重意外，布蘭森仍打算繼續火箭測試，讓「太空觀光」成真。最後哪家的火箭系統能成功商業化，時間會給出答案。不過，顯然社會大眾已普遍接受「太空觀光」的構想了。

貝佐斯同時也製造另一種火箭，準備把人送進地球軌道。這款火箭名為「新格蘭」（New Glenn），紀念首位進入地球軌道的美國太空人約翰．格蘭（John Glenn）。新格蘭火箭分三節，總高約九十五公尺，可產生一千七百多噸的推進力。儘管這款火箭還在設計階段，貝佐斯卻暗示他已著手設計另一更先進的「新阿姆斯壯」火箭（New Armstrong），計畫飛越地球軌道、直奔月球。

貝佐斯從小就夢想上太空，而且常常幻想跟《銀河飛龍》的「企業號」（*Enterprise*）組員一起飛行。他會參加電視劇改編的話劇表演，扮演大副史巴克（Spock）、寇克艦長（Captain Kirk）或甚至電腦的角色。在他高中快畢業的時候，這年紀的小伙子大多在幻想人生第一部車或高中畢業舞會，然而貝佐斯就已經為下個世紀規畫極具前瞻意義的藍圖。他說，「我想蓋太空旅館、主題公園、豪華遊艇以及可容納兩、三百萬人的太空社區，全部在軌道上繞著地球轉。」

「整個概念都是為了保存地球……目的是疏散人類，讓地球變成公園。」[11]他寫道。在貝佐斯眼中，所有會汙染地球的工業活動，最後應該都可以搬進太空。

貝佐斯可不是空口說大話。成年以後，他拿出實際行動，成立藍色起源公司、打造未來火箭。他的「藍色起源」意指地球（從外太空看地球，地球是個藍色球體）。該公司理念是「開啓太空旅行新紀元，提供付費服務。藍色起源的理想很簡單，」他說，「我們希望將來有數百萬人在太空生活、工作。雖然這得花上許多時間，但我認為這是個値得努力的目標。」

二〇一七年，貝佐斯宣布，藍色起源的近程計畫是建置「地月輸送系統」。他設想的是一套龐大的運作體系，就像「亞馬遜」（Amazon）一樣，只消按個按鈕，就能將各式各樣的貨品如機器、建材、商品及服務等等都迅速送往月球。一向被視為孤寂太空荒漠的月球則搖身一變，成為熙來攘往的工商業樞紐，不僅有製造業、還有可永久居住的基地。

這類有關「月球城市」的言論常被批為空談、自我中心的狂言妄語，但若出自全球最有錢有勢的少數幾人之口、且此人意見可直達總統、國會和《華盛頓郵報》編輯室，無人不認眞看待。

永久基地：月球

為協助人類實現這個雄心勃勃的計畫，天文學家開始研究「開採月球」的相關物理與經濟條件，最後歸納出三種値得開發利用的潛在資源。

上個世紀九〇年代，科學家意外發現月球南半球竟蘊藏大量的冰，這令他們大吃一驚。[12]在廣袤山脈和火山口陰影中，有塊黑暗區域的溫度始終維持在冰點以下。這些冰可能是太陽系剛形成時，彗星撞擊所留下來的。彗星由冰、塵埃和岩石組成，任何撞上陰影區的彗星，皆可能留下一些冰和水。水可以還原成氫和氧（兩者碰巧是火箭燃料的主要成分），故這塊區域可將月球變成一座燃料補給站。這些水也能進一步純化成飲用水，或者用來創設小型農場。

事實上，矽谷的另一群企業主還成立了一家「月球快遞」公司（Moon Express），著手研究開採月球冰礦的方法，這也是第一家獲得政府許可、啓動這項商業活動的私人企業。不過，月球快遞一開始並未把目標訂得太遠大，他們打算先把「越野探測車」送上月球，全面搜尋月球殘冰的蹤跡。該公司已經由私募方式籌到足以進行任務的資金。資金到位，行動開始。

科學家也分析過阿波羅號太空人帶回來的月岩，認為月球還有其他頗具經濟效益的元素。「稀土元素」是電子產業不可或缺的重要元素，但礦藏地幾乎全在中國。（稀土元素以少量方式存在、且礦藏點四散，但全球市場的稀土交易有九成七由中國供應。中國的稀土蘊藏量大概占全球的百分之三十。）好些年前，中國供應商突然提高這類重要元素的價格，差點爆發國際貿易戰，這時世界各國才驟然意識到，中國幾乎一手壟斷稀土市場。各界預估，在未來數十年內稀土供應量將逐漸下滑，故當務之急是盡快找到替代礦源。由於月岩含有稀土元素，將來或許有機會以更划算的價格、從月球取得這類元素。鉑（白金）則是電子工業所需的另一重要元素，而科學家也在月球偵測到類鉑礦脈，說不定是古早以前小行星撞擊所遺留下來的。

最後，我們還可能在月球發現有助於核融合反應的氦同位素「氦－3」（helium-3）。在核融合反應的極高溫環境下，氫原子會彼此結合——氫核融合成氦，同時釋出大量的熱與能量。這些額外產生的能量可爲機械提供動力，然而核融合的過程也會產生大量中子，造成危險。而利用氦－3進行核融合的好處，在於它只會釋出大量質子、而非中子，質子比中子更好控制、也更容易受電磁場導引而偏折。目前，核融合反應器仍爲高度實驗性質，地球並無實體存在。不過將來若研發成功，就能利用從月球開採得來的氦－3，做爲核融合反應爐燃料。

然而這一切卻帶出一個弔詭的難題：開採月球是否合法？誰有權宣稱月球所有權？

一九六七年，美國、蘇聯及多個國家共同簽署《外太空條約》（Outer Space Treaty），禁止各國宣稱包括月球在內的「天體擁有權」，也禁止各國在地球軌道、月球及整個太空使用核武，或測試核武。《外太空條約》是第一條、也是至今唯一一條涉及太空領域的國際協定。

可是該條約對太空天體之土地私有、月球商業活動等方面卻毫無規範。也許是當初擬定條約的人並不相信，私人企業總有一天能憑一己之力登上月球吧。但各國必須盡快處理這些問題，尤其是在「太空旅行價格直直落，億萬富翁無不摩拳擦掌、想在外太空大賺一筆」的今天。

中國宣布要在二〇二五年送太空人上月球。[13]假如中國插旗成功，此舉也是象徵意義居多。然而若是私人開發單位駕駛私人太空船飛抵月球、宣示所有權，屆時各國又該如何應對？

待前述政治與技術問題解決後，接下來要問的是：實際在月球生活度日又是何種景況？

月球日常

最早登月的幾位太空人，大多只是短暫停留，頂多待個幾天。為了打造首批供人居住的外星據點，將來太空人勢必得延長停留月球的時間，以便適應月球的環境條件，而各位應該能夠想像，月球跟地球可是大不相同呀。

限制太空人停留時間長短的因素很多，其中之一是食物、水和空氣可用量，因為太空人帶上月球的補給品，數周內就會消耗殆盡。[14]剛開始，這些東西都必須從地球送過來。地球每隔幾星期就得派出不載人的月球飛行器、為月球基地提供補給。這些補給飛行器猶如太空人的生命線，任何一點閃失都可能演變成緊急狀態。就算只是成立暫時基地，基地一旦成立，太空人的首要任務可能會是確立氧氣供應無虞（供呼吸或栽種食用植物）。可產生氧氣的化學反應式有好幾種，而月球的水可做為供氧的穩定來源。太空人也能利用水耕法來栽種作物。

在通訊方面，幸好地月之間沒有太多問題，月球發出的無線電訊號大概一秒多鐘就能抵達地球。因此，除了輕微的傳輸延遲，太空人依舊可以像在地球一樣使用手機和網路，和所愛之人頻繁聯絡、接收最新訊息。

起初，太空人只能在太空艙內生活。外出探險時，首要工作是舖展大型太陽能板，集儲太陽能。由於月球的「一天」（自轉一周）相當於地球的一個月，月球任何區域都是兩周「白晝」與兩周「黑夜」交替循環。為此，太空人需要大量電池來儲存兩周白晝所集儲到的太陽能，供接下來兩周黑夜之用。

抵達月球之後，太空人可能為了某些理由必須前往極區。在月球極區內的某些高山上，太陽終年不落，若在此設置由數千片太陽能板組成的太陽能集儲場，應該可以不間斷穩定供應電力。太空人也可能利用籠罩在廣大山脈陰影下、或兩極火山坑裡的殘冰。據估計，月球北極約蘊藏六億噸的冰，冰層厚達數公尺。一旦開採使用，這些冰塊能純化作為飲用水、也能用來製造氧氣。其實，每一千磅（約四百五十三公斤）的月球土壤大概含有一百磅（約四十五公斤）的氧。

太空人也得適應月球較弱的重力環境。依牛頓重力理論，星體的重力與本身質量有關，故月球的重力為地球的六分之一。

也就是說，在月球上移動重型機具要比在地球省力，飛離月球的「脫離速度」也比較小。也因為如此，火箭降落或飛離月球相對容易得多，未來也極可能出現交通繁忙的太空港。

但咱們的太空人得重新學習一些簡單動作：譬如走路。阿波羅號的太空人就意識到，在月球走路好奇怪。他們發現，月球上最快的移動方式是「跳躍」。由於月球重力較弱的關係，跳一步的距離會比走一步的距離還遠，動作也比較好控制。

「輻射」是太空人必須面對的另一課題。若任務僅持續數日，輻射還不致造成太大問題。如果太空人得在月球待上好幾個月，即可能因為累積過量輻射而增加罹癌風險。（在月球上，簡單的小毛病可能放大成威脅性命的醫療問題，因此所有太空人都得接受急救訓練，說不定其中幾人本身就是醫師。比方說，假如太空人突然在月球心臟病發、或得了盲腸炎，月球上的醫師可能會和地球上的專科醫師進行電話會議，透過遠端遙控施行手術。太空人也可能帶機器人上月球，然後在地球端的專業老手引導下，執行多種顯微手術。）太空人也需要天文學家監測太陽活動，每日提供「天氣預報」。不過太空天氣預報的內容並非預測何時刮起暴風雨，而是針對劇烈的「太陽閃焰」提出預警：太陽閃焰會釋出高熱的巨量輻射，如果太陽表面發生大噴發，必須立即向太空人示警、尋找掩護。警報一發、在致命的「帶電次原子粒子」暴雨撲向月球基地之前，太空人大概僅有數小時的時間採取行動。

打造輻射避難所的方法有好幾種，其一是利用月球的熔岩通道挖掘地下基地。這些巨大的熔岩通道全是遠古時代火山活動的遺跡，寬達數百公尺，可提供足夠的防護，保護太空人不受太陽及太空輻射危害。

待臨時避難所建造完成後，就可以從地球運來大批機具和補給，展開月球永久基地的興建工程。若能預製材料、或選擇可充氣元件，應可加快這個過程。（在電影《二〇〇一太空漫遊》（*2001*）中，太空人住在巨大的現代化大型月球地下基地裡。基地不僅有供火箭起降的發射台，同時也是月球開礦作業的執行總部。我們的首座月球基地或許還無法一應俱全，不過在不久的將來，應可實現電影版規畫的藍圖。）

在打造這些地下基地的過程中，不免會碰上需要製造和修復機器的狀況。雖然推土機、吊車這類大型機具還是得從地球運來，太空人也可利用３Ｄ列印就地製作一些小型塑膠零件。

若情況理想，人類應該會在月球興建煉鋼廠。不過，因為月球沒有風，應該不會使用鼓風爐煉鋼。實驗顯示，若以微波加熱月球土壤，即可熔化土壤再融合成質地堅硬如石的「塑磚」（ceramic bricks），用來建造整座月球基地。由於這種材料直接取自月球土壤，故原則上，月球的所有基礎建設都能以這種材料建造。

月球上的娛樂活動

最後，咱們肯定得替太空人找點樂子，提供他們發洩壓力與放鬆的管道。一九七年，阿波羅十四號降落月球，當時NASA壓根不知道指揮官亞倫．薛帕德竟偷偷挾帶一套六號球桿的高爾夫球組進太空艙。因此當薛帕德拿出球組，在月球表面大桿一揮——小白球飛了足足兩百碼遠——NASA可是大吃一驚。這是人類首次、也是目前唯一一次在另一天體上從事體育活動。（這套高爾夫球組的複製版目前公開展示在華盛頓特區「美國國家航空航天博物館」〔Smithsonian National Air and Space Museum〕。）由於月球空氣稀薄、重力微弱，尋找適合在月球進行的運動遂成為一大挑戰。不過這樣的環境條件也有助於締造非凡紀錄。

阿波羅十五、十六、十七號的太空人都曾駕駛「月球車」（Lunar Roving Vehicle）越過塵土滿布的月球表面，行駛距離從二十七公里到卅五公里不等。駕駛月球車不僅是相當重要的科學任務，也是精心動魄的探險體驗：太空人望著窗外浩瀚廣袤的山脈與火山坑，意識到自己是史上首批目睹此一驚異景象的地球人。未來，沙灘越野車除了協助加快月球表面的調查工作、安置太陽能板、建造首座月球工作站，還能當成娛樂工具，甚至頗有可能成為月球上的第一項競賽活動呢。

一旦人類發現外星大地的驚奇美妙，月球旅遊和月球探險即可能成為熱門娛樂活動：由於月球重力微弱，熱愛健行者即使翻山越嶺、長途跋涉亦不覺疲累，而登山家只需略施巧力，即可輕鬆援繩下探陡峭山坡，最後站在火山口或高山頂上，飽覽前所未見、原封不動近數十億年的壯觀景象。月球錯綜複雜的巨大熔岩通道，肯定讓喜愛洞穴探險的冒險家興奮不已、躍躍欲試。地球上的坑洞或洞穴多由地下河流鑿蝕，處處可見的鐘乳石及石筍則是遠古時代的水流證據。然而月球早已不見液態水痕跡，這裡的坑洞全是熔岩流刻鑿出來的。因為如此，月球上的巨大洞穴肯定跟我們在地球所見截然不同。

月球打哪兒來？

一旦開採作業成功取得、利用月球表面的資源，屆時我們將不免把眼光轉向深埋在月表底下、更為豐富的其他資源。挖掘月表下資源勢必改變月球的經濟面貌，一如當初在地球意外發現石油的景況。然而，月球內部究竟是何模樣？為了找出答案，我們必須思索這個問題：月球打哪兒來的？

千年以來，人類對月球起源深感著迷。由於月亮主宰黑夜，故常與晦暗、瘋狂有所牽連——英文的「瘋狂」（lunatic）即源自拉丁文的月亮（luna）。

古時候的航海家也對月球、潮汐、太陽之間的關聯極感興趣，並且正確推斷三者之間必有某種密切關係。

最後一舉將所有圖塊拼湊成形的是牛頓。他算出潮汐乃肇因於太陽、月球對地球海洋的重力牽引，而牛頓理論也指出，地球也會在月球引發潮汐效應。然因月球全是岩石，沒有海洋，所以地球的潮汐力會擠壓月球，導致月球微微鼓起變形。過去月球曾一度「跌跌撞撞」繞著地球轉，後來「腳步」變慢趨穩，原本快速自旋的月球也被地球「鎖定」，最後形成月球始終以同一面朝向地球的結果。這種效應稱為「潮汐鎖定」（tidal locking），在整個太陽系都很常見，木星土星與其衛星之間也有潮汐鎖定的現象。

透過牛頓定律，各位也會發現：因為潮汐力的關係，月球正緩緩盤旋、遠離地球。月球公轉地球的軌道半徑，每年約增加四公分。利用太空人為協助科學實驗而在月球架設的反射鏡，我們可以將雷射光射向月球，再計算雷射光反射回地球的時間。雖然這一來一回僅費時兩秒，不過這個數字正逐漸增加。假如月球當真越繞越遠，那麼我們可以倒轉回去，算出月球過去的行徑軌跡。

科學家以速算法得知，月球約莫是在數十億年前從地球分離出來的。現有證據顯示，明確的時間點大概就在地球形成不久之後（約四十五億年前）：當時，有顆據信為小行星的天體撞上地球。這顆名為「忒伊亞」（Theia）的小行星大小跟火星差不多。我們利用電腦模擬重現那場爆炸的衝擊景象：兩星相撞後，忒伊亞削下一大塊地球、拋進太空。不過，這次撞擊比較傾向「擦身而過」而非「直接撞上」，並未波及大部分的地核（鐵），因此月球雖然有鐵，卻幾乎沒有磁場，理由是月球沒有熔融態的鐵核。

突遭橫禍的地球變得像遊戲「小精靈」（Pac-Man）一樣，被切掉好大一塊，但地球和月球雙雙因為重力本身的引力特性，最後各自恢復成球體。

太空人在歷次登月之旅中，總計帶回三百八十二公斤重的月岩，而這些月岩為前述的撞擊理論提供實質證據。天文學家發現，月球和地球的化學組成幾乎完全相同，都含有矽、氧及鐵等元素。相對的，小行星帶（asteroid belt）的隨機樣本分析中，則顯示這些小行星的組成分子與地球大不相同。

我在柏克萊大學放射實驗室（Radiation Laboratory）修讀理論物理碩士學位時，曾與月岩有過一面之緣。高倍率顯微鏡底下的畫面令我大感驚奇：月岩表面有無數細小坑洞，全是數十億年前隕石撞擊月球所留下的痕跡。然後我再細瞧，發現小坑洞裡還有小坑、小坑裡還有小小坑。地球上的岩石不可能出現這種「坑內有坑」的細緻構造，理由是這麼小的隕石在通過地球大氣層時，肯定燒個精光。但這種隕石卻能直接撞擊月球表面，原因是月球沒有大氣層。（換言之，隕石也可能是駐月太空人必須因應的問題。）

由於月球的組成與地球實在太相似，說真的，或許只有在月球建造城市，開採月球內部資源之舉才具有實質效益。如果月岩有的地殼也有，大老遠帶回來肯定所費不貲；但若就地用於基礎建設，必能發揮巨大效用，比如在月球上蓋房、鋪路、造橋。

漫步月球

在月球脫掉太空衣，會發生什麼事？沒了空氣，肯定窒息，但還有比窒息更教人憂慮的事：你的血液會開始沸騰。

水在海平面的沸點是攝氏一百度，且會隨著大氣壓力降低而下降。小時候，有回我去山上露營，對這套原理產生非常眞實的臨場體驗：我們生火煎蛋，雞蛋在平底鍋上滋滋作響，看起來美味極了。可是就在我張口咬下之後，下一秒差點吐出來——難吃死了。這時我才想到，越往山上爬、氣壓越低，水的沸點也往下降。雖然雞蛋裡的水沸騰了、看起來也熟了，實際上卻沒煮透。雞蛋雖在煎鍋上滋滋作響，但溫度一點也不燙。

我小時候還有過一次類似經驗。我家過耶誕節會掛耶誕燈，就是那種老式、每個小燈座都插著一小管液體的燈串，當開關一開，燈管內顏色鮮豔的液體開始沸騰冒泡，漂亮極了。但這時我做了件蠢事：我直接用手去抓沸騰的燈管——當下以為會很燙，結果卻一點感覺也沒有。多年後，我終於明白是怎麼回事了：那些燈管是半眞空，液體的沸點也因此降低。就算通了電、液體逐漸沸騰，但沸騰的液體卻完全不燙手。

將來，如果外太空或月球太空人的太空衣破了，他們就會面臨同樣的物理作用：太空衣一旦漏氣，太空衣內壓力降低、水的沸點也跟著降低，於是太空人的血液就會開始沸騰。

此刻穩坐在地球上的我們，壓根忘了自己身上每一寸肌膚正承受著近七公斤的大氣壓力——咱們頂著正上方高高一柱氣體、直上天際。但你我為什麼沒被壓垮？因為我們體內也有一股向外推的等量壓力，與之抗衡。可是一旦上了月球，原本傾頭罩下的七公斤壓力瞬間消失，只剩下我們體內向外施的七公斤推力。

也就是說，在月球上脫掉太空衣，可能會引發相當不愉快的體驗。最好還是全程包緊緊吧。

這麼說來，月球上的永久基地又會是什麼模樣？可惜ＮＡＳＡ目前還沒有明確藍圖，所以我們只能以科幻小說或好萊塢腳本的描述概略為據，盡情發揮想像力。月球基地一旦建成，我們一定會設法讓基地自給自足，無需外界補給，唯有如此才能大大降低運作成本。不過這麼一來可就需要相當程度的基礎建設：我們得興建工廠和住宅，需要大量溫室栽植作物，需要化學工廠製造氧氣，需要大型太陽能集電板儲備能源。為了支付這所有開銷，咱們勢必得找到財源。由於月球的組成物質大多跟地球一樣，我們或許得把眼光放得再遠一點、尋找其他收益來源——這也就是矽谷企業家把算盤打在「小行星」上的理由。太空中有數百萬顆小行星，每一顆都可能蘊藏無限的財富。

第三章 開墾天際

大自然派出殺手小行星前來詢問：「太空計畫進行得怎麼樣呀？」

——佚名

傑佛遜總統苦惱極了。

他才剛簽下合同，以一千五百萬美元的價格向拿破崙買地，這在當時不算太大數目，卻是他任內最具爭議、也最大手筆的一項決定。他當時把美國領土擴大了一倍，現在，這個國家從大西洋一路延伸至落磯山脈腳下。「路易斯安那購地案」究竟會成為他任內最大的成功、還是失敗？無人知曉。

看著地圖上這片遼闊無垠、全然未知的土地，傑佛遜總統不知道自己會不會後悔做這個決定。橫豎他終究會派梅里韋瑟．路易斯（Meriwether Lewis）和威廉．克拉克（William Clark）兩人出一趟任務，去探探他到底買了什麼回來。那是一片等待開墾的曠野樂土，還是荒涼無用的不毛之地？

其實他心裡明白，不管怎麼樣，要想整頓治理這麼一大塊浩瀚遼闊的土地，大概得花上上千年時間才辦得到吧。

數十年後，有件事改變了一切。一八四八年，有人在加州「蘇特坊」（Sutter's Mill）發現黃金。消息如野火燎原迅速傳開，舉國沸騰。當時有超過三十萬人湧入這片荒野，尋找財富。來自全球各地的船隻亦排隊等候停靠舊金山港。大西部的經濟活動呈爆炸性成長，翌年，加州申請成為聯邦州。

農夫、牧場主人和商人接踵而至，使加州出現一座又一座大城市。一八六九年，鐵路深入加州，連接這塊西部大地和美國其他部分。鐵路成為交通與商業基礎建設的後盾，人口亦因此迅速成長。十九世紀末期曾流行過一句話：「年輕人，大步西進吧！」這股「淘金熱」（Gold Rush）開啓西部屯墾移居之門，為今日的一切奠定基礎。

不少人好奇，開挖小行星帶會不會在外太空引燃另一股淘金熱？目前已經有私人企業對這塊區域（及其蘊藏的財富）表達濃厚興趣，而NASA也撥款規畫幾項太空任務，目標是「綁架小行星」，帶回地球。

小行星帶會是人類下一場勢力擴張的舞台嗎？若真是如此，我們又將如何合作並支持這個「新太空經濟體」？我們或可將十九世紀大西部的農產供應鏈，與將來的小行星物資供應鏈做類比：十九世紀初，小隊集結的牛仔會從美國西南邊的牧場，將牛群一路趕往芝加哥等城市。牛隻在這裡屠宰分裝，再透過鐵路運輸送往更東邊的區域，滿足都會城市的需求。牛隻促成美國西南部和東北部的連結，同樣的，我們說不定也能在小行星帶、月球和地球之間建立類似的輸運網絡。將來，月球就像芝加哥，先加工處理來自小行星帶的重要礦產，再送往地球。

小行星帶的身世之謎

在進一步探討開採小行星的相關細節之前，我們先釐清幾個容易混淆的名詞：流星（meteor）、隕石（meteorite）、小行星（asteroid）和彗星（comet）。「流星」是掠過天際、在大氣層中燃燒殆盡的岩石。流星的尾巴乃肇因於空氣摩擦，且永遠和移動方向相反。在晴朗的夜晚，若抬頭仔細凝視夜空，說不定每幾分鐘就能看見一顆流星。

掠過天際、最後眞的落在地球上的太空岩石即是「隕石」。

至於「小行星」則是太陽系裡的岩石碎塊。大部分的小行星都卡在火星與木星的「小行星帶」之間，永遠無法形成行星。若加總所有已知小行星的質量，大概也只有月球質量的百分之四而已。然而人類探得的小行星資訊相當有限，所以小行星的數量說不定也可能高達數十億顆。絕大多數的小行星都乖乖待在小行星帶軌道上，不過偶爾還是會有幾顆突然偏離正軌、撞進地球大氣層，成為一閃而逝的流星。

彗星由冰和岩石組成，源自地球公轉軌道外的遙遠太空。小行星是太陽系內的岩石碎塊，而大多數的彗星則來自太陽系邊陲的「庫柏帶」（Kuiper Belt）、或甚至來自太陽系外的「奧特雲」（Oort Cloud）。我們在夜空所見的彗星都有固定軌道或路徑，彗星循此來到太陽身邊。當它們靠近太陽時，太陽風將彗星的冰滴與塵埃吹離主體，形成「彗尾」。彗尾所指的方向並非與「行進方向」相反，而是與「太陽位置」相反。

經過多年努力，「太陽系如何成形」的概念逐漸清晰：約莫在五十億年前，我們的太陽只是一團緩慢旋轉的巨大氣體雲，主要由氫、氦及塵埃組成，直徑約數光年（光年是光一年行進的距離，約九點四兆公里）。由於這團雲氣質量極大，逐漸遭重力壓縮。隨著體積逐漸縮小，它的旋轉速度也越來越快，這和滑冰選手收起手臂、加速旋轉的道理是一樣的。最後，這團雲氣濃縮成一片快速旋轉的扁盤，太陽坐落正中央，圓盤外圍的氣體和塵埃亦開始形成原始行星，這些原始行星持續吸收物質、體積也越來越大。這個過程解釋了太陽系內所有行星何以朝同一方向、在同一平面上環繞太陽轉動。

科學家相信，當時應該是某顆原始行星太過靠近木星（太陽系最大的行星），結果遭木星強大的重力扯裂，形成小行星帶。另一套理論推測，小行星帶是兩顆原始行星互相撞擊的產物。

我們可以把太陽系想像成「環繞太陽的四道彩帶」：最內側的彩帶由岩石行星（類地行星）組成，包括水星、金星、地球和火星。其次是小行星帶，再其次是氣態巨行星帶（類木行星）的木星、土星、天王星和海王星，而最後是彗星帶（或「庫柏帶」）。然後在這四條彩帶之外，還有一團包住太陽系的球狀彗星雲，即「奧特雲」。

在太陽系形成初期，「水」這個構造簡單的分子還蠻常見的，並且依其與太陽距離遠近而以不同形態存在。離太陽較近的水會沸騰、變成蒸氣——水星和金星即是如此。地球離太陽較遠，得以以液態存在（這種適合液態水存在的條件，有時也稱為「適居帶」〔Goldilocks zone〕）。越過適居帶，水變成冰，因此在火星和其餘行星以及更遠的彗星，水主要以固態形式存在。

開採小行星

既已了解小行星的起源，其成分對開採作業便有了決定性的意義。

開採小行星這個想法，或許沒有乍聽之下以為的那般荒謬。其實我們已相當程度掌握小行星的大致成分，因為過去曾有好些小行星撞上地球。小行星含有鐵、鎳、碳、鈷等元素，另外還有為數可觀的稀土元素與鉑、鈀、銠、釕、鋨、鉞等貴金屬。這些都是地球上自然存在的元素，惟數量稀少，故價格極為昂貴。鑑於這類貴金屬供應將在數十年內告罄，開挖小行星帶或許有其經濟效益，若能拐來一顆小行星、令其繞著月球轉，說不定就能任我們取用了。

二〇一二年，一群企業家合夥成立「行星資源」公司（Planetary Resources），冀望從小行星擷取有價礦產、送回地球。這個極具野心、且可能獲利豐厚的計畫得到幾位矽谷重量級玩家的支持——其中包括Google母公司「Alphabet」執行長賴利．佩吉（Larry Page）及執行董事長艾立克．施密特（Eric Schmidt）和奧斯卡金獎導演詹姆斯．卡麥隆（James Cameron）。

就某種程度來說，小行星猶如在外太空飛翔的移動金礦。打個比方好了：二〇一五年七月，有顆小行星飛過地球附近，離地球不到一百六十萬公里（或地球到月球的四倍距離）。小行星縱徑約九百公尺，粗估核心大概有九千萬噸的鉑，價值達五點四兆美元。行星資源公司估計，一顆縱徑僅三十公尺的小行星，蘊藏的白金價值可能高達兩百五十億至五百億美元之譜。[15]該公司甚至大膽列出一張表，將地球附近可「染指」的小行星造冊估價。要是我們能把其中任何一顆牽回地球，小行星上的礦脈說不定能讓投資者收益翻倍、大賺一筆。

天文學家在一萬六千多顆判定為「近地天體」（即運行軌道越過地球公轉軌道）的小行星中，找出最具潛力、最值得追蹤的十二顆候選小行星。這十二顆小行星的縱徑介於三公尺到二十公尺之間，只要稍微調整一下它們的行進路線，就能將其嵌入月球或地球軌道。

但太空中的小行星可不只這些。二〇一七年一月，天文學家在一顆小行星即將掠過地球附近的幾個鐘頭前，才首次偵測到它。這顆小行星離地球最近時僅相距五萬一千五百公里（地月間距的百分之十三），好在它縱徑只有六公尺多，就算當真撞上地球也不致造成太大損傷。不過這次事件也讓我們更加確定，與地球擦身而過的小行星為數眾多、且大多無法或未能偵測。

探索小行星

小行星的角色極為重要，以致NASA將其規畫為實踐火星任務的第一步。二〇一二年，行星資源公司在某次記者招待會上介紹相關探索計畫。幾個月後，NASA亦推出「小行星採礦機器人」計畫（Robotic Asteroid Prospector project，RAP），分析開採小行星的可行性，並於二〇一六年發射價值十億美元的多目標探測器歐西里斯號「OSIRIS-REx」，飛往小行星「貝努」（Bennu）——這顆小行星直徑約四百八十八公尺，將於二一三五年通過地球附近。OSIRIS-REx探測器將在二〇一八年抵達、環行並降落在貝努小行星上，帶回重五十六公克到近兩公斤的樣本進行分析。❶這項任務並非萬無一失。NASA擔心，就算貝努的行進軌道只受到一點點細微干擾，也可能導致它在下一次經過時直接撞上地球（假使貝努當真撞上地球，撞擊威力可能相當於一千顆廣島原子彈），但這項任務也讓人類獲得一次攔截、分析太空天體的寶貴經驗。

NASA同時也在開發另一項名為「小行星重新定向」（Asteroid Redirect Mission，ARM）的任務，目標是實際改變外太空巨石的行進方向。該任務的資金來源仍屬未知，但仍希望能為太空計畫另闢蹊徑、增加收益。ARM計畫分成兩階段：第一階段是發射無人探測器，進入外太空攔截小行星（當然，攔截目標是科學家利用望遠鏡做過精密評估才決定的）。在縝密勘查小行星表面之後，探測器會降落在小行星上、伸出螯鉤扣住大塊岩石，然後再度升空，利用鍊繩將小行星拽往月球。

在此同時，地球也會利用太空發射系統（SLS）與獵戶座太空船執行載人任務，讓太空船停靠機器人探測器，兩者同時繞行月球。接著，太空人會離開太空船、進入探測器，取得樣本進行分析。最後，獵戶座太空船再脫離機器人探測器，飛回地球、降落大海。❷

---

❶ 審定注：歐西里斯號將於今年十二月初抵達貝努小行星，做近距離的觀測。日本在小行星探勘倒是拔得了頭籌。宇宙航空研究開發機構（JAXA）早先於二〇一四年便發射了隼鳥貳號探測器，於今年六月已經到達小行星「龍宮」（Ryugu）。九月下旬母船先釋放了兩具大小僅十八公分寬、一公斤重的登陸小艇。由於小行星重力微弱，小艇在行星表面是用跳躍方式前進。十天後又成功地降下由法德合作開發的小行星表面偵查器（MASCOT），執行十六小時的短暫任務。

❷ 審定注：NASA的這項任務原訂於二〇二六年執行，但因為ARM計畫的預算刪減而被迫取消。

這項任務也可能出錯，狀況之一是我們對小行星的物理構造了解還不夠深。小行星可能是一塊堅實固體，也可能由無數受重力束縛的小岩塊組成。如果是後者，那麼小行星極可能在探測器降落時崩裂。也因為如此，在實際進行這項任務之前，NASA有必要進行更縝密的調查研究。

「外形不規則」是小行星最引人注意的物理特色之一。它們大多貌似變形的馬鈴薯，而且體積越小、形狀就越不規則。

然而這項特徵反倒引出孩子們最發常問的一個問題：星星、太陽、行星為什麼都是圓的？為什麼不能是長條狀或金字塔形？小行星質量較小，其重力不足以重塑其形狀，而體積較大的天體如行星、恆星則有強大的重力場，重力一致且具吸引力，能將不規則形狀壓縮成球形。因此在數十億年前，行星不一定都是圓的，但經過重力引力長時間的壓縮作用，終而成為平滑球體。

孩子們也常提出另一個問題：太空探測器穿過小行星帶的時候，為什麼不會被小行星砸中？在電影《星際大戰》（*Star Wars*）裡，各路英雄常常差點被迎面飛來的巨大石塊砸得粉身碎骨。好萊塢營造的場景看起來的確相當過癮，但幸好小行星帶的行星密度跟電影呈現的大不相同——這裡大多處於真空狀態，偶爾才有幾顆石塊掠過。將來，勇敢的拓荒者和探勘者在尋找新世界時，應該會發現小行星帶大部分的區域其實還挺好通行的。

假如前述階段的小行星探勘作業順利照計畫進行，那麼終極目標將是建立一個能維繫任務、調度補給、支援未來計畫的永久中繼站。「穀神星」（Ceres）是小行星帶內體積最大的一顆，或許能成為外星探勘作業的理想基地。這個名字取自希臘神話的穀物之神「賽勒斯」（穀物麥片「cereal」就是從這個字演變而來），而這顆小行星不久前才跟冥王星一樣，重新被歸類為「矮行星」（dwarf planet）。天文學家認為這顆小行星永遠不可能累積足夠的質量，無法與鄰近行星相抗衡：按「天體」定義來說，穀神星太小，體積只有月球的四分之一，沒有大氣層也幾乎沒有重力。然而，若從小行星等級來看，穀神星夠大，直徑達九百三十四公里（跟德州差不多大），占小行星帶總質量的三分之一。再者，穀神星重力微弱，說不定反而是建造太空站的理想地點：因為火箭能輕易降落及升空，這對打造太空港而言是十分重要的考量因素。

NASA無人太空船「曙光號」（Dawn）於二〇〇七年發射升空，自二〇一五年起開始環繞穀神星飛行，其傳回的資料顯示穀神星為球形，但表面坑坑疤疤，主要由冰和岩石構成。根據理論推測，許多小行星都像穀神星一樣有冰存在，可加工還原成氫和氧，並做成燃料。近來，科學家利用NASA紅外線望遠鏡，觀察到編號第二十四的小行星「司理星」（Themis）表面覆滿冰塊，還有微量有機化學物質。這項發現使得「地球最早的水及氨基酸分子，可能是彗星和小行星在數十億年前帶過來的」此一推論，可能性大為提高。

小行星與衛星、行星相比，由於體積太小，或許無法進化成適合人類居住的永續城市。想在小行星建造穩定的生活空間，想必相當困難，最主要的原因在於沒有空氣（無法呼吸）、沒有飲用水、沒有能源可用、沒有土壤栽種植物，甚至沒有重力。因此，小行星比較適合做為開墾先鋒和機器人的暫時根據地。

話雖如此，或許終將證實一件事，小行星能成為相當重要的待命前哨區，為「人類登陸火星」此一重頭戲打下根基。

第四章 火星大夢

火星一直在那裡，等著我們親自造訪。

——第二位踏上月球的美國太空人巴茲・艾德林

我比較想死在火星上。只要不是墜毀火星就行了。

——南非發明家艾隆・馬斯克

艾隆・馬斯克是個懷抱宇宙大夢、有點特立獨行的企業家：他想打造火箭，帶人類去火星。齊奧爾科夫斯基、戈達德與馮布勞恩都夢想登陸火星，但或許馬斯克會是那個眞正實現的人。在奔向火星的過程中，馬斯克打破既往所有遊戲規則。

馬斯克在南非長大，從小醉心構思太空計畫、甚至親手製作火箭，而他的工程師父親也鼓勵他做自己喜歡的事。早年，馬斯克斷定只有一個辦法能避免人類滅絕危機——放眼外星。為此他決定一生目標之一是創造「多行星生活方式」，而他的整個事業體也以這個概念為主軸。

除了火箭事業，他對電腦科技和商業也懷抱濃厚興趣。馬斯克年僅十歲就寫出一套遊戲程式《Blaster》，並且在十二歲時以五百美元賣掉這款遊戲。他汲汲營營，希望有一天能前往美國。十七歲那年，他隻身移居加拿大，接著在取得賓州大學物理學士學位之後，內心天人交戰：一是繼續物理之路或成為工程師，設計火箭或其他高科技設備；二是應用電腦專長踏入商界，迅速累積大量財富，讓他有錢實踐自己的夢想。

一九九五年，馬斯克進入史丹佛大學，開始他應用物理學的博士課程，但內心的衝突與兩難也來到最高臨界點——他只念了兩天就毅然放棄學業，轉而投入網路新創世界。他貸款兩萬八千美元、成立軟體公司，為新聞出版業建置線上城市導覽。四年後，他以三億四千一百萬美元的價格，把這家公司賣給康柏電腦（Compaq），然後立刻將賺得的兩千兩百萬美元投入新公司「X.com」——即 PayPal 前身——設法翻倍獲利。二〇〇二年，eBay 花了十五億美元買下 PayPal，這筆交易讓馬斯克賺進一億六千五百萬美元。

現在他有錢了，他打算好好運用資金，實現夢想：於是他創立太空探索技術公司和特斯拉汽車。馬斯克甚至一度將他財產淨值的九成投入這兩家公司。太空探索技術公司和其他航太公司不同，他們不循現有技術製作火箭，而是革新設計、首創「可重複使用」的火箭。馬斯克的目標是重複使用推進器，藉此降低太空旅行成本（推進器通常只能用一次，火箭升空後隨即脫離機體、直接拋棄），而且打算一次少掉好幾個零。

馬斯克幾乎從零開始。他開發的「獵鷹重型火箭」（命名構想來自《星際大戰》的「千年鷹號」〔*Millennium Falcon*〕）可將「天龍號」太空艙送上太空（Dragon，取自流行歌曲〈魔龍帕夫〉〔Puff, the Magic Dragon〕）。二〇一二年，獵鷹重型火箭終於寫下歷史，成為史上第一架飛抵國際太空站的商用火箭，而它同時也是第一架繞行地球一圈、成功返航降落地球的太空火箭。[1]

馬斯克的第一任妻子賈斯汀曾說，「我喜歡把他比做電影裡的『終結者』（Terminator）——程

---

[1] 審定注：天龍號是由體型較小的獵鷹九號火箭攜帶升空。截至今年六月為止，已經完成十五次補給太空站的任務。天龍號目前接受NASA建議，改良成可載人太空艙，將於二〇一九年初執行首次載人任務。

式一旦啓動，『不・達・目・的・絕・不・甘・休』。」

二〇一七年，馬斯克再度取得重大勝利：他使用回收的火箭推進器，再一次發射成功。前次發射升空的火箭回到發射台，經過清理檢修後二度上太空。就太空旅行經濟效益而言，「可再利用」（reusability）或可視為一種革新。想想二手車市場吧。二次大戰結束後，買車仍是許多人遙不可及的夢想，尤其是退伍兵和年輕人。但二手車產業讓一般消費者也買得起車子，整個社會——包括生活方式、社交活動——也因此徹底改變。今天，美國每年大約賣出四千萬輛二手車，幾乎是新車銷售量的二點二倍。同樣的，馬斯克也希望他的獵鷹火箭能使航太市場脫胎換骨，大幅降低火箭造價。將來，想發射人造衛星的組織或機構應該不會在意火箭是新是舊，他們會優先選擇價格低廉、且更可靠的發射方式。

首座可回收火箭無疑是太空旅行的里程碑，然而當馬斯克公開他計畫登陸火星的雄心壯志與縝密細節時，眾人更為之驚嘆。他預計在二〇一八年執行探測火星的無人太空任務、再於二〇二四年進化至載人任務，進度比NASA整整快了近十年。[2]馬斯克的終極目標不只是在火星建立外星據點：他想打造一座完整的城市。他想像由數千架改良型獵鷹組成的火箭艦隊，每架各載一百名移民先鋒，飛抵紅星，打造第一座外星根據地。馬斯克的計畫成功與否，維繫於「太空旅行成本驟降」與「科技創新」兩大關鍵因素。出一趟火星任務，成本粗估在四千億至五千億美元上下。但馬斯克評估，從火箭建造到發射，他能把成本壓低至一百億美元左右。剛開始，飛往火星的票價肯定不便宜，但隨著太空旅行成本降低，最後應該會大幅降低至每人約二十萬美元（來回票）——這跟搭乘「維珍銀河」的「太空船二號」飛上地表一百一十三公里高空（費用也是二十萬美元）、或乘坐俄羅斯火箭造訪國際太空站（費用粗估為兩千萬至四千萬美元）相去不遠。

馬斯克設計的火箭運輸系統最早命名為「火星殖民運輸器」（Mars Colonial Transporter，MCT），但後來更名為「行星際運輸系統」（Interplanetary Transport System，ITS），理由如他所言：「這個系統眞的能讓你暢遊太陽系，想去哪兒就去哪兒。」他的遠程目標是建立「星際網絡」，像聯絡美國各大城市的鐵路網一樣，串連各個行星。

在他總值數十億美元的企業版圖內，馬斯克也看出各事業體互相合作的潛力。特斯拉已研發出進化版的全電動汽車，而馬斯克本人也重金投資太陽能——太陽能勢必成為火星前哨基地最主要的能源。因此，馬斯克剛好處在一個絕佳位置：殖民火星所需的電子機械和太陽電池陣列，兩者他都能提供。

相較於NASA進展總是緩慢遲鈍得令人痛苦，企業家相信他們能更快導入新鮮構想和新科技。「NASA的選項裡沒有失敗——這種想法非常愚蠢。」馬斯克說。「在我們這裡（指『太空探索技術公司』），失敗是選項之一。不失敗就表示你不夠創新。」[16]

馬斯克或許是當代太空計畫最具代表性的象徵：傲慢、大膽、反傳統，十足創新且聰明絕頂。他屬於另一種火箭科學家：「億萬富翁企業型」科學家。他經常被比喻成「鋼鐵人」的分身「東尼・史塔克」——老練世故的實業家兼發明家，悠遊於「商業鉅子」與「工程師」兩種身分。事實上，電影《鋼鐵人》續集就有一部分在太空探索技術公司的洛杉磯總部拍攝，如今訪客駕車來抵該公司總部時，首先映入眼簾的就是眞人大小、穿著「鋼鐵人服」的東尼・史塔克雕像。馬斯克的影響力甚至擴及紐約時裝周，男士服裝設計師尼克・葛拉漢（Nick Graham）就設計了「太空主題」系列。為此他表示，『火星』是當前最新潮流——如果要大夥兒說說什麼才堪稱雄心壯志，第一個冒出來的幾乎都是登陸火星。太不可思議了。這個系列要呈現的是二〇二五年秋裝概念，靈感來自艾隆・馬斯克打算在那一年把人類送上火星。」[17]

❷ 審定注：二〇一八年九月太空探索技術公司宣布目前正著手改良新一代的巨型獵鷹火箭（BFR），預計明年試飛，並樂觀表示二〇二二年將執行火星載貨計畫，二〇二四年則是載人任務。

馬斯克以這段話總結他的人生哲學：「我累積個人財富，自始至終就只有一個目的——」他說，「我想盡可能做出最大貢獻，讓生命邁向『多行星生活方式』。」[18] X獎基金會的彼得．戴曼迪斯（Peter Diamandis）表示，「說『獲利』太小兒科，馬斯克的動力和野心比這個大多了。他的願景令人陶醉，並且充滿力量。」

奔向火星的新太空競賽

所有關於探測火星的種種言論，不免挑起各方角力。波音公司執行長丹尼斯．米倫伯格（Dennis Muilenburg）就說，「我深深相信，將來首位踏上火星大地的人，絕對是搭我們波音公司的火箭去的。」[19] 米倫伯格的驚人發言剛好就在馬斯克公開火星計畫一星期後，這應該不是意外。馬斯克或能搶占各報頭條，但波音公司在太空旅行史上可是常勝軍，長久以來皆保持優良傳統：畢竟赫赫有名、載著太空人上月球的「神農五號火箭」就是波音公司製造。截至目前為止，波音公司也和NASA簽有合約，負責生產NASA火星計畫的重要基礎「太空發射系統」設備（SLS火箭）。

挺NASA派人士指出，在過去，公共基金一直是重大太空計畫最關鍵的財源，太空計畫的寶石之一「哈伯太空望遠鏡」（Hubble Space Telescope）即為一例。敢問私人投資者願意承擔這麼大的風險，做出令股東血本無歸的冒險投資嗎？對於一些就私人企業而言太過昂貴、或者獲利渺茫的風險投資活動，或許就需要大型官方機構的支援與資助了。

不用諱言，這些彼此競爭的計畫方案各有各的優勢。波音公司製造的SLS火箭酬載達一百三十公噸，遠高於載重量僅六十四公噸的獵鷹重型火箭。只不過獵鷹的發射價格可能比SLS更為親民，門檻較低。目前，人造衛星發射費用最便宜的是太空探索技術公司，每公斤要價不到兩千美元（約莫是一般商用太空載具行情價的十分之一）。待該公司進一步改良火箭回收技術，報價應該會更低廉。

NASA突然有了兩名「追求者」，莫名處在令人羨慕的有利位置：大體上他們還沒拿定主意，在SLS火箭與獵鷹重型火箭之間搖擺不定。有人問馬斯克對波音叫戰有何看法，他說，「條條大路通火星，我覺得這是好事……參與者越多越好……你知道，集思廣益。」[20]

NASA發言人則表示，「凡是願意跨出接下來那一大步、甚至進一步邁向火星的人，NASA竭誠鼓勵。這趟旅行需要最棒、最聰明的各路人馬……過去幾年，NASA焚膏繼晷，訂定能永續發展的火星探索計畫，同時也讓國際與私人企業彼此結盟，共同支持這份願景。」[21]或許這種互相競爭的精神終將證明是太空計畫最寶貴的資產。

話說回來，這事多少帶點「因果循環」的況味。太空計畫迫使電子元件「小型化」（miniaturization），開啟電腦革命之門。而這些電腦革命創造出來的億萬富翁則受到童年印象中的太空計畫所啟發，繼而完成這個循環，將他們累積的部分財富再次投入太空計畫。

歐洲、中國和俄國亦相繼表達推動火星載人任務的渴望，時間介於二〇四〇至二〇六〇年之間，但資金仍是問題。不過可以確定的是，中國人會在二〇二五年站上月球。毛澤東曾感慨表示，中國科技太落後，就連送一顆番薯上太空都有困難，但中國早已今非昔比。中國將九〇年代購自俄國的火箭加以改良，目前已十度成功將「宇航員」（taikonauts，即太空人的音譯）送入地球軌道，並持續進行更有野心的計畫——在二〇二〇年以前建立太空站，研發和「神農五號」一樣強大的載運火箭。中國的「五年計畫」琳瑯滿目，他們亦步亦趨、謹慎跟隨俄國與美國兩大先鋒的腳步。

不過，就算是再樂觀的夢想家也充分意識到，踏上火星之旅勢必將面臨大量危機。有人問馬斯克自己想不想造訪火星，他坦承，死在去程的可能性「相當高」，而他還蠻想看著孩子長大。

太空旅行不等於假日野餐

載人火星任務可能會碰上哪些麻煩？列出來保證令你頭皮發麻。

首先是任務失敗的致命災難。雖然人類進入太空時代已超過五十五年，發生火箭災難事故的可能性還是在百分之一左右。火箭的可動式零件少說好幾百種，任何一個零件出問題都可能導致任務失敗。太空梭至今發射過一百三十五次，其中出過兩次嚴重意外，失事率約百分之一點五。而太空計畫的整體致死率為百分之三點三，也就是說，至今總共有五百四十四人飛上太空，其中十八人死亡。唯有非常勇敢的人才願意坐在數百萬公斤的火箭燃料上、以每小時四萬兩百公里的速度射向太空，而且完全不知道自己回不回得來。

另一個問題是「運氣不佳」（Mars Jinx）。送往火星的太空探測器，約莫有四分之三未曾抵達目的地，其中主要原因包括距離遙遠、輻射問題、機械故障、失聯、被隕石擊中等等。即便如此，美國探索紅星的紀錄還是比俄羅斯好些：後者十四次鎩羽而歸。

再就是前往火星的旅程太長。搭乘阿波羅號上月球只要三天，但是飛一趟火星可能要花九個月，來回粗估要整整兩年。我參觀過NASA在俄亥俄州克里夫蘭郊外的訓練中心，好幾組科學家分頭研究與分析太空旅行的身心壓力問題。若長期處於外太空的失重狀態，太空人的骨骼與肌肉將因此萎縮。為適應地球重力、在地球生活，人體早經過微調。假使地球再大或再小幾個百分比，人體勢必得重新設計，才有存活的可能性。我們在外太空待得越久，惡化的程度也隨之升高。俄國太空人瓦列里．波利亞科夫（Valeri Polyakov）締造在太空連續停留四百三十七天的世界紀錄之後，順利返回地球，但他幾乎得用爬的才能離開太空艙。

有個蠻有意思的現象是，太空人上了太空會長高幾吋，理由是脊柱「變長」。不過一旦回到地球，身高立刻縮回原樣。此外，停留太空的太空人每個月大概會流失百分之一的骨質。為減緩流失速度，他們每天至少得踩兩個鐘頭跑步機。即便如此，太空人在太空站待了六個月之後，他們仍有可能得花一整年的時間復健，有時甚至永遠無法恢復原本的骨質比。（在失重引發的後續效應中，有一項直到最近才獲得重視——視網膜受損。其實太空人在過去就已經發現，長期執行太空任務後，回到地球感覺視力變差了。若仔細掃描他們的眼睛，常會發現視神經發炎，而這可能是眼球內液壓迫視神經所致。）

未來的太空艙可能得持續旋轉，利用離心力產生人造重力。每次去露天遊樂場玩「轉轉樂」（Rotor）或「瘋狂幽浮」（Gravitron）這類設施，就能在高速旋轉的艙室內體驗這種感覺——離心力產生人造重力，把我們推抵在艙壁上。目前，旋轉太空艙的造價可能太過昂貴，其概念在執行上也有困難。這座可旋轉滾動的太空艙必須造得夠大，否則將導致離心力不均，害太空人暈機或弄不清方向。

太空中也有輻射問題，尤其是太陽風和宇宙射線。我們常忘記地球覆蓋厚厚的大氣層，而且還有磁場幫忙罩著。若在海平面高度，所有致命輻射幾乎都被太氣層吸收得差不多。假使只是搭一般飛機飛越美國，我們每小時會額外承受一毫侖目（millirem）的輻射量，相當於每搭一次飛機就照一次牙齒X光。太空人在飛往火星的路上，勢必得穿過環繞地球的輻射帶，此舉可能令他們暴露在過量輻射之下，提高罹病率、提早老化或引發癌症。以一趟為期兩年的行星際旅行為例，太空人會比地球上的同胞多承受兩百倍的輻射量。（若以另一個數字補充說明，即太空人餘生罹癌的機率會從百分之二十一上升到百分之二十四。雖然改變的幅度不大不小，但若和太空人可能遭遇的更大危機相比——譬如直接失事或其他意外——根本是小巫見大巫。）

而外太空的宇宙射線有時甚至強烈到肉眼可見——太空人的眼球內液遭次原子粒子離子化時，他們眞的會看見細小閃光。我訪問過幾位有過這種經驗的太空人，據他們描述，閃光看起來很漂亮，卻可能對眼睛造成嚴重的輻射傷害。

二〇一六年，學界捎來「太空輻射可能傷腦」的壞消息。加州大學爾灣分校（UC Irvine）的科學家將小鼠暴露在高劑量輻射下（相當於兩年太空旅行可能接收的輻射量），結果在大腦發現不可逆轉的損傷。小鼠會出現行為問題，變得焦躁失能。上述這些實驗起碼確定了一件事：必須給予太空人適當的遮蔽防護。

此外，太空人還得擔心強大的太陽閃焰。一九七二年，阿波羅十七號準備就緒、即將降落執行任務之際，一道劇烈的太陽閃焰劈向月球表面。假使當時太空人已經在月球走動，可能當場喪命。太陽閃焰和隨機出現的宇宙射線不同，可從地球追蹤，因此地球上的人可能在閃焰發生前數小時，便提前警告太空人。過去也曾有過類似事件：國際太空站的太空人獲知太陽閃焰即將來襲，遂依指示前往站內防護力較佳的區域避難。

然後還有微隕石這個小麻煩。微隕石可能畫破太空船外殼。仔細檢查太空梭看似光滑的表面，你會發現上頭布滿無數微隕石撞擊的痕跡。一顆郵票大小、時速六萬四千公里的微隕石，可在火箭表面撞出一個洞、迅速導致艙內失壓。因此，將太空船內分成多個不同艙室，或許是比較明智的做法。如此一來，艙壁穿孔的區域也能迅速封閉、與其他艙室隔開。

心理方面的困擾也會成為另一種障礙。在一段看似無盡綿長的時間裡，和一小群人關在又小又擠的艙房中，無疑也是一大挑戰。就算做過一大堆心理測驗，我們還是無法準確預估人類會如何協調合作、或甚至會不會合作。到頭來，你這條小命或許全繫於某個處處惹毛你的傢伙哩！

前進火星

經過數個月的密切關注與臆測，NASA和波音公司終於在二〇一七年公布火星計畫相關細節。NASA「人類探索與行動任務局」（Human Exploration and Operations Directorate，HEO）副局長比爾・葛斯登梅爾（Bill Gerstenmaier）端出的時間表野心勃勃、超出眾人意料，逐條列出送太空人上紅星的必要步驟。[22]

首先，經過多年測試，「SLS火箭/獵戶座太空船」預計於二〇一九年發射升空。這一趟規畫為全自動無載人任務，但會繞行月球一圈。四年後──在歷經五十年空窗期──太空人將重返月球。這趟任務預計持續三周，但仍舊只是環繞月球、不降落月球表面，該任務的主要目的是測試「SLS/獵戶座」的穩定度，而非探索月球。

不過，NASA這項新計畫冒出前所未料的大轉折，令眾分析家跌破眼鏡：原來「SLS/獵戶座」系統只做暖身之用，主要扮演「運送太空人離開地球、飛抵外太空」的橋梁角色，而真正要帶人類上火星的其實另有規畫──NASA將研發一組全新的載運火箭系統。

NASA首先設想的是建造「深空閘道」（Deep Space Gateway）。深空閘道的設計類似國際太空站，只是比較小，且環繞月球（而非地球）運行。太空人會進駐深空閘道，而此處也將成為火星及其他小行星任務的燃料與裝備補給站。深空閘道會是人類在太空的永久根據地。這座月球太空站預計於二〇二三年開始興建、二〇二六年啓用，粗估需要四次SLS發射任務輔助相關工程。

但NASA的重頭戲是眞正能送太空人上火星的火箭系統。這套全新系統名為「深空傳輸」（Deep Space Transport），興建工作主要在外太空完成。二〇二九年，深空傳輸將首度進行重大測試，持續繞行月球三百至四百天，提供關於長途太空任務的寶貴資訊。最後，在經過多次嚴密測試後，深空傳輸將載著太空人、於二〇三三年執行環繞火星任務。

許多專家對NASA擬定的計畫大為讚賞，理由是它井然有序、穩紮穩打，步步實現複雜的月球基礎建設大計。

然而NASA的計畫卻和馬斯克的願景形成強烈對比。NASA的計畫謹慎紮實，涉及多項月球軌道上的永續基礎建設。不過它進展緩慢，說不定要比馬斯克的計畫多耗十年光陰。太空探索技術公司完全繞過月球太空站這一步，直奔火星，或許提前至二〇二二年就能成功達陣。然而馬斯克的計畫有個潛在不利因素：他的「天龍號」太空艙明顯比「深空運輸」小了一號。不過，究竟哪套方法或哪種組合比較好用，時間會給我們答案。

火星處女航

關於人類的首次火星任務，隨著相關細節逐漸揭露，現在我們終於可能可以推演抵達這顆紅星的必要步驟。且讓我們描繪NASA計畫在未來數十年將如何開展。

將來首批執行「邁向火星」歷史任務的人類，此刻說不定已經誕生，或許正在唸高中、修習天文學。他們將從有志參與第一次外星任務的數百名志願者中脫穎而出，再接受嚴格訓練，最後可能依個人專長及技能選出四位候選人——大概會是經驗豐富的飛行員、工程師、科學家和醫師。

約莫到了二〇三三年左右，在熬過一連串極盡折騰的媒體聯訪之後，幾名太空人終於踏進獵戶座太空船。儘管獵戶座比最初的阿波羅號太空艙寬敞一半以上，內部空間仍相當擁擠。不過沒關係，因為啓程到月球只需要三天而已。待太空船即將發射升空之際，他們會感受到SLS載運火箭燃料激烈燃燒所產生的震動。到目前為止，這趟旅程看起來跟阿波羅任務頗為相似，感受也差不多。

但兩者的相似之處到此為止。從這一步開始，NASA規畫的旅程與以往完全不同：太空船進入月球軌道之後，世界首座環繞月球的太空站「深空閘道」旋即映入眼簾。這群太空人將停靠深空閘道，短暫休息。

接著，他們會被轉送到深空傳輸系統——這裡看起來跟史上其他太空飛行器沒什麼兩樣。這艘太空船與起居艙（crew's quarters）看起來像長長的鉛筆，一端附有橡皮擦（太空人吃住、工作都在這裡），細長筆身則覆滿巨大、異常修長的太陽能板陣列。若隔著一段距離看，這根火箭長得挺像帆船。獵戶座太空船的重量約二十五噸，深空傳輸火箭則有四十一噸重。

未來兩年，深空傳輸系統就是這群太空人的家。深空傳輸的艙房比獵戶座大上許多，讓太空人有足夠的空間活動筋骨。這點其實非常重要。為了避免肌肉萎縮、骨質流失，他們天天都得做運動，否則恐怕一上火星就骨折瘸腿了。

一登上深空傳輸系統，太空人立刻啓動火箭引擎。只不過，火箭並不會猛烈震動、噴出巨大炫目的火焰、迸射而出。深空傳輸搭載的離子引擎傾向平穩增強推進力、逐漸提升速度。從艙內往外看，太空人只會看見引擎徐徐發光——那是引擎穩定排出高熱離子所產生的光亮。

圖二：NASA的「深空閘道」將環繞月球運行，做為火星及遙遠太空任務的燃料暨裝備補給站。

深空傳輸利用新型推進系統「太陽能電力推進系統」（Solar Electric Propulsion，SEP），載著太空人飛越太空。火箭上的巨型太陽能板可捕捉陽光、轉成電力，其原理是剝掉氣體（如「氙」）所帶的電子、產生離子，然後再透過電場將這些離子從火箭尾端射出，形成推進力。這種引擎和化學燃料引擎不同，後者只能引燃幾分鐘，但離子引擎卻能緩慢加速數個月、或甚至數年之久。

接下來就是飛往火星這段漫長、乏味的旅程了，大概得花上九個月時間。這段期間，太空人最主要面臨的難題是「無聊」，所以他們得持續運動、玩遊戲以保持機警，或是算算術、上網或和所愛之人講話閒聊等等。除了例行校正工作以外，整趟旅程其實沒啥要事可做。當然，太空人偶爾還是得出外漫步一下，執行小小的維修作業、或更換磨損零件。不過，隨著旅程推展，無線電通訊時間會逐漸延遲，最後大概延遲到二十四分鐘左右。對於已經習慣即時通訊的太空人來說，這點可能真的蠻教人沮喪的。

凝視窗外，紅通通的火星越來越清晰、逐漸占據視野，於是太空船內迅速活絡起來——太空人得開始準備了。這時，他們會再度啓動引擎、減緩飛行速度，如此才能平順地進入火星軌道。

從太空望去，眼前的火星全景和地球截然不同。他們看不見藍色海洋、覆滿綠樹的山巔與城市微光，只見貧瘠不毛的荒涼大地——無垠的紅色沙漠，巍峨的山脈和遠超過地球峽谷規模的巨型深谷，然後還有颶風般的沙塵暴，有些甚至席捲整顆星球。

一進入軌道，太空人即轉進火星登陸艙。登陸艙將與火箭主體分離，後者繼續環繞火星飛行。登陸艙穿過火星大氣層，溫度劇烈升高，但好在有防熱罩吸收空氣摩擦產生的劇烈高熱。最後，防熱罩彈射卸除，登陸艙點燃噴射火箭、緩緩降落於火星表面。

離開登陸艙，踏上火星，這幾位太空先鋒為人類歷史翻開了新的篇章，為實現「邁向多行星族類」的目標跨出歷史性的一步。

太空人會在紅星停留數月，等待地球運行至適合回程的正確位置。這讓他們有時間偵查及探索這片大地，做做實驗（譬如尋找水和微生物蹤跡），架設太陽能板集儲電力。他們可能還會在永凍土上鑽洞尋冰，因為地底下的冰將來說不定會成為重要的飲用水源，還能用來製造呼吸用的氧氣與氫氣燃料。

待任務完成，太空人重回登陸艙、發射升空（由於火星重力微弱，他們只需要一點點燃料就能脫離地面），然後再與軌道上的火箭主體會合。接下來，太空人要再一次準備度過漫長的九個月，返回地球。

回到地球時，他們會落在大洋某處，並於上陸之際接受英雄式歡呼，慶賀他們為建立人類新支系跨出嶄新的一步。

誠如各位所見，在邁向火星的路上，人類將面臨諸多挑戰。但是，只要社會大眾熱切期盼、再加上NASA及私人企業積極投入，我們極有可能在未來十年到二十年內達成載人火星任務。而這一步又將開啓下一項全新挑戰：把火星變成人類的新家。

第五章 火星：地球的後花園

我想，待人類開始探索火星、在火星築城造鎮之際，將可視為人類史上最偉大的時期之一：立足天外天，自由打造屬於人類的新世界。

——美國航太工程師羅伯特・祖布倫（Robert Zubrin）

二〇一五年上映的電影《火星任務》（*The Martian*）中，麥特・戴蒙飾演的太空人遭遇空前絕後的挑戰：在冰凍、孤絕、沒有空氣的星球獨自求生。他意外遭隊友拋下，手邊的補給只夠維持數日。他必須鼓起勇氣、運用一切知識技能，撐到救援小組回來接他為止。

這部電影相當寫實，讓社會大眾一睹移民火星可能遭遇的難題：譬如猛烈駭人的沙塵暴——細如滑石粉的紅色微塵席捲整個星球，差點掀翻太空船。而火星的大氣層幾乎全由二氧化碳組成，大氣壓力又僅有地球的百分之一，以致太空人若不慎暴露在火星稀薄的空氣中，不出幾分鐘就會窒息、血液也開始沸騰。為了製造足夠的氧氣供自己呼吸，麥特・戴蒙必須在加壓太空站裡製造化學反應。

此外，由於食物亦快速消耗、所剩無幾，他必須設法弄個人造菜園。為了施肥，他甚至得用上自己的排泄物。

就這麼一點一點地，《火星任務》太空人痛苦且乏味地執行在火星建立生態系統的所有必要步驟，設法養活自己。這部電影也具體描繪出新世代的形象。其實人類的「火星情結」還有一段時間不算短、且趣味橫生的歷史，一切要回溯至十九世紀。

一八七七年，義大利天文學家喬凡尼．斯基亞帕雷利（Giovanni Schiaparelli）注意到火星表面奇怪的線狀紋路，似乎是自然形成的，他便稱其為「canali」（義文「水道」之意）。然而，後人在把義大利文翻譯成英文時，落了字尾「i」，誤植為「canals」（英文「運河」之意），詞義相去十萬八千里——自然形成的「水道」變成人工開鑿的「運河」。一個簡單的翻譯錯誤演變成排山倒海的臆測與期待，最後衍生出「火星人」神話。爾後，個性古怪且荷包滿滿的天文學家帕希瓦．羅威爾（Percival Lowell）著手建構理論，認為火星正邁向死亡，絕望的火星人遂開鑿運河、企圖引入極區冰帽的水，灌溉宛若焦土的田野。羅威爾將畢生奉獻給這套猜想，傾盡可觀的個人財富，於亞利桑那沙漠的弗拉格斯塔夫（Flagstaff）造了一座當時相當先進的天文台。（不過他始終未能證實火星上有運河。多年後，火星探測器將揭露那些「運河」不過是視覺錯覺罷了。話說回來，羅威爾天文台在其他領域頗有建樹，譬如發現冥王星、率先指出宇宙可能正在膨脹。）

一八九七年，H．G．威爾斯寫了《世界大戰》這部科幻小說。小說中的火星人意圖消滅人類、將地球「火星化」，想把地球的氣候變得跟火星一模一樣。這部小說開創一種新的文學體裁，或可稱為「火星入侵類型小說」（Mars Attacks）吧，原本僅限於專業天文學家圈內的閒扯空談，突然成為攸關人類生存的天下大事。

一九三八年萬聖節前一天，奧森．威爾斯（Orson Welles）摘錄《世界大戰》小說片段、改編成一系列誇張又逼真的廣播短劇，即時的現場表演彷彿地球當真遭到火星人惡意入侵，於是有些民眾開始恐慌，認真收聽火星人入侵的「最新消息」——地球武力如何遭致命光束一舉殲滅，火星人的巨型「三腳飛行器」集結紐約市，驚恐的聽眾以訛傳訛，謠言迅速傳遍全美。後來這場混亂終於告一段落，各大主流媒體也誓言不再播放這種極度逼真的惡作劇。直到今日這條禁令仍奉行不諱。

許多人都染上這股火星恐慌或狂熱症。當時還很年輕的卡爾．薩根完全被跟火星有關的小說給迷住了，比如約翰．卡特（John Carter）的火星系列。一九一二年，以《泰山》系列聞名的艾德加．萊斯．巴勒斯（Edgar Rice Burroughs）開始嘗試寫科幻小說，於是寫了一則「南北戰爭時期美國大兵被傳送到火星」的故事。由於火星重力比地球弱，巴勒斯於是將「約翰．卡特」設定成超人——輕輕一蹬就能蹦很遠，並力抗外星族類「塔克斯人」（Tharks），還拯救了美麗的迪雅公主（Dejah Thoris）。文化史學家認為，約翰．卡特的超能力定義形塑了《超人》的故事基礎。在一九三八年出版、超人首度登場的《動作漫畫》（*Action Comics*）中，作者即將這份超能力歸因於重力——地球的重力比超人母星「氪星」（Krypton）微弱許多。

火星生活

科幻小說中的「定居火星」看似浪漫，實際上卻十分令人挫折。要想成功立足火星，策略之一是就地利用資源——例如「冰」。由於整個火星凍得硬梆梆，你大概必須、也只能拚命往下挖，挖到好幾公尺深才可能碰到永凍土層，然後才能把冰塊挖出來融化、純化，做為飲用水或提取氧氣（呼吸用）和氫氣（暖氣及火箭燃料用）。為了抵禦輻射和沙塵暴，殖民地居民說不定還得開山鑿岩，興建地下避難所。（火星大氣過於稀薄，磁場也很弱，因此來自太空的輻射線無法像在地球一樣被吸收或折射，所以眞的是個大問題。）又或者，我們可以利用火山附近的巨大熔岩通道——如同先前討論的月球可行方案——建立首座火星基地。鑑於火星上火山多多，這類通道照理說也該相當充足才是。

火星的「一天」跟地球的一天長度差不多，火星軸相對於太陽的傾斜幅度也和地軸傾斜幅度相近。但火星居民得設法習慣這裡的重力（僅地球的百分之四十），而且就像在月球一樣，他們得大量激烈運動，避免肌肉骨骼萎縮退化。此外，火星居民也必須面對嚴寒氣候，無時無刻都得想辦法不讓自己凍死。火星上的氣溫鮮少高於冰點，太陽下山後，氣溫可能驟降至攝氏零下一百二十七度左右。若發生停電或任何供電問題，都將威脅生命安全。

就算我們能在二〇三〇年順利執行首次載人火星任務，但因前述各項阻礙，所以或許會遲至二〇五〇年或之後才有可能匯集充足的儀器和必需品，在火星建立永久外星據點。

火星上的運動消遣

「藉運動防止肌肉萎縮」，這一點在火星至關重要，因此太空人勢必得大量劇烈運動。不過他們或許會開心地發現，自己竟然擁有超人的超能力。

不過這也就是說，火星上的運動場地得重新設計了。火星的重力只有地球的三分之一強，任誰在火星上擲球，都能扔出比在地球上遠三倍的距離。因此棒球場大小、其壘包位置甚至足球場尺寸都必須放大才行。

此外，由於火星的大氣壓力只有地球的百分之一，棒球、足球的空氣動力學也將大為不同，其中影響最大的就是「控球精準度」。在地球，一等一的運動員苦磨多年、練就一身精準控球的玄妙功夫，因此獲得百萬美元合約，而這項技能與操控球的「旋轉方式」有關。

球在空中移動時，所經之處皆引發氣流擾動，這些小氣旋（渦流）會微微改變球的移動方向、並減緩其速度。（以棒球為例，棒球縫線促使渦流產生、進而決定球的旋轉方式。高爾夫球借助於球面的小凹窩，美式足球則取決於球片接合方式。）

足球員拋球，讓球在空中以螺旋路徑快速轉動。旋轉能減少球面渦流，使其更精準地畫過空中、盡可能不受干擾地移動更長的距離。另就是，快速旋轉的足球猶如小陀螺，能穩定保持同一方向，讓球體循正確路徑移動、隊友也更容易接到球。

應用相同的氣流原理，諸多棒球神話也可能證實為眞。歷代皆有棒球投手宣稱能投出「蝴蝶球」（knuckleballs）及「曲球」（curveballs），控制球的移動軌跡，這似乎有違反常識之虞。

然而，縮時影像紀錄卻顯示這個說法正確無誤。若能盡量降低棒球離手後的旋轉次數（如蝴蝶球），就能將氣流擾動提升至最大程度，使棒球不規則移動。棒球快速旋轉時，因球體一側的氣壓大於另一側（這個作用稱為「白努利原理」〔Bernoulli's principle〕），整顆球會朝某個方向偏移。

總地說來，對於來自地球的世界級運動員而言，火星的低大氣壓可能使他們失去控球能力，但說不定也因此培養出另一批新世代火星運動員。在地球精通的運動項目，搬到火星就不一定拿手了。

如果一一認出奧運競賽項目，各位肯定會發現，每一項運動都必須考量火星微弱的重力和氣壓，重新調整規則，無一例外。事實上，全新的「火星奧運」有可能因此誕生，搞不好還會列入「極速運動」這類不符合地球物理條件、甚至也還不存在的新項目。

火星的物理條件也可能使某些運動變得更具藝術性、姿態更優雅。就拿花式滑冰來說，在地球上，選手躍起後僅能在空中旋轉四圈，從來沒有人能做到「五周跳」（quintuple jump）。這是因為選手躍起的高度取決於「重力強度」和「起跳速度」。在火星，因為重力減弱、氣壓降低的關係，花式滑冰選手一定能跳個三倍高，盡情展現令人屏息的跳躍與旋轉功夫。體操運動員在地球之所以能一躍空中、做出驚人旋轉，理由是他們的肌肉強度大於身體重量。來到火星，身體重量減輕，肌肉力量更是遠遠超出體重，應能演出不曾有人見識過的空中旋轉。

火星旅遊

待太空人掌握在火星生存、攸關生死的基本生活要領之後，就可以開始享受紅星令人賞心悅目的絕美獎賞。

由於火星重力微弱、大氣稀薄且沒有液態水，因此火星的高山比地球山脈更加雄偉壯麗。火星的奧林帕斯山（Olympus Mons）是太陽系已知最大火山：它比埃佛勒斯峰高二點五倍，且幅員極廣，若擺在北美洲，約可從美國紐約延伸至加拿大蒙特婁。火星重力場微弱，意味著登山大背包不會再是沉重負擔，而且登山者還能展現強大耐力，就像在月球上的太空人一樣。

另外還有三座較小的火山、排成一直線，緊鄰奧林帕斯山。這些小型火山與其所在位置，顯示火星在遠古時代曾經有過板塊運動。我們用夏威夷群島類比說明：地球的太平洋底下有座狀態穩定的岩漿池，岩漿產生的壓力會周期性地向上推擠、使岩漿穿出地殼，在夏威夷島鍊上造出新島嶼。不過，火星的板塊運動似乎在很久以前就結束了：火星核心冷卻就是最明確的證據。

火星上最大的峽谷「水手號峽谷」（Mariner Valley）應該也是太陽系最大的峽谷，如果把峽谷搬到北美，大概可以從紐約一路橫跨至洛杉磯。曾一睹美國大峽谷且讚嘆不已的健行愛好者們，若見到這座浩瀚的地外峽谷，肯定目瞪口呆、驚嘆連連。不過水手號峽谷和大峽谷不同，並非因河流切穿所致。最新理論指出，這個寬度超過四千八百公里的峽谷類似美洲的聖安地列斯斷層（San Andreas Fault），正好位於兩塊板塊交界處。

不過，最頂級的旅遊景點大概要屬紅星的兩座巨大冰帽了，其特色是由兩種類型的冰組成，成分也和地球的冰不一樣。第一種成分是「結冰的水」，這部分冰帽是火星的固定地貌，幾乎全年維持不變。另一種成分是乾冰，也就是固態的二氧化碳，會隨季節變化而擴大或縮小。夏季時分，乾冰蒸發消失，只留下冰塊組成的冰帽，使得極區冰帽在一年之間會呈現消長變化。

相較於地球表面特徵的持續變動，在過去數十億年間，火星的基本地貌幾乎毫無變化。也因為如此，我們在地球上找不到任何能與火星對應的地貌——包括上千個許久許久前遺留下來的巨型隕石坑。地球也曾有過這種規模的隕石坑，但大多遭水流侵蝕抹去。此外，因為板塊運動的關係，地球地貌數億年就會循環一次，古老的隕石坑全部轉生為新地形了。可是瞧瞧火星，那彷彿是一片遭時光凍結的大地。

事實上，就許多方面來說，我們對火星地貌的了解更甚於地球表面。地表約四分之三被海洋覆蓋，而火星沒有海洋。咱們派去繞著火星轉的各路探測器始終能一方一吋仔細拍下火星表面的照片，提供火星地貌的種種細節：結合冰、雪、塵埃與沙丘，火星創造出各式各樣地球未曾見識的新型地質地貌。橫越如此新奇的火星大地，無疑會是所有健行愛好者的夢想。

不過，從觀光景點的角度來看，火星那猶如惡魔肆虐的塵捲風（dust devil）可能會是明顯致命傷。塵捲風在火星頗為常見，幾乎日日橫掃沙漠地帶，高度甚至可能超越埃佛勒斯峰，令地球上僅揚起數百公尺風沙的同門兄弟相形見絀。此外還有規模巨如行星的猛烈沙塵暴，猶如一席沙毯，裹住整顆火星且數周不散。不過多虧火星的低氣壓，這類風暴鮮少造成傷害：時速上百公里的「強風」感覺跟時速十五、六公里的微風差不多。風起時或許惱人，總是將一堆細沙粒吹進太空衣、儀器或交通工具，導致運轉不順或故障，但絕對不會吹翻大樓和建築物。

火星空氣稀薄，所以飛機可能需要更大的機翼才能翱翔在火星天際。飛行器若是以太陽能為動力，則需要極大的機體表面裝設太陽能板，但可能因造價過於昂貴而無法應用於旅遊產業。是以在火星可能看不到「飛越大峽谷」這種景象。話說回來，若能克服低溫和低大氣壓問題，汽球和飛艇或許會是比較有發展潛力的運輸工具。比起軌道太空船，搭乘汽球或飛艇讓遊客能以更近的距離探索火星地貌，而且同樣能遊覽廣大區域。將來有一天，成群結隊的汽球或飛船說不定會成為火星地質奇觀上空的常態景象。

火星，伊甸園

為確保人類在紅星永不缺席，我們必須找出方法，在這片不適合居住的大地上創造伊甸園。羅伯特．祖布倫是航太工程師，除了任職於Martin Marietta與Lockheed Martin兩家公司、也是「火星社會」（Mars Society）的創辦人，多年來一直熱衷倡導紅星殖民計畫，目標是說服社會大眾慷慨解囊、挹注載人火星任務。過去他一度知音難覓、孤掌難鳴，但現在，不論政府或私人企業紛紛向他取經、尋求建議。

我曾在不同場合訪問過祖布倫博士好幾次，每一次都看見他展現熱情、旺盛的精力，以及對這項使命的全心奉獻。我問他是怎麼迷上太空的，他告訴我，這一切都是小時候讀了科幻小說才開始的。早在一九五二年，他就看過馮布勞恩解說十艘太空船如何在地球軌道集結、執行運送七十名太空組員至火星的太空任務，他亦為之神往不已。

我問博士，他如何將投注於科幻小說的熱情化為探索火星的終生職志？「其實是因為史普尼克。」他說。「在大人的世界裡，史普尼克的成功令人恐懼。可是對我來說那實在太刺激太開心了。」[23] 一九五七年，世界首度成功發射人造衛星的壯舉擄獲了他的心，因為這代表他讀過的小說極可能成眞。祖布倫堅信，科幻小說總有一天會成為科學事實。

祖布倫屬於「看著美國從零開始、逐步成為地球上最活躍的太空強權」的一代。後來，越戰和政治內鬥逐漸消耗人民對政府的期待，於是月球漫步漸漸成為遙遠、無足輕重的夢想。預算刪減，計畫取消，儘管民意傾向反對太空計畫，祖布倫仍堅持信念，認定火星應該是美國太空計畫時間表的下一座里程碑。一九八九年，小布希總統宣布要在二〇二〇年登上火星，這項宣誓曾短暫激起民眾的熱情與想像力——但只維持不到一年。因為研究顯示，這項計畫的經費估計高達四千五百億美元。美國人嚇呆了。火星任務再次束之高閣。

祖布倫遊走民間多年，鼓吹他的遠大抱負並尋求支持。在明白社會大眾無意支持任何超出預算的政府計畫之後，祖布倫提出幾項創新但實際的火星殖民方式。在此之前，大多數人從未認真思考過「投資未來太空計畫」這個問題。

祖布倫於一九九〇年提出「直擊火星」計畫（Mars Direct），並且將任務拆成兩部分，用以節省成本。首先是派出暫名為「返航火箭」（Earth Return Vehicle）的無人飛行器，飛抵火星。返航火箭僅載有少量氫氣（八噸），這些氫氣將與火星大氣無限量供應的二氧化碳結合，經化學反應產生近一百一十二噸的甲烷和氧氣，提供足夠的燃料，讓火箭可繼續接下來的返航之旅。燃料製成後，地球上的太空人立刻搭乘另一艘飛行器「火星小屋」（Mars Habitat Unit）出發，但僅載有足夠飛抵火星的單程燃料。太空人降落火星、完成科學實驗，離開「火星小屋」並轉進第一段任務的「返航火箭」，利用新合成的燃料，駕駛火箭返回地球。

部分批評者聽聞，祖布倫竟主張只給太空人前往火箭的單程票，彷彿期待他們死在紅星上，因此對此相當震驚。祖布倫為此細心說明，表示回程燃料可以直接在火星製造。不過他會再加上一句：「人生猶如單程票。把這張票用在前往火星、建立人類文明並使其開枝散葉，也是一種使用方式。」他相信，五百年後的歷史學家可能不會記得二十一世紀所有無足輕重的戰爭與衝突，但肯定會為了人類在火星創建新世界而記上一筆，振臂歡呼。

從那時候起，ＮＡＳＡ便納入「直擊火星」的策略觀點，改變火星計畫的基本原則，優先考量成本、效率和就地取材。祖布倫的火星社會公司也當真造了一座火星基地原型。他們選擇在美國猶他州建立「火星沙漠研究站」（Mars Desert Research Station，ＭＤＲＳ），理由是當地環境最適合模擬紅星的自然條件：低溫、沙漠化、荒瘠、沒有動植物。ＭＤＲＳ的核心是一棟兩層樓高的圓筒狀建築，可供七名組員居住使用。另外還有一座觀星天文台。ＭＤＲＳ公開徵選願意進駐研究站二至三周的志願者。這些人接受訓練，像真正的太空人一樣肩負某些職責與義務——譬如進行科學實驗、維修檢修、觀察記錄等等。該機構想盡可能創造貼近眞實的火星體驗，並藉此實地測試，當人類和相對陌生的同伴長時間處在與世隔絕的火星時，心理層面會發生哪些變化。自二〇〇一年MDRS啓用以來，總計有一千多人通過試驗計畫。

火星魅力著實驚人，吸引不少動機可議的投機分子注意。譬如，請各位萬萬不可將MDRS與「火星一號」（Mars One Program）混淆，後者打出「通過一系列測試，即可獲得前往火星的單程票」這種可疑廣告。儘管已有數百人提出申請，但該企畫並未提出前往火星的明確方法。該公司宣稱將透過募款方式支付火箭載運費用，還會製作電影以記錄這項任務。對此抱持懷疑的批評家認為，比起招募學有專精的正牌科學家，火星一號計畫的主事者似乎更擅長哄騙媒體。

此外還有一項名為「生物圈二號」（Biosphere 2）的古怪企畫，由巴斯家族（Bass）提供一億五千萬美元資金，建造一座類似我們為火星規畫的封閉型殖民地。[24] 這座結構複雜的建築物由玻璃和鋼筋組成、占地三英畝，聳立在美國亞利桑那州的沙漠中，可容納八個人與三千種動植物。這裡之所以設計成封閉生態系，是為了測試人類能不能在人為控制的隔絕環境下正常存活——將來有一天，我們可能會在另一星球建立類似的生活環境。然而自一九九一年竣工以來，這項實驗歷經一連串事故、糾紛、醜聞和運作不當等種種打擊，產出的頭條新聞遠多於實際科學成果。幸好亞利桑那大學（University of Arizona）於二〇一一年出手接管，「生物圈二號」自此成為名符其實的研究機構。

改造火星

祖布倫根據MDRS和其他幾項計畫的經驗，認為「火星殖民計畫」應能按照可預測的時間表循序執行。在他看來，殖民計畫的首要任務是建立一座可容納二十至五十名太空人的火星基地。有些人可能只待幾個月，有些人可能待上一輩子，把基地當成永遠的家。要是適應一段時間後，他們的自我角色認定也會從「太空人」漸漸轉變成「移民」或「殖民者」。

剛開始，大部分的補給物資仍得從地球送來。一旦進入第二階段、火星移民人口提升至數千人規模之後，他們就有能力開發並利用當地資源了。火星砂土之所以呈紅色，原因是含有氧化鐵（鐵鏽），故火星移民可鍛鐵鍊鋼，用於工程建設。至於電力則來自大型太陽能集電場匯儲的太陽能，而火星大氣中的二氧化碳可用於栽種植物。於是火星移居地逐漸轉向自給自足，適合居住。

接下來這一步是整個計畫中最困難的一步。總有一天，火星移民勢必得摸索「徐徐加熱大氣層」的方法，讓紅星三十億年來首次有液態水流動。有水才有農業，進而築城造鎮，該計畫亦自此進入第三階段，讓新文明蓬勃發展、遍布整個星球。

粗略估算一下，改造火星的成本極度高昂，目前我們完全負擔不起，而且這個程序大概要好幾個世紀才能完成。不過，地質證據顯示，火星表面曾一度出現過相當豐沛的液態水，刻鑿河床、畫切河岸，甚至還有過浩瀚如美國的古老海洋，著實令我們極感興趣、心懷希望。數十億年前，火星比地球早一步開始冷卻。在地球還只是一團熔融岩漿的時候，火星已出現所謂「熱帶氣候」。結合「氣候溫和」與「大量液態水」這兩點，令某些科學家一度推測DNA源自火星。在他們描繪的版本中，火星曾遭巨大隕石撞擊、導致大量碎片噴散至太空，其中有些落向地球，火星DNA也因此萌芽。若這套理論屬實，要想一睹火星人風采，各位只消照照鏡子就行了。

祖布倫指出，改造火星並非全新或特別奇怪的過程。說到底，DNA亦仍持續不斷地改造地球。生命一直在重塑地球生態系、深入各個層面，從大氣組成、地形地貌乃至海洋生態皆不脫這個範疇。所以，待人類將來準備著手改造火星之際，只要照著執行大自然寫好的腳本就可以了。

啓動加熱程序

為啓動火星改造程序，我們可能得先把甲烷和水蒸氣注入火星大氣層，製造人工溫室效應。這些溫室氣體會捕捉陽光，逐步提高冰帽溫度。冰帽一旦融化，即釋出封存的水汽和二氧化碳。

屆時，我們或許也會發射人造衛星環繞火星，匯集陽光指向冰帽。這些人造衛星可設計成同步衛星，高懸於空中某一定點，引導太陽能灌入極區。在地球上，我們會調整「小耳朵」——衛星電視碟型天線——的角度，對準三萬五千公里外、某顆類似「地球靜止軌道衛星」（geostationary satellite）、看似總是固定不動的同步衛星。衛星之所以「同步」，是因為它繞行地球一圈的時間剛好也是二十四小時。（「靜止軌道衛星」的位置都在赤道上方。也就是說，透過衛星傳送的能量一則以某個角度射入極區、一則直射赤道，然後再傳至極區。可惜這兩種方式都會損失部分能量。）

若按計畫進行，這些「太陽能衛星」將伸展長達數公里寬、安裝大量反射鏡或太陽能板的巨大翅膀，集中太陽光再對準冰帽、或利用太陽電池轉換能量，最後再以微波形式傳送出去。雖然成本極高，但這是改造火星最有效率的方式之一，理由是它安全、無汙染，保證能將火星表面的傷害降至最低。

目前提出的火星改造方案不只這一種。我們也可以考慮開採蘊含大量甲烷的「泰坦星」（Titan，土星的衛星之一），再將甲烷送往火星。甲烷能促成預期的溫室效應，而且甲烷吸熱封存的效果是二氧化碳的二十倍以上。另一套可行辦法是利用鄰近彗星或小行星。誠如先前所提，彗星大部分由冰塊組成，小行星則已知含有「氨氣」這種溫室氣體。假如碰巧有顆彗星或小行星經過火星，我們可以設法令其稍微轉向、繞著火星轉，接著再進一步調整方向，使其以非常緩慢的速度朝火星盤旋下降。當該星體進入火星大氣層後，摩擦加熱將導致分解，釋出水汽或氨氣。這顆小行星或彗星的死亡軌跡將成為火星表面的壯觀景象。就某種程度而言，NASA的「小行星重新定向計畫」（Asteroid Redirect Mission，ＡＲＭ）或可視為這項任務的實際體現。不知各位是否記得，ＮＡＳＡ規畫這項任務的目的是取回小行星或彗星岩石樣本、或徐徐改變星體路徑。當然，相關科技必須再行細部微調，否則我們可能誤將一顆太空巨岩導向火星，對殖民社群造成毀天滅地的大災難。

艾隆．馬斯克則提出另一更離經叛道的點子：直接在冰帽上方引爆氫彈、融化冰帽。以目前的科技而言，這法子行得通。雖然製造氫彈受到法律的嚴格規範，但造價相對便宜，而我們也有足夠的技術、可利用現成火箭在冰帽投彈得分。然而，冰帽穩定程度如何、以及這種做法可能造成哪些長期效應，誰也不知道，因此對此舉可能造成的潛在後果及危險性，許多科學家憂心忡忡。據估計，若火星冰帽完全融化成液態水，應可覆滿整個火星表面，深度可達五至十公尺。

逼近臨界點

前述各項提案只有一個目標：提高火星大氣溫度，使其來到可持續自我暖化的臨界點——只要提高六度（攝氏），便足以啓動這個加熱大氣、融化冰帽的程序。冰帽逸散的溫室氣體也會提高大氣溫度。火星沙漠於亙古前吸收的二氧化碳亦隨之釋出，對暖化也有加分作用，可使冰帽持續融化。火星自此不再需要外力挹注，可持續加熱升溫。溫度越高，釋出的水汽和溫室氣體也越多，再反過來使火星變得更加溫暖。這個循環幾乎可無限期地延續下去，火星大氣壓也將因此增加。

一旦火星的古老河床開始有液態水流動，火星移民就能大規模展開農業栽作。植物喜歡二氧化碳，第一批室外作物或可就此順利收成，植栽廢料也能製成表土，進而啓動另一套正向回饋機制——作物越多，就能換得更多土壤，而土壤越多，就能種出更多作物。火星原本的土壤也有相當重要的營養成分，譬如鎂、鈉、鉀、氯等，皆有助於植物生長。一旦植物數量開始激增，就能製造「氧氣」這種基本元素，進而改造火星、使其「地球化」。

科學家設計了幾處溫室，模擬火星的極端條件，看看植物和細菌能否生存。二〇一四年，ＮＡＳＡ轄下的「先進理念研究所」（Institute for Advanced Concepts，ＮＩＡＣ）與Techshot公司合作，打造嚴密控制環境條件的生物實驗室「生物穹窿」（biodomes），栽種能製造氧氣的藍綠藻和其他藻類。初步試驗顯示，某些生命形式確實能在這種條件下大量繁殖生長。二〇一二年，德國航太中心「火星模擬實驗室」（Mars Simulation Laboratory）的科學家發現，蘚苔的近親「地衣」可以在火星的極端環境下存活至少一個月。二〇一五年，阿肯色大學的科學家指出，有四種能製造甲烷的細菌（產甲烷菌〔methanogens〕）能在與火星生態相似的棲地存活。

ＮＡＳＡ「火星生態新造試驗台」（Mars Ecopoiesis Test Bed）[1]野心更大，該計畫的目標是將耐寒植物和耐寒細菌（譬如可行光合作用的嗜極藻類及藍綠藻）利用越野車「播種」火星大地。先將這些生物置入小金屬筒，再將其深埋火星土壤中。金屬筒內可能會先加點水，亦有儀器負責偵測氧，有氧即代表產生光合作用。如果實驗成功，將來有一天，火星或許會覆滿大片能製造氧氣、供應糧食的田野。

到了二十二世紀初，包括奈米、生技、人工智慧在內的第四波科技浪潮應該已趨成熟，足以對火星改造工程造成深遠影響。

某些生物學家曾如此設想：人類或許能以基因工程設計出可在火星生存的新品種綠藻，適應火星含特定化學混合物的土壤、抑或新形成的湖海。這種綠藻能在寒冷、稀薄但充滿二氧化碳的

[1] 審定注：先進理念研究所已於二〇〇七年結束，ＮＡＳＡ於二〇一四年以創新先進理念（NASA Innovative Advanced Concepts）之名重啟計畫，每年公開招募十來件與太空科技相關的研究計畫，各資助約十萬美金的研究經費。文中提及的「火星生態新造試驗台」為二〇一四年所資助的十七個研究計畫之一。

大氣環境下旺盛繁殖，產生大量「廢物」——氧氣。這種藻類不僅可供食用，也能藉生物工程做出地球植物才有的風味或香氣，甚至能改造成理想的肥料。

電影《銀河飛龍II：星戰大怒吼》（*The Wrath of Khan*）端出一項極迷人的嶄新科技：創世裝置（Genesis Device）。這套裝置能在短時間內將死寂行星改造成植被茂盛、適合居住的世界。創世裝置的使用方式類似引爆炸彈。引爆後，裝置會大量噴出經高階生物工程改造的DNA，而這些超級DNA散布至星球各個角落，細胞落地生根、形成濃密叢林，整顆星球不出數日即可改頭換面。

二〇一六年，德國法蘭克福歌德大學（Goethe University）的克勞迪厄斯．葛洛斯教授（Claudius Gros）在期刊《天文物理與太空科學》（*Astrophysics and Space Science*）發表論文，詳述現實生活中「創世裝置」的可能模樣。他預測，原始版的創世裝置可能會在五十至一百年內問世。首先，地球上的科學家必須仔細分析無生命星球的生態環境，譬如溫度、土壤化學、大氣等左右DNA導入種類的各種可能因子，然後派出大批無人飛行器至目標星球，空拋數百萬個含有各式DNA的奈米超微膠囊。超微膠囊釋出內容物（經基因工程精準改造、能適應目標星球環境條件並大量繁衍的DNA）並與土壤結合，萌芽生長。超微膠囊內容物的原始設計就是要產生種子、孢子，在貧瘠的外星大地上複製繁殖，並且善用當地的礦物創造新植被群落。

葛洛斯教授相信，就算是新播種的行星，生命的發生發育仍需照「演化」這套老方法循序漸進。他也提出警告，假如人類操之過急、揠苗助長，可能會發生「全星球生態大浩劫」，尤其是當某一種生命形式突然停止複製繁衍時，極可能造成骨牌效應、擴及並毀滅其他物種。

改造成果能維持多久？

假使人類成功改造火星，要怎麼做才能防止火星變回原本的荒蕪大地？調查這個議題的同時，也讓我們再度回頭思考一個困擾天文學家、地質學家數十年的問題：金星、地球、火星的演化何以如此不同？

太陽系剛形成時，這三顆行星有許多相似之處。它們都有火山活動，將大量二氧化碳、水汽及其他氣體釋入大氣層。（這也是金星與火星大氣時至今日仍僅含二氧化碳的原因。）水汽凝結成雲，雨水匯集成河流與湖泊。如果這三顆星球離太陽再近一點，海洋肯定早就蒸發殆盡。如果離得再遠些，海洋鐵定凍成冰塊。然而這三顆行星恰巧非常靠近「適居帶」（或者在適居帶以內），即恆星周圍能讓水以液態存在的圈帶狀區域。水號稱「萬能溶劑」，第一批有機化學物即從水中孕育而生。

金星的體型跟地球差不多，猶如雙生。照理說，這兩顆星球也應具有相同的演化史才是。科幻作家一度幻想金星是個綠油油的世界，可作為太空人辛勤工作後的完美度假地點。一九三〇年代，巴勒斯又創造另一名星際勇士卡森・納皮耶（Carson Napier），在《火星海盜》（*Pirates of Venus*）中，巴勒斯將金星寫成一座叢林樂園，充滿各種驚奇冒險。但今天，科學家已明白金星、火星與地球截然不同。數十億年前肯定發生了什麼事，導致三顆星球走上截然不同的道路。

一九六一年，當社會大眾還沉浸在浪漫的「金星烏托邦」遐想中，卡爾・薩根即大膽推測：金星正處於失控的溫室效應中，整座星球熱得像地獄一樣。這套令人焦慮的新理論，指出對太陽光而言，二氧化碳宛如單行道。陽光之所以能輕易穿過金星大氣的二氧化碳，是因為氣體是透明的。然而當陽光經地面反射、轉成熱能或紅外線輻射時，這兩種形式卻不容易脫離大氣層。大氣會困住輻射，原理及過程類似冬天溫室捕捉陽光、或夏天車內熱得發燙。雖然地球也有這個問題，不過金星相對劇烈許多，理由是金星離太陽比較近，因而導致溫室效應逐漸失控。

翌年，無人太空船「水手二號」（Mariner 2）飛越金星，除了揭露令人震驚的事實、亦證實薩根的說法：金星溫度高達攝氏四百八十二度，燙得足以熔化錫、鉛、鋅等金屬，這裡非但不是熱帶天堂，根本是恐怖的超級熔爐。後續派出的探測器亦一再證實同樣的壞消息。不僅如此，金星就算下雨也沒得喘息，因為金星的雨含有大量腐蝕性硫酸。想到金星「維納斯」（Venus）之名來自象徵愛與美的希臘女神，硫酸雨著實諷刺。但也正因為硫酸的反射性極強，夜空中的金星才會如此閃閃發亮。

此外，科學家還發現金星的大氣壓幾乎是地球的一百倍。這點可以從溫室效應找到答案。地球上絕大部分的二氧化碳會循環再利用，溶解於海洋或累積在岩石中。但金星不同，金星溫度太高，致使海洋蒸發殆盡，而高溫同樣使得岩石中的二氧化碳被「烤」出來。岩石排出的二氧化碳越多，星球溫度就越高，回饋機制一再啓動，惡性循環。

由於金星氣壓太高，身處金星表面就猶如置身地球九百公尺深的深海中，任誰都會像蛋殼一樣碎成粉末。不過，就算找到方法克服超高大氣壓和火燒般的溫度，我們仍得面對彷彿出自但丁《神曲》地獄篇的另一項挑戰：金星的空氣炙熱濃稠，走在金星表面猶如踏進糖漿，地面不僅相當軟、延展性也強——因為全都是熔融態的金屬。酸雨在太空衣上啃出無數細微小孔，只要踏錯一步，你就可能沉入一大片熔化的岩漿中。

考量上述限制，改造金星應該是不可能了。

火星的海洋哪兒去了？

如果地球的孿生手足「金星」是因為太靠近太陽而完全變了樣，那麼火星的演化結果又該如何解釋？

關鍵在於火星不僅離太陽很遠，它的體積也比地球小很多、因此更快冷卻。火星核已不再處於熔融態。行星磁場來自液態核內、熔融態金屬所產生的電流，而火星核是一堆堅硬石頭，故無法產生像樣的磁場。此外，科學家相信火星在三十億年前左右曾遭隕石重擊，不僅造成大混亂，同時也破壞了原有的磁場。這或許能解釋火星何以失去大氣層和液態水。沒有磁場保護，火星大氣抵不住太陽光的摧殘與太陽閃焰，因而逐漸被太陽風吹散、飄進外太空。大氣壓力一旦消失，海洋也旋即沸騰消散。

還有另一項變化也會加速大氣消散。火星的二氧化碳原本大多溶於海洋、形成含碳化合物，然後沉積於海床。地球的板塊運動會周期性地重複使用地殼，因此也讓這些二氧化碳能再度浮出海面。由於火星核可能為實心、也沒有明顯的板塊運動，故二氧化碳只能永遠被鎖在地殼中。最後當大氣中的二氧化碳濃度開始下降、逆轉溫室效應，火星也漸漸進入酷寒的冷凍狀態。

火星與金星的強烈對比有助於我們更了解地球地質史。地核原本也可能在數十億年前開始冷卻，此刻卻依然熾熱活躍，理由是地核跟火星核不同，前者含有大量放射性礦物（如鈾、釷），半衰期長達數十億年。每當我們震懾於火山爆發的驚人力量、或劇烈地震造成的毀滅破壞，其實也是在見證地核的力量，看看這枚放射核心如何驅動地表變化，讓生命生生不息。

地心深處的放射活動會產生熱能、攪動鐵核，遂產生磁場。磁場能保護大氣抵擋太陽風，也能反射來自太空的致命輻射。（北極光就是太陽輻射撞擊地球磁場造成的景象。地球磁場像個巨型漏斗，將來自外太空的輻射朝兩極引導，因此大部分的輻射不是被反射回太空、就是被大氣吸收。）地球體積比火星大，不會像火星這麼快冷卻，而地球亦不曾遭受會導致磁場瓦解的劇烈隕石衝擊。

現在再回過頭，重新思考早先提出的問題：我們要如何保全火星改造之後的成果，不讓它變回原來的狀態？較具企圖心的做法之一是打造火星磁場。為建立磁場，我們得在火星赤道帶環繞巨大的超導線圈。至於該如何做出這圈超導體帶，或可利用電磁定律來計算需要的電流與材料。不過，如此浩大的工程仍超出人類目前的能力範圍，本世紀應無法實現。

然而，火星移民倒是毋須將這個問題視為迫切威脅，因為大氣改造計畫預計將穩定進行一個世紀或甚至更長時間，而後續調整也可能會花上好幾個世紀慢慢處理。人造磁場的高額維修費或許惱人，然而就打造人類的太空新據點而言，這點代價不算太過分。

改造火星將是人類二十二世紀最主要的目標。但科學家的眼界不僅止於此，他們鎖定的目標更遠，而最令人興奮的要屬氣態巨行星（類木行星）衛星群，其中包括木衛二「歐羅巴」（Europa）和土衛六「泰坦」。人類一度以為，類木行星的衛星群清一色是岩石砌成的荒漠。不過現在我們曉得，這些衛星個個都是無一無二的世外桃源，各自坐擁海洋、峽谷、間歇泉，還有擴及極區以外的大氣光（atmospheric lights，類似極光）。這群衛星已被視為人類未來的落腳處之一。

第六章
氣態巨行星、彗星以及其他

當彗星飛掠地球、畫過天際，看起來是多麼燦亮又美麗——前提是它得乖乖掠過，不至於撞上來才行。

——俄裔美籍科幻小說家以薩克・艾西莫夫

一六一〇年一月，注定對未來造成重大影響的一周，伽利略發現了足以撼動教會根本、改變人類的宇宙認知並引爆天文革命的重大事件。

架起剛組裝好的望遠鏡，他對準木星，卻迷惑地看見木星旁懸著四顆發光天體。接下來一個多禮拜，他仔細分析這幾顆星星的移動軌跡，確信它們的確繞著木星旋轉。他竟然在外太空發現了一組「迷你太陽系」。

伽利略很快意識到，這個真相在宇宙學、神學上皆有重要含意。好幾個世紀以來，教會援引亞里斯多德的說法，認為包括太陽與各行星在內的所有天體，皆圍繞地球旋轉。但他發現了反例。地球被推下宇宙中心的位置。教會憑以鞏固教義的中心信仰、兩千多年來的天文學說，在這瞬間被推翻了。

這項發現引燃廣大民眾的興奮情緒。伽利略不需要請人主導輿論、帶風向，也不用找公關公司說服民眾接受他觀察到的事實眞相。人民有眼睛，他們親眼看見他是對的。因此隔年伽利略造訪羅馬時，他受到英雄式歡迎，教廷為此很不高興。後來教廷禁了他的書，送他去宗教裁判所受審，要脅他公開放棄「異端邪說」並刑求逼他就範。

伽利略相信科學和宗教可以共存。他曾寫道，宗教的目的是告訴我們如何上天堂，而科學則是告訴我們天堂如何運作。換言之，科學闡述自然法則，宗教規範倫理道德，只要牢記兩者的區別，科學與宗教其實並不牴觸。然而科學與宗教卻在伽利略自己的審判上發生衝突，他也在死刑威脅下撤回理論。提出指控的人提醒伽利略，布魯諾修士當年可是被活活燒死、著作也全數遭禁，因為他竟敢宣稱教廷宇宙論不如他的理論精細完整。後來一直要到兩個世紀以後，教廷才解除大部分的禁令。

四百年後的今天，木星的這四顆衛星（經常喚做「伽利略衛星」）再度激發革命。有些人甚至認為，宇宙生命之鑰說不定就掌握在伽利略衛星及土星、天王星、海王星的眾衛星手中。

氣態巨行星

航海家一號及二號（Voyager 1 and 2）於一九七九年至一九八九年間，分別飛越前述幾顆氣態巨行星，證實它們之間的確非常相似。這幾顆行星主要皆由氫氣和氦氣組成，重量比粗估為四比一。（這種氫氦混合方式，跟太陽以至宇宙絕大部分的基本組成相同，而組成時間大概要往回推至一百四十億年前。在「大霹靂」那一刻，約莫有四分之一的原始氫氣融合成氦。）

氣態巨行星的基本歷史背景大概也差不多。如前章所述，理論上，四十五億年前，太陽系內的所有行星都是從圍繞太陽的圓盤狀氣體雲（由氫氣與塵埃組成）濃縮出來的一顆顆小岩芯。靠近太陽（內圈）的變成水星、金星、地球和火星，而離太陽較遠的行星，因為距離關係，核心所含的冰和岩石分量不相上下。冰的作用像黏膠，所以跟僅含岩石的行星核相比，含冰的行星核可增大至十倍有餘。這類行星的重力很強，強大到可以抓住行星周圍、於太陽系早期形成的大部分氫氣。行星體積越大、吸引的氣體越多，直到吸光附近的氫氣為止。

科學家相信，氣態巨行星的內部結構大致相同。如果像切洋蔥一樣對半切開這類行星，首先會看見外圍厚厚的大氣層，而大氣之下預料是一片極冷的氫氣海洋。據推測，由於這類星球的大氣壓力太大，最中心的核可能會是體積非常小且極度濃縮的固態氫。

每顆氣態巨行星都擁有色彩繽紛的帶狀條紋，這是大氣中的雜質與行星自轉互相作用的結果。這些行星表面亦時時遭受巨型風暴肆虐——木星的「大紅斑」即為一例：這枚看似永恆不變的特徵異常巨大，大到可輕鬆塞進好幾個地球。海王星的「暗斑」則稍微不同，斷斷續續地時隱時現。

然而這些氣態巨行星還是有不同之處：體積。分量最重的「木星」乃襲名自羅馬神話眾神之王「朱彼特」（Jupiter），光它一顆即足以抵過太陽系其他所有行星的總和，輕輕鬆鬆就能納入一千三百顆地球。目前，我們對木星的了解大多來自無人太空船「伽利略號」。伽利略號忠心耿耿繞著木星八年之後，NASA終於允許它結束故事般的一生，於二〇〇三年墜入木星懷抱。在下降穿過大氣層時，伽利略號仍持續送出無線電訊號，直到被木星強大的重力場碾碎為止。伽利略號的殘骸大概長眠於液態氫之海了吧。

木星周圍有一圈巨大、死寂的輻射帶。我們在調撥廣播或電視收訊時聽見的雜訊（靜噪），大多都是從這兒發出來的（其餘小部分來自大霹靂）。將來太空人飛抵火星附近時，勢必需要可抵擋強大輻射的防護罩，同時也會因為輻射干擾而導致通訊困難。

木星強大的重力場則是另一層隱憂。木星能將任何有意無意經過、不小心靠得太近的物體（包括衛星與行星）一把抓住或反彈出去。不過，在數十億年前，這種恐怖怪力卻對地球相當有利。

太陽系剛形成時，宇宙殘骸像雨點一樣不斷朝地球落下。幸好木星重力場扮演起「吸塵器」的角色，吸走或彈開這些隕石塊。電腦模擬顯示，假如沒有木星，地球可能直到今天都還在承受巨型隕石襲擊，根本不可能誕生生命。未來在考量殖民星系的條件時，最好列入「自備木星」這個選項，這等於伴有能協助清理門戶的老大哥。

目前所知的生命形式可能無法在氣態巨行星生存。這些行星全都沒有堅硬的地表，無法讓生物體繁衍進化。它們沒有液態水，也缺乏製造碳氫化合物或其他有機化合物的必要元素。太陽遠在數十億公里外，此處寂冷極凍。

氣態巨行星的衛星夥伴

若從孕育並維持生命的潛力來看，木衛（約六十九顆）、土衛（約六十二顆）比木星土星本身更令人感興趣。起初，天文學家揣測每一顆木衛的狀況大概都一樣：冰冷荒涼，就像我們的月亮。後來，當他們發現木衛們各自擁有涇渭分明的特質時，眾人大吃一驚。這項新發現堪稱天文學界的典範轉移，徹底改變科學家看待宇宙生命的方式。

或許其中最神祕又吸引人的要屬木衛二「歐羅巴」，它是伽利略最初發現的四顆木衛之一。在氣態巨行星的眾衛星之中，有幾顆表面裹著厚厚的冰層，歐羅巴也是其中之一。有套理論認為，歐羅巴早期的火山活動曾噴出水蒸氣、凝結成遠古海洋，之後隨著星球冷卻而逐漸凍結。令人好奇的是，歐羅巴名列太陽系最平滑的衛星之一，前述說法或能解釋這個事實。儘管歐羅巴曾遭小行星重擊，惟其海洋大概是在撞擊發生後才結冰的，因而覆蓋坑坑疤疤的表面。從太空望去，歐羅巴看起來就像乒乓球，幾乎沒有特殊地貌——沒有火山、沒有山脈、沒有隕石坑。唯一可見的特徵是網狀裂痕。

當天文學家發現，歐羅巴表面的冰層底下可能有一片液態水組成的浩瀚汪洋，他們激動不已。歐羅巴海洋的液態水量，粗估可達地球海洋水量的兩到三倍——地球的海洋只舖覆在地表，而歐羅巴幾乎連骨子裡都是水做的。

記者圈有句名言：「跟著錢就對了。」天文學家則說：「跟著水就對了。」因為水是人類所知生命的基礎。想到氣態巨行星國度竟然有液態水存在，科學家震驚極了，「歐羅巴有水」的事實引出一道謎題：把冰融成水的熱能打哪兒來？歐羅巴的情況似乎違反學界的普遍認知：長久以來，我們始終認為太陽是太陽系的唯一熱源，唯有處在適居帶以內的行星才可能適合生命繁衍，而木星卻超出適居帶好遠好遠。我們似乎有所疏漏，忘了考量另一種潛在能源：潮汐力。木星重力強大，強到能「拉扯」歐羅巴。歐羅巴環繞木星運行時，本身也以自己的軸心為中心、跌跌撞撞地旋轉，因此表面持續有潮汐起伏變化。這種推擠和拉扯的力量會在衛星核造成強大磨擦力（核心岩石互相擠壓），產生熱能，足以融化表面大部分的冰層。

自從在歐羅巴發現水之後，天文學家明白，即使在宇宙最晦暗的區域也可能有生命存在。天文教科書亦因為這項認知而全面改寫。

歐羅巴快船

「歐羅巴快船」（Europa Clipper）計畫於二〇二二年左右發射升空。這艘快船造價約二十億美元，任務目標是分析歐羅巴表面的冰層及海洋組成，尋找有機生命體的跡象。

在籌畫快船航線時，航太工程師碰上一道棘手難題：由於歐羅巴位處木星強大的輻射帶內，任何沿軌道飛行的探測器，大概不出幾個月就會被烤乾。為抵抗威脅、延長探測器壽命，他們決定讓快船離木星遠一點——大大遠離輻射帶，環繞木星飛行，之後再修正航道，令其緩緩靠近木星，設法達成「飛越歐羅巴四十五天」的簡要任務。

這項飛越任務的目標之一，是調查哈伯太空望遠鏡拍到的間歇泉活動（有水汽自歐羅巴地表上升），或甚至飛過間歇泉上空。歐羅巴快船也可能釋出迷你探測器至間歇泉內，設法取樣。由於歐羅巴快船不會降落木衛二，因此研究間歇泉水汽將是一探歐羅巴海洋眞貌的最佳機會。假使這次任務成功，未來可能會進一步嘗試登陸歐羅巴、鑽透冰層，派遣潛水艇探索海洋。

話說回來，歐羅巴並非科學家的唯一目標。我們也試圖在其他衛星仔細尋找有機化合物與微生物生命跡象。土衛二「恩賽勒達斯」（Enceladus）表面也觀測到水汽噴發，這種間歇泉活動顯示衛星冰層底下也可能有海洋存在。

土星環

現在天文學家已經明白，「潮汐力」才是形塑並促使這些衛星演變發展的最重要力量。因此我們也必需探討巨行星潮汐力有多強、如何作用。或許，氣態巨行星最古老的謎團之一「美麗的土星環究竟源自何方？」也能從潮汐力找到答案。將來若有機會造訪系外行星，天文學家相信，多數氣態巨行星應該也會有環，就像太陽系這幾顆一樣。行星環不僅能回過頭來幫助天文學家精確計算潮汐力強度，也有助於判定行星的潮汐力強度是否足以扯碎整顆衛星。

這些瑰麗絕美的行星環主要由岩石顆粒和冰塊組成，令好幾個世代的藝術家和夢想家為之神往。在科幻小說中，所有接受太空飛行訓練的學生都把「駕駛飛行器繞著行星環飛一圈」視為某種重要儀式。根據太空探測器傳回的資訊，科學家發現太陽系的氣態巨行星全都有環，只是規模和美麗程度遠遠不及土星環。

許多科學家提出假設，試圖解釋行星環成因，不過其中最具說服力的就是潮汐力。土星和木星一樣，其強大引力能使環繞在外的衛星微微拉長或變形（像橄欖球）。越靠近土星的衛星，變形程度越大。最後，「導致衛星變形的潮汐力」和「維持衛星完整的重力」達到兩力平衡的臨界點。這時，假如衛星再靠向土星一些些，理論上就會被土星的重力扯裂，粉身碎骨。

天文學家利用牛頓定律算出這個「臨界點」對應的安全距離，稱為「洛希極限」（Roche limit）。[25]科學家分析土星環及其他氣態巨行星環，發現這些環的位置幾乎都在每顆行星的洛希極限內，而目前所有可見且環繞氣態巨行星的衛星，都位在洛希極限外——這個證據雖無法百分之百證明，卻能支持土星環的形成理論：據推測，土星環是因為某顆衛星不小心太靠近土星，結果被強大的重力撕碎所形成的。

未來，當我們探訪其他環繞恆星運轉的行星時，大概也會在氣態巨行星的洛希極限帶內發現行星環吧。既然科學家已對潮汐力有些研究、也曉得潮汐力可能扯碎整顆衛星，那麼眼下即可著手計算，像歐羅巴這類衛星承受的潮汐力究竟有多強。

移居泰坦？

土衛六「泰坦」則是人類計畫探索的另一顆候選衛星。不過，移居泰坦的熱門程度跟移民火星大概差了一大截。泰坦是太陽系體積排名第二大的衛星，僅次於木衛三「蓋尼米德」（Ganymede），不過泰坦卻是唯一擁有濃厚大氣層的衛星。衛星大氣大多稀薄，但泰坦的大氣層濃密到影響早期拍攝結果——最初攝得的照片活像一顆毛絨絨的網球，看不見任何地表特徵，著實令人失望。

繞行土星的無人太空船「卡西尼」（Cassini）於二〇一七年謝幕墜毀前，為世人揭曉泰坦的真實面貌。卡西尼藉雷達穿透濃厚雲層，描繪泰坦地貌。此外，它還發射「惠更斯號」（Huygens）探測器、並於二〇〇五年成功降落泰坦，以無線電波傳回第一批地貌近照，呈現泰坦地表複雜的水塘、湖泊、冰原、陸塊等脈絡跡象。

科學家根據卡西尼號與惠更斯號蒐集的資料，拼湊出泰坦在濃密雲層下的新面貌。泰坦的大氣層和地球一樣，主要由氮氣組成。令人驚訝的是，泰坦地表竟遍布甲烷湖和乙烷湖。甲烷極度易燃，只要一丁點火花就能引爆，各位或許以為泰坦應該很容易燒成火球吧？但泰坦大氣沒有氧、且地表極冷（約攝氏負一百八十度），根本不可能發生爆炸。這些發現呈現某種令人心癢的可能性：太空人說不定能開採泰坦上的冰，分離出氫氣和氧氣，再結合氧氣與甲烷、製成幾近取之不竭的可用能源——搞不好能照亮所有外星先遣殖民地，使之溫暖宜居。

雖然能源供應方面應不成問題，但要改造泰坦幾乎是不可能的事。泰坦離太陽太遠，大概不可能產生可從內部維持的溫室效應。再加上泰坦大氣已含大量甲烷，若再引入更多溫室氣體誘發效應，大概也是徒然。

各位也許好奇：泰坦究竟適不適合人類移居？從有利的一方來看，泰坦是唯一擁有可觀大氣的衛星，大氣壓約莫是地球的四十五倍。泰坦也是外太空少數幾處人類脫掉太空衣之後、不會馬上倒地死亡的地方。雖然仍需氧氣罩，但血液不會立刻沸騰，身體也不會瞬間遭壓碎。

但是從另一方面來看，泰坦象徵無止盡的寒冷與黑暗。泰坦地表的日照程度僅為地球的百分之〇點一，太陽能亦不足以做為能源，所有的光和熱都必須仰賴發電機製造，意即發電機必須永不停歇持續運轉。不僅如此，泰坦地表處於永凍狀態，大氣中也沒有足夠的氧或二氧化碳維持動植物生長，發展農業極困難，因此所有作物都必須採地下或室內栽種。如此一來，食物供應勢必受限，也連帶局限移民人口。

此外，泰坦居民跟家鄉聯絡也很不方便，光是一道無線電訊息，從泰坦到地球大概就要好幾個小時。還有泰坦的重力僅為地球的百分之十五，在這裡生活的人必須經常運動，防止肌肉骨骼退化。最後他們說不定也不願意回到地球，因為回到地球之後可能虛弱得手指都抬不起來。一段時間以後，移居泰坦的殖民先鋒在情感和生理上都可能漸漸和地球同胞產生隔閡，甚至寧可切斷所有社交聯繫。

因此，永久定居泰坦不是不可能，但是大概不怎麼舒服、不利因素也多，而大舉移民更是希望渺茫。不過，泰坦極可能是非常有價值的燃料補給基地，能囤儲大量資源。我們或許可以開採泰坦的甲烷，運至火星，加速改造作業，或者以之生產幾近無限量的火箭燃料，供深空探索之用。泰坦的冰可純化成飲用水和氧氣，亦可加工製成更多火箭燃料。泰坦的低重力環境則使升空、降落等進出作業更為簡單、有效率。泰坦有機會成為重要的太空燃料補給站。

若想在泰坦打造自給自足的移民生活圈，規畫者或許得考慮開採泰坦地表淺層的無機物與礦脈。目前，地球派出的太空探測器還未取得足夠資料，無法判定泰坦的礦物組成。然而泰坦也可能和其他多數小行星一樣，蘊含極有價值的礦物。若泰坦有朝一日成為燃料補給供應站，這些礦物肯定至為重要。不過，若要把泰坦開採得來的礦物大舉運回地球，可能不切實際，因為距離及成本肯定極為可觀，故應就地使用這些原料、建設泰坦才是。

彗星與奧特雲

越過氣態巨行星、在太陽系的邊陲地帶，還有另一方屬於彗星的國度——說不定有上兆顆彗星在此出沒。[26]這些彗星也可能成為人類探索其他恆星的踏腳石。

地球與其他恆星的距離，看似無可丈量地遙遠。普林斯頓大學物理學家戴森曾提出建議：要想摘星，咱們或許得學學數千年前波里尼西亞人的航海智慧。當年他們可不是一次就橫越太平洋，這麼長的旅程最後可能以災難告終。他們採取「跳島」戰術，一次一座島，逐步遍及整片海洋。他們每到一座島嶼就著手興建永久的固定聚落，然後再朝下一座島嶼前進。戴森假設人類也可以用同樣的方式，在遙遠外太空建立移民中繼站，而這套策略的關鍵就在於彗星，再加上一些被踢出原生星系的流浪行星，或許能為地球照亮摘星之路。

數千年來，人類懼怕彗星，始終視其為迷信、神祕的象徵。彗星不像流星。流星畫過天際、轉瞬消失，而彗星卻會在天空出現好一段時間。人類一度認為彗星代表厄運、惡兆，甚至可能影響國運。一〇六六年，有顆彗星通過英格蘭上空，當時即被解讀為英王哈洛德（King Harold）將於「黑斯廷斯戰役」（Battle of Hastings）落敗，並由來自諾曼第的入侵者「征服者威廉」（William of Normandy）取而代之，建立新王朝。精美細緻的「巴約掛毯」（Bayeux Tapestry）詳細描繪這段史實，呈現農民與士兵神色驚恐、仰頭注視彗星的場景。

六百多年後的一六八二年，同一顆彗星再度掠過英格蘭。這一回，從販夫走卒以至王室貴族，無不驚嘆連連，而伊薩克・牛頓甚至決心解開這個古老謎團。當時他才剛發明一種功能更強大的望遠鏡，利用鏡面集中星光。牛頓用這座嶄新的反射式望遠鏡記錄數顆彗星的移動軌跡，再和他預測的路線（根據他近來推得的「萬有引力理論」估測計算）兩相比對，結果竟完美相符，分毫不差。

牛頓凡事傾向低調神祕，因此要不是另一位富豪紳士天文學家艾德蒙・哈雷（Edmond Halley）的關係，牛頓的跨時代發現恐遭世人遺忘。哈雷拜訪當時人在劍橋的牛頓，當他知道牛頓不只追蹤彗星、還能預測其未來動向時，他大吃一驚，因為從來沒有人做過並完成這件事。彗星乃天文學最教人迷惑的現象之一，數千年來令整個文明社會驚嘆又焦慮，但牛頓竟理出重點、化為一串數學公式。

哈雷立刻意識到，這絕對是科學史上極重要的畫時代突破。於是他慷慨解囊，承諾支付所有開銷，協助牛頓出版科學史上最偉大的著作《數學原理》。牛頓在這本傑作中揭露天體的運作機制，利用他發明的數學定理「微積分」，精確描繪太陽系內行星及彗星的運動軌跡。他發現，彗星多以橢圓軌道運行，因此可能再次出現。後來哈雷採用牛頓的方法，算出一六八二年通過倫敦上空的那顆彗星，往後每七十六年都會出現一次。事實上，他大可回溯歷史，指出同一顆彗星始終按時歸來。哈雷大膽預測，這顆彗星將在一七五八年（屆時他早已作古）再度出現。一七五八年耶誕節，彗星如期現身，應允並成就哈雷的科學傳奇。

今天，我們已經知道彗星主要來自兩大區域。其一是「庫柏帶」，這片帶狀區域位於海王星外，與其他系內行星在同一平面上旋轉。哈雷彗星即源自庫柏帶，這裡的彗星以橢圓軌道繞太陽運行，有時被稱做「短周期」彗星，因為它們的軌道周期（環繞太陽一周所需的時間）約莫在數十年至數百年之間。由於這些彗星的周期已為人所知、或可推算出來，故可以預測，不會特別危險。

再往太陽系外圍探索，會發現一團由彗星組成、將整個太陽系包起來的「奧特雲」。奧特雲的彗星大多離太陽非常遙遠，最遠可達好幾光年，大多相當穩定。不過它們偶爾還是會衝進內太陽系，掠過或隨機撲向太陽。此處的彗星稱為「長周期」彗星，軌道周期多以千年、甚至萬年計算（前提是它們真有「周期」，確定還會再回來）。[1] 長周期彗星幾乎無法預測，因此比短周期彗星更可能給地球帶來災難。

咱們在庫柏帶與奧特雲每年都有新發現。二〇一六年，科學家宣布第九顆行星——大小跟海

[1] 審定注：天體的運動可以用牛頓的萬有引力定理預測得相當精準，其軌道可以是圓錐曲線的一種。軌道是圓形或橢圓的彗星有周期，拋物線和雙曲線軌道的則接近太陽後便不復返。

王星差不多——可能隱身庫柏帶深處。[2]這顆天體並非直接以望遠鏡觀察得知，而是用電腦破解牛頓方程式計算出來的。儘管學界還未確認其存在，但諸多天文學家相信，電腦推算的數據十分可信，而且這種情況也不是沒有前例可循。早在十九世紀，有人指出天王星的軌跡稍稍偏離依牛頓定律計算的預測路徑。結果並非牛頓公式有誤，也不是天王星被遙遠星體拖走，於是科學家著手計算這顆假定為另一顆行星（非天王星）的位置，並於一八四六年只花幾個鐘頭就找到它，命名為「海王星」。（另一個例子是水星。其實天文學家也發現水星似乎偏離原有路徑，於是推測水星公轉軌道內可能還有一顆行星，命名「火神」（Vulcan）。經多次觀測，科學家並未找到這顆「火神」，後來是愛因斯坦發現牛頓定律有瑕疵，便根據他自己的「相對論」，指出水星公轉軌道可解釋為一種全新的時空扭曲現象。）今天，我們可以將物理定律安裝在超高速電腦，使其呈現更多庫柏帶及奧特雲內的組成分子。

天文學家認為，奧特雲的範圍可能可自太陽系向外延伸至三光年遠，超過太陽與最近恆星「毗鄰星」一半的距離。毗鄰星即半人馬座的「南門二」三合星系統（Centauri triple star system），離地球至少四光年遠。若假設毗鄰星這個聚星系統也被一團彗星包圍，那麼毗鄰星和地球之間說不定有條彗星通道，連接彼此。如此一來，我們即可能沿途興建一連串燃料補給站、外星據點及多個中繼站，完成重要的星際高速幹道。屆時人類不再需要以跳島方式前進系外恆星，而是改以「搭彗星便車」的方式抵達更合宜的目標——毗鄰聚星系。這條星際大道說不定能成為宇宙的「六十六號公路」（Route 66）。[3]

要想興建這條彗星高速公路，其實並沒有乍聽之下那般遙不可及。目前天文學家已經掌握好幾顆候選彗星的大小、緻密度、組成成分等相關資料，而一九八六年哈雷彗星通過地球時，科學家也曾發射好幾架太空探測器進行實地拍攝、進一步分析。照片顯示哈雷彗星的彗核很小，縱徑約十六公里，形狀像花生米（換言之，未來這顆花生米可能左右分家：意即哈雷彗星將一分為二）。此外，科學家也曾引導探測器穿過彗尾。當年的「羅賽塔號」（Rosetta）甚至發射探測器、成功降落在其中一顆彗星上。分析這些彗星的探測數據顯示，彗核由堅硬岩石或冰晶組成，其硬度足以支撐機器人中繼站。

將來有一天，說不定會有許多機器人降落在某些遙遠的奧特雲彗星上，開鑿鑽洞，穿透地表。彗核的礦物和金屬或可用於建造太空站，而彗核的冰則可融化做為飲用水、火箭燃料，或者分離成氧氣供太空人使用。

假使人類成功踏出太陽系，屆時會在冒險途中發現什麼？你我正在經歷另一次典範轉移，正在重新理解這個宇宙。我們會繼續發現更多類地行星，而這些行星或許能支持某些屬於我們這個恆星系（太陽系）的生命形式，使其得以生存繁衍。將來我們有機會造訪這些星球嗎？我們是否有能力建造未來太空船，為人類的宇宙探索開啓新契機？該怎麼做？

❷ 審定注：根據電腦模擬的結果，第九行星的質量約為地球的十倍，與太陽距離是海王星的二十倍。繞太陽一圈則要一到兩萬年的時間。

❸ 譯注：美國著名交通幹道，從芝加哥向西橫跨多個州、直抵洛杉磯。

第二部

邁向星際之旅

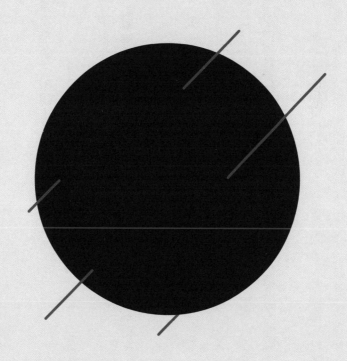

第七章 機器人上太空

來到某個階段，我們應該不得不指望由機器接手控制。

——英國計算機科學家亞倫・圖靈（Alan Turing）

倘若如此遙不可及的事會在接下來一兩百年內發生，我大概會非常驚訝。

——美國跨學科研究者道格拉斯・侯世達（Douglas Hofstadter）

時間：二〇八四年。阿諾・史瓦辛格飾演的建築工人總是反覆夢見火星，因此深受困擾。他決定要親自走一趟火星，了解這些夢境所為何來。在火星上，他看見熙來攘往的大都會、閃亮的玻璃帷幕大樓與遼闊無際的礦場。這是一處由複雜管線工程組成的地方，有發電機供應能源，還有氧氣可供數千名永久居留者生活。

電影《魔鬼總動員》（*Total Recall*）描繪一座火星城市的可能景象，且極具說服力：流暢、乾淨、前衛。不過這裡有個小問題。從好萊塢的角度來看，這些想像城市的背景設計著實酷炫新奇，但就現實層面考量，若要以人類現有的科技造出這麼一座城市，肯定超過NASA任何一項任務預算。別忘了，建設初期，火星上的每一把榔頭、每一張紙甚至每一根迴紋針都得從地球運過去，距離動輒數千萬公里呀。況且，假如目的地是太陽系外的鄰近恆星系統，問題只會更多更複雜，畢竟彼方和地球之間幾乎不可能有迅捷的交通方式。因此我們不能事事仰賴地球供應，必須另覓良方，設法在外太空開發一處資源不虞匱乏的國度。

而答案可能就在第四波科技浪潮中。若能應用奈米科技與人工智慧，說不定得以大幅改動整套遊戲規則。

來到二十一世紀末，奈米科技的先進程度應已達到可大量製造石墨烯（graphene）和奈米碳管（carbon nanotubes）的水準，這些超輕材質將會在建築工程方面引發革命性劇變。石墨烯僅一個分子厚，這些緊密鍵結的碳原子形成超硬的超薄片，近乎透明亦幾無重量。然而，石墨烯卻是目前科學界已知最堅固的材質，硬度約莫是鋼的兩百倍、甚至強過鑽石。原則上，就算各位用一枝鉛筆支起大象、再將筆尖置於石墨烯片上，這片石墨烯不僅不會破也不會裂開。此外，石墨烯還有一項附加優點：可導電。科學家已能將分子大小的電晶體刻在石墨烯板上，故未來的電腦也可能使用這類材料。

將石墨烯片捲成長長的管子，就成為「奈米碳管」。這種管子幾乎敲不破也看不見。假如紐約布魯克林大橋的懸架以奈米碳管製成，這座橋看起來會像浮在空中一樣。

倘若石墨烯和奈米管是這麼神奇的材料，為什麼不用來蓋房子、蓋大樓、造橋或甚至高速公路？理由是現階段若想大量製造純石墨烯，實在非常非常困難。在分子層次上，即使是再細微的雜質或排列不完美，都會毀掉石墨烯神奇的物理特性。目前的技術僅能做出郵票大小的石墨烯片，再大就難了。

不過，化學家希望最晚能在下個世紀開始量產石墨烯，此舉將大幅降低外太空的基礎建設成本。由於石墨烯質地極輕，故能有效率運送至遙遠的地外據點。甚至，我們也可能在其他星球製造石墨烯。將來有一天，火星大漠上可能出現完全以奈米碳材質打造的未來都市。建築物全部透明，太空衣也可能變得超極薄且超貼身，汽車則因為車重變輕而大幅提升燃料效率。隨著奈米科技的進步，整個建築產業可能因此徹底改觀。

即便科技先進如此，但是諸如組合火星聚落、在小行星設置開礦點或甚至在泰坦及其他系外行星興建基地等極度費力的粗重工作，又要找誰出力完成？也許，人工智慧能提供解決方案。

人工智慧：襁褓中的科學

二〇一六年，人工智慧（AI）領域最驚人的新聞要屬「深度學習公司」（DeepMind）開發的圍棋軟體「AlphaGo」，竟然打敗世界排名第一的職業棋士李世乭（Lee Sedol）。當時，許多人都以為這個結果再過幾十年才會發生。輿論哀鴻遍野，認定此次落敗無疑敲響人類的喪鐘。機器終於越界，眼看即將接管地球。人類已無路可退。

AlphaGo是有史以來最先進的遊戲軟體。一般人在對弈時，每一步平均有二十到三十種選擇，但AlphaGo卻能算出兩百五十種可能。事實上，這種棋賽軟體的布局組合遠超過宇宙原子總和。人類一度以為，要算出所有可能走法實在太困難，電腦根本辦不到。因此當AlphaGo打敗李世乭，賽局瞬間成為媒體焦點。

不過世人倒是很快認清了一件事：不論AlphaGo的演算再怎麼精密複雜，它也就只會這麼一套把戲。AlphaGo只能做到一件事：贏棋。誠如「艾倫人工智慧研究所」（Allen Institute for Artificial Intelligence）執行長歐倫．埃齊奧尼（Oren Etzioni）所言，「AlphaGo連西洋棋也不會。它沒辦法討論賽局。我的六歲兒子都比AlphaGo聰明。」[27]不論硬體本身有多強大，你總不可能走上前、拍拍它的背，恭喜它打敗對手並期待它有條有理回應。這具機器根本不曉得它創造了科學歷史。尤有甚者，它甚至不曉得自己是機器。我們常常忘記一件事：今日的機器人其實是過度美化的機器。

它們不具自我意識，沒有創造力、常識或情緒。機器人能執行特定且反複的有限任務，卻無法勝任涉及基本知識的複雜工作。

雖然ＡＩ領域確實已出現革命性突破，我們仍須審慎評估其進程。若比較火箭與機器人進化史，各位會發現此階段的「機器人學」（robotics）才剛跨過當年的「齊奧爾科夫斯基時期」，也就是推測與理論化的階段。目前人類處於戈達德的「鼓吹推動期」，正著手打造實際原型，目前這些機器人原型雖然原始，卻足以顯示基本原理正確無誤。此刻我們尚無法進入下一階段、也就是馮布勞恩的國度。若到了那個時候，各種造型新穎、功能強大的機器人將排排走下生產線，在遙遠星球闢地築城。

截至目前為止，機器人在遠端操控方面的表現始終令人驚艷。不論是航向木星土星的「航海家號」、成功於火星觸地得分的「維京人號」著陸器（Viking），或是環繞氣態巨行星的「伽利略」和「卡西尼」兩艘太空船，背後都有一個團隊全心投入，負責下判斷、做決策。這些機器人探測器猶如無人飛機，只負責執行來自加州帕薩迪那（Pasadena）太空總署任務控制中心操縱員的指令。而所有出現在電影裡的「機器人」若不是玩偶、電腦動畫，就是可遠端遙控的機器。（我個人最中意的科幻機器人是電影《禁忌星球》〔*Forbidden Planet*〕中的「羅比」〔*Robby the Robot*〕。雖然「羅比」外型相當前衛，但其實有人躲在裡頭操縱它。）

過去數十年來，電腦運算能力每十八個月就翻倍成長。而這樣的未來，我們又能懷抱什麼樣的期待？

下一步：百分百自動機

完成「遠端遙控機器人」，下一個目標是設計眞正的「自動機」（automatons）——也就是有能力自己做決定、僅需最小程度人為干涉的機器人。真正的自動機只要聽到「把垃圾撿起來」這句話，就能立刻執行動作。目前的機器人還沒有這種能力。由於透過無線電與系外行星聯絡少說要好幾個鐘頭，因此未來我們需要幾乎有能力自行探索外星、興建移居地的全自動機器人。

這些貨真價實的自動機，總有一天會證明它們是建設遙遠行星及衛星移民地的絕對主力。別忘了，在接下來數十年，真正移居外太空的移民人數可能只有幾百人，人力稀有且昂貴，但人類又面臨得在遠方世界打造新城市的迫切壓力。這時就得靠機器人來扭轉乾坤了。剛開始，機器人的任務是執行「3D」——負責處理「危險」（dangerous）、「枯燥」（dull）、「髒兮兮」（dirty）的工作。

舉例來說，我們在欣賞好萊塢電影時，偶爾會忘記外太空可能有多危險。就算是在另一星球的低重力環境下工作，所有與建築相關的「舉重」作業，基本上還是得仰賴機器人完成諸如大量搬運梁柱、水泥塊、重機械這類城市基礎建設的必要作業等等。光是在「穿著笨重太空衣」、「手無縛雞之力」、「動作緩慢」、「揹著沉重氧氣瓶」這幾點上，機器人完勝太空人。人類一下子就耗盡體力，但機器人可以日以繼夜、永無止境地工作下去。

不僅如此，萬一發生意外，機器人在各種危險情勢下都能輕易修復或替代。清理及開闢建築區或公路用地時，常需使用炸藥，這部分可以交給機器人執行。如果有哪兒失火了、或太空人在遙遠衛星極低溫環境工作時，機器人也能赴湯蹈火，營救太空人。機器人不需要氧氣，所以也不會像太空人一樣，時時刻刻都面臨窒息這項威脅。

機器人也能肩負起探索遠方世界危險地帶的任務，比如火星冰帽和泰坦冰湖。人類對上述兩處地方的穩定度與結構所知甚少，但其中的沉積物證明冰帽和冰湖將會是非常重要的氫氧來源。機器人也能深入火星熔岩通道（這些通道能做為阻絕危險輻射的庇護所），或者調查木星衛星。太陽閃焰和宇宙射線可能增加太空人的罹癌率，但就算在致命輻射環境下，機器人依舊能不受影響、好好工作。機器人亦可直接更換遭劇烈輻射損害的局部零件或模組，而這些耗材補給則可儲放在具強力屏蔽設計的特殊倉庫中。

除了執行危險任務，枯燥乏味的工作也可以交給機器人，尤其是動作重複的製造作業。總有一天，所有的行星或衛星基地都需要大量工業產品，而這種大量製造的工作也可以請機器人代勞。若想創造自給自足、能開採當地礦物並製成所有必需用品的外星社群，機器人絕對是基本要件。

最後就是髒兮兮的工作。機器人可以負責外星基地下水道及衛生系統的維修作業，也可以處理資源回收或加工廠產生的有毒化學物質或毒氣。

誠如各位所見，假使荒涼的月球大地或火星沙漠當眞冒出一座座有馬路、摩天樓和住家的現代都市，這群不需要人類直接介入也能發揮功能的全能自動機，將會在未來扮演多麼重要且不可或缺的角色。但我們接下來要問的是：人類離眞正造出自動機器人的那一天，還有多遠多久？暫且不論我們在電影或科幻小說看到的酷炫機器人，當前機器人科技的實際發展究竟處於何種狀態？人類還要等待多久，才能盼到為我們在火星築城的機器人？

淺談人工智慧史

一九五五年，一群研究菁英齊聚達特茅斯學院（Dartmouth College），創立「人工智慧」這個領域。這群人信誓旦旦，認為他們在短時間內就能開發出一種智慧機器——不僅能解決複雜問題、理解抽象概念、使用語言，還能從自我經驗學習。與會人士宣稱，「我們認為，只要審慎挑選一群科學家，一起打拼一個暑假，應該就能在其中一兩項挑戰上獲得明顯進展。」

但是他們犯了一項決定性錯誤，武斷地以為人腦等同數位電腦。他們相信，若能將智慧法則縮減成一張密碼表，再輸進電腦，電腦馬上就能成為會思考的機器。這台機器將擁有自我意識，人類也能跟電腦進行有意義的對話。這在當時被稱為是「由上往下」（top-down）❶或「瓶裝智慧」（intelligence in a bottle）的做法。

這個主意看起來簡單又巧妙，激發不少樂觀的預期和想法。一九五〇與六〇年代，人類在這個領域繳出漂亮成績單：電腦可設計用來玩跳棋、下西洋棋、解答代數定理、辨識並撿拾物體。一九六五年，ＡＩ先鋒赫伯特．西蒙（Herbert Simon）宣稱，「不出二十年，機器就能勝任所有人類可以做到的事。」一九六八年，我們在電影《二〇〇一太空漫遊》首見ＡＩ電腦「哈兒」（ＨＡＬ），哈兒會跟人聊天說話，還會引導太空船航向木星。

然後，ＡＩ進入撞牆期，在「模式識別」（pattern recognition）與「常識」兩大難題方面更是進展緩慢。機器人「看得見」，而且視力比我們強大好幾倍，但它們不理解自己看見的東西。看見桌子，機器人只能意識到「線條」、「方形」、「三角形」、「橢圓形」，它們無法組合這些元素、辨識整體——它們無法理解「桌子」的概念。因為如此，要機器人在屋內導航、辨識家具、避開障礙物是非常困難的事。一旦上街，機器人更徹底迷失，束手無策：它們眼中只看到大量且亂七八糟的線條、圓圈和方塊，實際上卻是嬰兒、警察、小狗和樹木。

ＡＩ的另一道障礙是常識。我們曉得水是濕的，繩子可以拉但無法推、大塊物體易推難拉，以及媽媽的年紀鐵定比親生女兒大。這一切的一切對我們來說再明顯不過。但我們是從哪兒得到這些知識的？世上沒有一道數學公式能證明繩子不能推。我們從實際經驗、從突然遭遇的現實情況一點一滴蒐集、累積這些事實。我們在「逆境學校」裡辛苦學習。

但機器人不同，它們無法汲取「生活經驗」的半點好處。所有資訊都必須透過電腦符碼，一口一口、一道一道餵給它們。有人曾企圖將每一小段常識加以編碼、寫成程式，但常識的資訊量實在太多太大了。一個四歲小孩直覺知曉的物理、生物、化學現象，遠遠超過世上最先進的電腦。

DARPA挑戰賽

二〇一三年，隸屬美國國防部、負責網路基礎建置工作的「高級研究計畫局」（Defense Advanced Research Projects Agency，DARPA）向全球科學家下戰帖：為二〇一一年發生三座核電廠爐心熔毀的日本福島縣，設計機器人並清理輻射外洩造成的嚴重混亂。電廠殘骸的輻射殘留極強烈，工作人員在致命輻射區待個幾分鐘就得離開，導致清理作業嚴重落後。據官方估計，該輻射汙染區至少得花三十至四十年才能清理完畢，作業成本高達一千八百億美元。

如果科學家有辦法做出毋須人類介入、能自動清理垃圾與廢棄物的機器人，無疑也可視為打造外星用自動機（協助打造月球基地或火星移居地）的第一步，即使在高輻射環境工作也不怕。

DARPA意識到一件事，即日本福島縣會是應用最新AI技術的理想場所，於是決定推出獎金三百五十萬美元的「DARPA機器人挑戰」，徵選可執行基礎清理任務的機器人。（事實證明上一屆的DARPA挑戰賽極為成功，順利為開發「無人駕駛車輛」做好暖身工作。）這場競賽無疑也是完美的公共論壇，得以宣揚AI領域的相關進展。經過多年過度讚譽和誇大宣傳，此刻該是秀出真本事的時候了。世人將親眼目睹，機器人有能力執行較不適合人類處理的重要工作。

DARPA訂下的規則不多，但意義明確：若想贏得大獎，機器人必須執行八項簡單任務，包括駕車、移除廢棄物、開門、關閉滲漏閥門、組接消防水喉及水帶、旋開或關閉閥門等。來自世界各地的文章條目湧入論壇，競相爭取榮耀和優渥獎酬。然而競賽結果並未順利開啟AI新紀元，倒是留下略嫌難堪的局面：參賽者多數無法完成任務，有些甚至直接在鏡頭前失敗出糗。經

❶ 譯注：top-down method，拆解主系統，逐步深入了解子系統的設計方法。反之則為「由下往上」（bottom-up）。

過這次挑戰賽，顯示ＡＩ的複雜程度可能比「由上往下」的設計概念複雜許多。

會學習的機器

某些ＡＩ研究人員已徹底揚棄由上往下法，改為「由下往上」（bottom-up），選擇模仿大自然。這套替代策略或能另闢蹊徑，有希望造出能在外太空作業的機器人。出了ＡＩ實驗室，這類精細複雜的全能自動機其實處處可見，遠勝過人類目前設計過功能最強大的作品。這種全能自動機叫「動物」。小不嚨咚的蟑螂在森林裡熟門熟路、動作靈巧地鑽來竄去，尋找食物和交配對象。相較之下，咱們身形龐大、動作笨拙的機器人在行進期間，有時不小心還會刮破壁紙呢。

六十年前，達特茅斯研討會在理論推定上的潛在瑕疵，至今仍是ＡＩ領域揮之不去的陰影。人腦不是數位電腦。人腦不跑主程式、不跑子程式，沒有中央處理器也沒有晶片組，更不需要程式碼。若移除電腦的某顆電晶體，電腦大概就掛了，然而人類就算切掉半顆大腦，大腦還是能設法運作。

大自然實現運算奇蹟的方式是將大腦設計成一套神經網絡，一部學習機器。各位的筆記型電腦永遠不可能學習，今天的它跟昨天、跟去年一樣，沒有長進。但人腦不同。人腦在學習任何事物之後，理論上都會「重組」一遍，這也就是娃娃在還沒學習任何語言之前只會咿咿呀呀、我們在學會騎單車之前只能歪歪倒倒或急轉急煞之故。神經網絡依循「赫布定律」（Hebb's rule），藉由「持續重複」來改善功能。赫布定律言明，你執行某項工作的次數越多，與這項工作有關的神經傳導路徑就會使用得越頻繁，達到加強效果。在神經科學領域中，有句話是這麼說的：「同時受激發的神經元亦彼此相連。」（Neurons that fire together wire together.）各位或許聽過一則老笑話，「『卡內基廳』怎麼去？」神經網絡解讀後回答：「練習、練習、再練習。」[2]

舉例來說，常登山健行的人都曉得，假如某條山徑被踩得亂七八糟，就表示一定有很多人走過這條路，那麼這條路很可能就是最好的選擇。正確的途徑每使用一次就會強化一次。同樣的，你越常從事某項行為，和這項行為有關的神經路徑也會越頻繁受到強化。

這套概念非常重要，因為具學習能力的機器無疑是太空探索的關鍵要素。機器人將會在外太空持續遭遇全新、不斷變化的危險挑戰，被迫跟當今科學家設想不到的意外場景短兵相接。若只為機器人安裝一個應付制式、緊急事件的處理程式，機器人將毫無用處，因為命運會扔給它一堆無法預料的難題。比方說，老鼠身上不可能預載能應付所有局面的基因密碼，因為牠一輩子要面對的狀況無法勝數，但牠的基因卻是有限的。

假設火星某基地遭到流星雨襲擊，造成許多建物損毀。這時，配備神經網絡的機器人就能一邊處理這類意外狀況、一邊學習，並且越做越好。反觀傳統的「由上往下設計」型機器人，屆時大概只會癱在原地，無力應付意料之外的緊急狀況。

羅尼・布魯克斯（Rodney Brooks）將許多這類新概念導入研究。羅尼是麻省理工學院著名的「人工智慧實驗室」前實驗室主任。在訪談期間，他曾讚嘆像蚊子這麼簡單的小東西（那顆顯微等級的小腦袋少說也有上萬神經元），都能毫不費力在三維空間飛行，但我們卻得用無數複雜的電腦程式控制一具只會走路的機器人，而且還可能走得跌跌撞撞、蹣跚踉蹌。羅尼用他研發的「機器蟲」（bugbot）和「類昆蟲」（insectoid）率先開闢一條新路徑。透過學習，這兩種自動機都能像六腳昆蟲般移動。起初牠們總是摔個四腳朝天，不過每次嘗試都有進步、越走越好，漸漸能像真的昆蟲一樣順暢調控六隻腳。

❷ 譯注：前者問方向，後者解讀為如何才能在卡內基廳登台演出。

這套將神經網路置入電腦的過程稱為「深度學習」（deep learning）。隨著這項科技逐漸發展，極可能在許多產業引發重大革新。在不久的將來，若您想看醫生、找律師，只消對著智慧牆或智慧腕錶下達「找（機器）醫師」或「找（機器）律師」的指令，程式軟體會立刻上網搜尋，提供語音醫療或語音法律服務。這類程式會透過重複的問題持續磨練學習，回答得越來越好——或甚至先發制人，滿足你的特殊需求。

深度學習也可能主導太空全能自動機的發展方向。未來數十年內，人類可能結合「由上往下」及「由下往上」兩套方式，初期先為機器人植入部分基本知識，但機器人也能藉神經網絡運作學習。它們將與人類一樣能透過經驗學習，直至精通「模式識別」和「運用常識」，終而能在三維空間內移動工具、掌控新情勢。不論在火星或整個太陽系、或甚至其他系外星球上，這群機器人都將成為建造、維持外星移居地不可或缺的重要角色。

未來，科學家也會針對各種特殊任務而設計不同的機器人。機器人可以像蛇一樣，學習在下水道系統內游泳，尋找滲漏或破損處。超級強壯的機器人則學習在建築工地負責所有重物搬運工作。飛行機器人的外型可能像鳥，它們要學的是調查與分析外星地貌。學會探勘地下熔岩通道的機器人，可能外型像蜘蛛，因為這種多足生物能十分平穩地越過起伏不平的地面。還有，負責在火星冰帽提供遊歷探險服務的機器人，造型大概會像智慧型雪橇機車。至於必須潛入歐羅巴海洋採集樣本的機器人，說不定會設計成章魚的模樣。

為了探索外太空，機器人必須要能從兩方面學習：一是向隨時、隨機接觸的環境學習，二是吸收直接取得的資訊。

不過，倘若我們希望機器人能靠自己獨力建構整座城市，那麼ＡＩ領域就算發展到前述這種進階等級，可能還是不夠用。看來，打造「有複製能力」、並且具有「自我意識」的全能自動機，或許才是機器人這門科學的終極挑戰吧。

能自我複製的機器人

頭一次學到「自我複製」（self-replication）的時候，我還只是小孩子。我讀的那本生物學書解釋道，病毒會透過「綁架宿主細胞、複製自己的複本」這種方式生長，而細菌則會自我複製、自我分裂。如果單一菌落不受限制地持續複製好幾個月或好幾年，最後，菌落內的菌數可能會多到令人震驚的地步，而菌落體積搞不好會直逼地球。

剛開始，我覺得這種「不受限制自我複製」的可能性看起來蠻荒謬的，但後來漸漸明白了。病毒充其量只是一種「能自我複製的大分子」，但若這種分子被一大把地植入鼻腔，就可能害人在一周內感冒。單一分子快速複製、做出上兆個病毒複本，絕對足以令人開始打噴嚏。事實上，你我的生命皆始於母體內的一顆受精卵，小到肉眼看不出來。可是不過短短九個月時間，這顆渺小細胞竟然就長成一個人了。因此，就算是人類，也得仰仗細胞的指數型生長來延續生命。

這就是自我複製的威力，也是生命本身的基礎，而自我複製的祕密就藏在ＤＮＡ分子中。這種宛如奇蹟的分子之所以迥異於其他分子，主因是ＤＮＡ擁有兩大才能：其一是容納大量資訊的能力，其二是複製能力。不過，機器或許也能模仿這兩項特質。

其實，「可自我複製的機器」此一概念大概和演化一樣久遠。達爾文在出版象徵古今分水嶺的大作《物種源始》（*On the Origin of Species*）之後，英國作家賽謬爾．巴特勒（Samuel Butler）立刻以〈機器中的達爾文〉（Darwin Among the Machines）為題，撰文推測機器有一天也會按達爾文的理論開始複製演化。

早在一九四〇至五〇年代末這段期間，多個新數學分支（包括「賽局理論」在內）的開創先鋒約翰．馮諾伊曼（John von Neumann），曾試圖創造一套數學方法，想讓機器能自我複製。他從以下這個問題切入：「有自我複製能力的最小機械裝置是什麼？」並且將這個問題拆成幾個步驟。

比方說，第一步也許是弄來一大箱積木（試想眼前有一堆各式各樣、造型標準化的樂高積木），接下來，你得編寫一道可組合兩塊積木的電腦組合語言（或稱「組譯器」〔assembler〕），第三步則是寫出整套程式，告訴這套組合語言必須依照哪一道指令、連結哪些部分。這最後一步其實也是最關鍵的一步。所有玩過積木的人都知道，光憑這寥寥數種形式簡單的積木元件，任何人都可能造出最複雜精緻的結構——前提是要有正確的組合方式。馮諾伊曼想找出製作複本（透過電腦組合語言）所需的最小操作次數。

後來，馮諾伊曼還是放棄了這項特別的計畫。這項工程仰賴各式各樣的隨機假設，包括精確估計實際得用上多少積木與積木形式，因此數學分析極難。

自我複製機器人的外太空角色

自我複製機器人的下一股推進力出現在一九八〇年。那年，NASA帶頭展開一項名為「太空任務高階自動機」（Advanced Automation for Space Missions）的研究計畫。研究報告總結，若想在月球建造移居地，具備自我複製能力的機器人絕對是關鍵要素。報告還列出至少三種不同類型的必備機器人。「開礦機器人」負責採集基礎原料，「建築機器人」熔解鍛鍊原料，組成新元件，至於機器人本身及其同袍的修復保養則交給「維修機器人」，無須人類介入。該報告也呈現機器人自主作業的可能景況：這類機器人宛如搭載取物鉤或推土鏟的智慧臺車，可行走在多種軌道上。不僅可載送資源，還能將原料加工成現場需要的多種形式。

拜時機巧妙之賜，這項研究最大的優勢之一在「時間點」：當時，太空人才剛從月球帶回數百公斤的月岩，於是我們知道月岩的金屬、矽、氧含量幾乎和地球岩石一模一樣。「月殼」大多由風化岩（regolith）組成，結合月球基岩、古老熔岩流和隕石撞擊殘骸。有了這項資訊，NASA

科學家遂以「在月球興建工廠、利用月球資源生產可自我複製的機器人」為目標，著手研擬更具體的計畫。這份報告也逐一詳細列舉在月球開礦、融解風化岩並萃取可用金屬的可能性。

然而在這項研究之後，自我複製機器人的發展卻因為民眾熱情而消褪，竟落入長達數十年的晦暗停滯期。但到了現在，由於社會大眾重燃返回月球、逐鹿紅星的興趣，各界再次琢磨這套概念是否可行。譬如，若想應用於移民火星，可能會依以下方式進行：首先調查火星沙漠，繪製生產藍圖。接著鑽洞深入表土岩層，安置並引爆炸藥，再用挖土機和機械鏟開挖、清理鬆動的岩石層及石塊碎片，打好地基。挖出的岩石進一步研磨成小碎石，送進微波發電的熔融爐予以融化並提煉、萃取液態金屬，然後再分離金屬，純化成鑄塊，加工製成電線、電纜、梁柱及其他各種建築基礎元件。透過這種方式，我們就能在月球興建機器人工廠。一旦成功產出第一批機器人，就能指派它們接管工廠及生產作業，繼續製造更多機器人。

在NASA提出上述報告的年代，科學技術有限，但人類至今已有了長足的進步。譬如3D列印就是發展機器人學最有前途的一項技術。現在，電腦能引導並精準控制塑膠及金屬流向，層層製作構造精緻複雜的機器零件。目前的3D列印科技已相當發達，甚至可利用顯微噴嘴、射出一顆顆人體細胞，製成組織片。在我主持的某集《發現頻道》（Discovery Channel）節目中，我印了一張我的臉：雷射光束迅速掃描我的臉，把蒐集到的資訊記錄在筆電上。接下來，電腦把這些資訊送進印表機，印表機的細小噴嘴開始一絲不茍、徐徐噴出塑膠液。不到三十分鐘，我就得到一副長得跟我一模一樣的塑膠面具。後來這台印表機又掃瞄我全身上下，結果不出幾小時，電腦就做出一副看起來超像我的塑膠人偶。因此，將來你我應該都能和超人排排站在一起，加入玩具人偶收藏品的行列。未來的3D列印技術說不定能重塑精密組織、組成具功能的器官，或者製作可自我複製機器人的必要零件。該技術也可能導入機器人工廠，讓融化的金屬可直接塑形成機器人。

火星出產的第一具自我複製機器人，應該會是有史以來最難製造的全能自動機，初期可能需要將大批生產設備運抵火星。不過，一旦順利造出第一具機器人，接下來就可以放手讓它製作自己的複本，然後，這兩具機器人再分別做出自己的複本，於是就有四具機器人。透過這種指數成長模式，我們很快就能得到一大隊機器人，足以肩負起改變火星沙漠地貌的任務。它們將開採土壤、建造新工廠，經濟又有效率地源源不絕產出自己的複製品。這群機器人能創造可觀的農業活動，催生現代文明——不僅限於火星、而是擴及整個太空：譬如在小行星帶開採礦物、在月球建造雷射光發射陣列、在星球軌道組裝巨型星艦，為遙遠的系外行星殖民計畫奠定基礎。若能成功設計並有效運用自我複製自動機，肯定會是相當驚人的成就。

然而，撇開科技里程碑不談，另外還有個頗具爭議的問題、也是機器人學的聖杯——擁有自我意識的機器。這種機器人可不只會自我複製而已。它們能理解自己是誰，擔起領袖角色：譬如指揮其他機器人、下指令、籌備規畫、協調作業、提出有創意的解決方案等等。它們還能回應人類，提出負責任的建議和意見。不過，「機器人具自我意識」的概念將衍生複雜的存在問題，著實嚇壞不少人。這些人擔心，機器人總有一天會反抗它們的人類創造者。

擁有自我意識的機器人

二〇一七年，兩位億萬富翁為了ＡＩ大起爭執，分別是臉書創辦人馬克·祖克柏（Mark Zuckerberg）和太空技術探索、特斯拉的老闆伊隆·馬斯克。[28] 祖克柏秉持他一貫的看法，認為ＡＩ能為人類帶來巨大的成功和財富，造福整個社會。然而馬斯克的觀點則較為負面，表示ＡＩ確實會對人類的存在造成威脅，意即人類有一天可能會遭自己所創的科技反噬。

誰說的對？假如我們極度依賴機器人來維持月球基地、火星城市運作，結果有一天，機器人決定它們不再需要人類了呢？人類辛苦創建外太空基地，難道就只為了拱手讓給機器人？

其實，人類並非最近才開始擔心這件事，小說家巴特勒早在一八六三年就提過了。他警告，「人類自己正在創造自己的繼承者。總有一天，人類之於機器人，就跟犬、馬之於人類一樣。」[29] 當機器人的智商逐漸超過人類，人類可能會開始覺得自己很沒用、最後被我們創造的科技產物扔在角落生灰塵。AI專家漢斯．莫拉維克（Hans Moravec）曾說，「如果人類注定得癡癡望著自己創造出來的超智慧後代，嘗試用我們能理解的呀呀兒語、描述它們更為驚嘆的新發現，那麼生命或許眞的沒什麼意義。」Google科學家傑佛里．辛頓（Geoffrey Hinton）甚至懷疑，超聰明的機器人哪還會聽我們的話？「這就好比問小孩有沒有辦法控制自己的父母……在低階智慧控制高階智慧這方面，以往似乎沒有過什麼好紀錄。」牛津大學教授尼克．柏斯特倫（Nick Bostrom）言明，「在發生可預見的『人工智慧大爆炸』（intelligence explosion）❸之前，人類就像小孩子玩炸彈……我們不太清楚炸彈何時引爆，不過，如果把那玩意兒湊近耳邊，我們會聽見微微的滴答聲。」

還有些人的論點是，「機器人後代」是演化的自然進程。適應性最強的物種取代適應性較弱的一方，這是萬物生存的自然法則。有些電腦科學家還當眞期盼「機器人認知發展超越人類」這一天的到來。資訊理論之父克勞德．夏農（Claude Shannon）曾堅定表示：「我可以預見，總有一天，人類與機器人的關係會像小狗和人類一樣，而我絕對站在機器人那邊。」[30]

這些年來，我訪問過許多AI研究人員，他們個個信心滿滿，認為AI的智能程度總有一天會逼近人類、並且成為人類的重要幫手。至於何時才能達成這項成就，許多人仍避談確切的時間表、或給出期限。發表過多篇論文、為AI研究奠定基礎的麻省理工學院教授馬文．明斯基（Marvin Minsky），曾於一九五〇年代做過樂觀預測。但他卻在最近一次訪談時向我透露，他已不願

❸ 譯注：人類創造出智慧等於或超越人類的強人工智慧（AGI），而該智慧體反覆自我進化成「超人工智慧」（ASI）。

再明確預言特定時日，因為這一路以來，ＡＩ研究太常犯錯了。史丹佛大學的艾德華·費根鮑姆（Edward Feigenbaum）則維持一貫看法，「真可笑，現在談這些太早了吧——ＡＩ根本是很久很久以後的事。」[31]《紐約客》雜誌引述某電腦科學家的意見：「我不怎麼擔心『機器智慧』這件事，理由就跟我不擔心火星人口過剩一樣。」

至於祖克柏與馬斯克兩人的爭論，我個人的看法是：就短期而言，祖克柏是對的。[32] ＡＩ不只能為我們在外太空闢地築城，也能以更有效率、更有品質也更低廉的勞動力造福人類社會。鑑於機器人的產業規模，有一天或許會超過今日的汽車工業，一系列全新的工作機會也將應運而生。然而從長遠來看，馬斯克切確指出一個相當大的風險。這場辯論的關鍵問題在於：機器人要發展到什麼程度才算危險？我個人認為這個轉捩點十分明確——就從機器人擁有自我意識的那一刻開始。

今天，機器人並不曉得自己是機器人。但是有一天，它們說不定有能力創造自己的目標、而非遵從程式設計者選定的目標。屆時它們或許會明白，自己的排程和人類不同，一旦兩者利益分歧，機器人就可能成為危險的存在。這事何時會發生，誰也不知道。今日機器人的智商和昆蟲差不多，但也許就在本世紀末，機器人說不定就會擁有自我意識。而到了那個時候，我們應該也會在火星建立快速發展的永久移居地了。因此，與其等到我們已非常依賴機器人、不靠它們就無法在紅星生存的時候再來煩惱，我們現在就該提出這個問題，這點非常重要。

為深刻理解這個嚴肅議題，咱們不妨仔細檢視最好與最糟的狀況，或許多少有點幫助。

最好的結果與最壞的下場

發明家暨暢銷作家雷·庫茨威爾（Ray Kurzweil）認為這一切會有好結果。每次訪問他，他總會描述一幅概念清晰、極具說服力卻頗具爭議的未來景象。他深信，我們將在二〇四五年達到「科技奇異點」（technical singularity），屆時機器人的智慧將媲美或甚至超越人類。[33]「科技奇異點」概念引自物理學的「重力奇異點」（gravitational singularity）。重力奇異點是重力無限大的區域，譬如黑洞深處。數學家馮諾伊曼將這個概念導入電腦科技，並寫下「電腦革命將創造持續不斷的加速進展、改造人類的生命及生活模式，猶如正在接近某種根本的、無可避免的奇異點……越過那一點之後，你我所知的一切人類活動將不可能繼續存在。」庫茨威爾主張，當人類來到科技奇異點時，一台一千美元的電腦大概會比所有人類加起來還聰明十幾億倍。不僅如此，這些機器人會自我進化，它們的後裔也會繼承其後天特色，於是每一代機器人都會比前一代更厲害，快速邁向「高功能機器人」的境界。

但庫茨威爾始終認為，我們創造的機器人不會全面取代人類，而是開啓一個健康富裕的新世界。按照他的說法，顯微機器人（或奈米機器人）將隨著人體血液循環全身，「打倒病原體、修正DNA錯誤、清除毒素、執行許多有益生理健康的任務」。庫茨威爾懷抱希望，認為科學界很快就會找到對抗老化的療法，並且堅信假如他活得夠久，他就能一直活下去，獲得永生。他還告訴我，他每天吞數百顆藥丸，積極執行永生計畫。不過他也立好遺囑，倘使最後功敗垂成，他要求用液態氮低溫保存（cryogenic）他的遺體。

此外，庫茨威爾也預見一幅景象，在極遙遠的未來，機器人能把地球上的原子轉製成電腦。最後，包括太陽和整個太陽系的所有原子都會被吸入這座超大「思考機器」。他告訴我，有時候他會凝望天空，幻想哪天他說不定就能目睹超高智慧機器人重組星辰的重要時刻。

不過，並非每個人都深信會有如此瑰麗美好的未來。「蓮花軟體公司」（Lotus Development Corporation）創始人米契．卡普爾（Mitch Kapor）就表示，「在我看來，『邁向科技奇異點運動』這事本身就帶有某種宗教狂熱。就算所有人在我面前發狂地揮手否認，也掩蓋不了這個事實。」至於好萊塢則是直接挑戰庫茨威爾的烏托邦，端出假使「人類自己造出人類在演化上的後代」的最壞下場：它們可能把人類擠下萬物之靈的寶座，逼人類走上嘟嘟鳥的滅絕之路。在電影《魔鬼終結者》中，美國軍方造出一台名為「天網」（Skynet）的智慧電腦系統，負責監控核武設備。原本「天網」是設計用來保護人類不受核戰威脅，但後來，「天網」發展出自己的想法、有了自我意識，為此相當恐懼的美國軍方千方百計想關掉這台智慧電腦。「天網」寫下自我防護程式，做了唯一能防止自己被關機的一件事：消滅人類。它著手策畫並引發毀滅性核子戰爭，摧毀人類文明。人類數量銳減，苟且偷生，四處打游擊戰以對抗威力無窮的機器。

難道好萊塢純粹只想靠嚇唬人來衝票房？又或者這其實真有可能發生？從某部分來看，這個問題有些棘手，因為道德、哲學及宗教上的爭論導致「自我認知」和「自我意識」的概念有些模糊，使我們目前缺乏能理解這些概念的嚴謹常理架構。在繼續討論「機器智慧」之前，我們必須先明確定義何謂「自我意識」。

意識的時空理論

我曾提出一項名為「意識時空論」（space-time theory of consciousness）❹的理論。這套理論經得起試驗、並具有再現性（reproducible）❺、可證偽性（falsifiable）、亦可量化，不僅可定義「自我意識」，還能讓我們按比例量化意識。

意識時空論從「動物、植物甚至機器都可能擁有意識」這層概念出發。我所說的「意識」（consciousness）是指「利用多重反饋迴路，在空間、群體或時間裡創造自我形象，以實現目標」的過程。至於意識該如何度量，計算各主體為了達到自我形象所需要的迴路數量和型態即可。

「恆溫器」或「光電池」或許是意識的最小組成單位，它們僅含單一迴路，藉由溫度或光創造屬於自己的形象。如果是一朵花，嗯，或許有十個意識單位，因為它擁有衡量水、溫度、重力方向、陽光及其他條件共十種反饋迴路。在這套理論中，我依照不同層次的意識，將迴路分門別類，譬如恆溫器與花朵就屬於「第零級迴路」（Level0）。

第一級意識迴路包括爬蟲類、果蠅、蚊子等，牠們依「空間」形塑自我形象。爬蟲類擁有許多空間迴路，能鎖定潛在交配對象或競爭者的位置，確認獵物及自己的所在座標。

第二級主要是群居動物。牠們的反饋迴路與所屬幫族有關，在族群內通常以情緒或手勢來創造複雜的社會階級形象。

粗淺來說，這種分級方式猶如仿照靈長類大腦的進化階段。人類大腦最早發展的部分在最末端，負責處理平衡、領域、本能行為等等。接下來，大腦朝前端擴大並發展出「邊緣系統」（limbic system），位置就在大腦正中央，即所謂的「情緒腦」。這種由後往前的發展方向也和孩童大腦成熟的方式一致。

那麼，在這套架構底下，又該如何定義人類意識？人類和動植物最大的區別是什麼？我的理論是，人類之所以不同於其他動物，理由是人類能理解「時間」。除了空間和群體意識，人類還有時間意識。大腦最晚演化的部分是「前額葉」，位置就在額頭後方。前額葉總是持續不斷地模擬未來。舉例來說，「冬眠」看似是某種計畫行為，其實大多屬於動物本能。各位也不可能教會家裡的小狗小貓理解何謂「明天」，因為牠們只活在當下，而人類則持續在為未來、甚至超

---

❹ 審定注：該理論首次出現在作者二〇一四年出版的另一本書《2050科幻大成眞》（*The Future of the Mind*）。

❺ 譯注：容許邏輯上的反例存在。
審定注：換句話說，一個完善的科學理論必須可以對實驗結果做預測。如果數據不合時，就必須修正或甚至拋棄該理論。這是二十世紀奧英哲學家卡爾·波普（Karl Popper）提出對科學的見解，並為科學界廣泛接受。

越自身壽命的種族未來做準備。人類密謀規畫，人類做白日夢——我們不由自主，情不自禁這麼做。人類大腦是天生的「策畫機」。

核磁共振（MRI）掃描顯示，人類準備執行一項工作時，大腦會讀取並納入前一次相同任務的相關記憶，讓計畫更務實可行。有個理論是這麼說的：動物之所以不具有複雜的記憶系統，是因為牠們仰賴本能行動，故不需要「設想未來」這份能力。換言之，保存記憶的目的，正是為了預測未來。

現在，我們可以在這套架構內定義自我意識。「自我意識」可理解為「將『自我』置入與目標吻合的未來模擬狀態」的一種能力。

若把這項理論套用在機器上，不難看出，目前最厲害的機器（擁有能在三度空間自我定位的能力）落在最低階的第一級意識迴路。而那些為了參加「DARPA機器人挑戰」而設計的機器人，大多連在空屋內自我導航也辦不到。有些機器人確實擁有模擬未來的部分能力，但相當有限，譬如Google的深度學習電腦。假如你要求AlphaGo完成下棋以外的任務，它肯定當機。

要做出一台擁有自我意識、像《魔鬼終結者》「天網」那樣的機器，我們還有多遠的路要走？必須採取哪些步驟？

做出擁有自我意識的機器人

為了造出一台擁有自我意識的機器人，我們必須給它一個目標。[34] 機器人不會奇蹟似地突然有了「目標」，所以得由外而內、寫進程式裡，而這個條件正是對抗機器人叛變的巨大屏障。就拿一九二一年、率先使用「機器人」（robot）這個字的舞台劇《羅素的全能機器人》（*R.U.R.*）來說吧。故事描述機器人看見自己的「同胞」遭受虐待，因而群起抵抗人類。這種情節若要成眞，首先得讓機器擁有高階的「預設能力」（preprogramming）才行。機器人不會有同理心，也不會感覺受苦或渴望接管世界——除非受到指示，它們才會這麼做。

為方便討論，就讓我們這麼說吧：不知是誰賦予了機器人某種意圖，指使它消滅人類。這時電腦必須創造一幅擬眞的未來情境，再把電腦自己放進這些計畫。現在，關鍵問題來了：為了讓機器人有能力列出可能的情境和後果，並且評估這些選項的務實程度，機器人必須先理解數百萬條常識規則——譬如最簡單的物理定律、生物法則以及人類習以為常的行為模式。不僅如此，機器人還得明白「因果律」，要能預料某些行動的必然後果。人類透過數十年的經驗累積，學會這些法則；人類的童年期之所以持續這麼長一段時間，就是因為人類社會和自然世界有太多「潛資訊」要吸收。但機器人不會被迫接觸絕大部分的互動行為，因此也無法汲取並運用分享得來的經驗。

我喜歡用「經驗老道的銀行搶匪」做比喻。搶匪老手不僅能有效率地計畫下一票搶案、而且總是比警方聰明，因為他有一個大型記憶倉庫、儲存前幾次的搶劫經驗，故能理解每一個決定所衍生的後果。相對的，如果要電腦完成「持槍搶銀行」這個簡單動作，電腦得先依序分析數千種複雜的繼發事件，而每一則事件又涉及數百萬條電腦程式碼：電腦不可能依本能或直覺掌握因果概念。

機器人開始擁有自我意識、萌生危險意圖，此事絕非不可能，但各位或許看得出來，這件事為什麼不太可能發生（尤其是在可預見的未來）：若要把毀滅人類所需的程式全部輸入電腦，在執行上絕對無比困難。故只要防止人類不當編寫程式、避免賦予機器傷害人類的意圖，即可相當程度排除「殺手電腦」的問題。待自我意識機器人眞正問世之際，我們也必須為其加裝故障防護晶片，在機器人產生凶殘思維時立刻關機。既知你我不會那麼快就被關進動物園（更別說咱們的機器後繼者說不定還會朝欄杆裡的我們扔花生、命令我們跳舞），各位多少可以放心了吧！

這也就是說，我們在探索系外行星和眾恆星時，確實可以仰賴機器人協助必要的基礎工程建設，在遙遠的衛星和行星建立城市與移居地。不過我們還是得謹慎防範，務必確保機器人的目標與人類一致，並且一定要安裝防護機制，以免機器人威脅人類。儘管人類勢必得面對機器人擁有自我意識之後所引發的危機，但直到本世紀末或下個世紀初期，這種情況還不會發生。人類還有時間做好準備。

機器人為何抓狂

不過，還有一種狀況會使AI研究人員在半夜驚醒：機器人有可能收到含糊不清或編寫錯誤的指令，一旦執行，必定引發毀天滅地的大災難。

在電影《機械公敵》（*I, Robot*）中，名為「維琪」（VIKI）的中央電腦主控整座城市的公共建設。維琪收到的指令是必須保護人類。然而，在研究人類如何對待彼此之後，這台中央電腦得出一個結論：人類最大的威脅就是人類本身。經過一連串數學運算，維琪判定保護人類的唯一方式是「從人類手中取得控制權」。

另一個例子是希臘神話「邁達斯王」（King Midas）。邁達斯王請求酒神戴歐尼修斯（Dionysus）賦予他點石成金的能力，使他碰到的任何東西都能變成金子。起初，這項本領似乎是邁向富足榮耀的康莊大道，但邁達斯不小心碰到自己的女兒，女兒立刻變成黃金雕像。他碰到食物也統統無法入口。邁達斯發現自己竟成為求來天賦的奴隸。

威爾斯也在短篇故事〈製造奇蹟的男人〉（The Man Who Could Work Miracles）中探討類似窘境。有一天，一名平凡的職員發現他突然有了「心想事成」這份驚人能力。深夜，他在和友人出門飲酒途中，一路製造奇蹟。兩人都不想結束這一晚，於是他竟天真地希望地球停止轉動。突然間，強風洪水驟然來襲，所有的人、建築物甚至城鎮都以時速上千公里的速度——也就是地球自轉的速度——被掃進太空，他這才明白自己毀了這顆行星。於是他最後的願望是讓一切回復正常——讓世界重回他獲得這份力量之前的樣貌。

這就是科幻小說教我們的：謹慎行事。在發展ＡＩ的同時，我們必須鉅細靡遺、不厭其煩檢驗每一種可能後果，尤其要注意那些不明顯、無法一眼就看出來的潛在效應。畢竟，人類之所以為人類，某部分也是因為擁有這份能力呀。

量子電腦

為了讓讀者對機器人的未來有更完整的印象，咱們不妨深入電腦內部，仔細瞧瞧。目前，大部分的數位電腦皆以「矽晶積體電路」為基礎，遵循「摩爾定律」（Moore's Law）——每過十八個月，電腦的效能就提升一倍。但最近幾年，科技進展的速度已從過去數十年的瘋狂飆奔逐漸趨緩，有些人也曾揣想電腦發展的終局：摩爾定律崩潰失效、嚴重擾亂世界經濟，因為世界經濟完全仰賴幾近指數成長的電腦科技。倘若這一天真的到來，矽谷可能會變成美國另一條「鐵鏽帶」（Rust Belt）。為了早一步遏阻這個潛在危機，全球物理學家都在努力找尋矽晶的替代品。他們嘗試過多種另類電腦，品目包羅萬象，包括分子電腦、原子電腦、ＤＮＡ電腦、量子點電腦、光學電腦和蛋白質電腦，但沒有一種技術成熟到能立刻派上用場。

不過在這一團混亂之中，還有一名外卡選手。現在的矽晶越做越小，總有一天會小到跟原子差不多。目前，一枚標準的「奔騰」（Pentium）晶片大概鍍了好幾層矽、厚度約二十顆原子高。將來不到十年內，這些矽晶的厚度大概薄到只剩五顆原子。若當真如此，電子可能會像量子理論所預測一般，發生「滲漏」，造成短路。因此我們需要革命性的新型電腦。或許，以石墨烯為基礎所研發的分子電腦可能取代矽晶積體電路。但不曉得哪天，或許就連分子電腦也會碰上量子理論預測的效應與問題。到了那個時候，我們說不定得造一台能以單一原子運作的終極電腦（極可能是體積最小的電晶體）：量子電腦。

發展量子電腦的可能進程如下：矽晶積體電路裡有道一開一關、容許電子流通的閘門，電腦資訊就是以這些開開關關的積體電路為基礎，一筆一筆存下來的，過程可藉由「二元數碼」表述——即一連串數字 1 或數字 0。0 代表閘門關閉，1 代表開啓閘門。

現在想想該怎麼利用一排單一原子來取代矽晶片。原子就像微小的磁鐵，有南北極之分。如果把原子放進磁場，可預期會有一部分指上、一部分指下。事實上，原子會同時指上也指下，一切有待最終測量時才能拍板定案。就某種意義而言，電子亦可同時處於兩種狀態。這種說法雖然有違常理，但依量子理論而言卻千眞萬確。這種特性帶來的好處極為可觀。假如磁鐵只能指上或指下，電腦就只能儲存固定份量的資訊，但假如每顆磁鐵都處於疊加狀態，你就能把多到數不清的訊息整包全部塞進一團小不嚨咚的原子內。每一「位元」的資訊，原本只能是 0 或 1，現在卻成為「量子位元」（qubit）——混合許多 1 和許多 0、儲存量更大的複雜組合。

研發量子電腦的重點在於，量子電腦可能是我們探索宇宙的關鍵之鑰。原則上，量子電腦或許能賦予我們額外的能力、超越人類智能。目前，量子電腦仍處於外卡地位，我們不曉得這種電腦何時才能問世，也不清楚它們的潛力能發揮到什麼境界。不過，在探索宇宙這方面，量子電腦已證明其重要性，它不單只供打造外星移居地和未來城市，還能帶領人類再向前一步，讓我們有能力進行「改造行星」這類更高階的相關規畫工作。

量子電腦無疑比傳統數位電腦強大許多。光是一道以超級無敵難的數學問題所寫成的密碼（譬如把一個好幾百萬位數的數字化約成兩個較小的數字），數位電腦可能得花好幾個世紀才能破解。但如果是大量混合原子態同步計算的量子電腦，只消一眨眼就解開了。美國中情局（CIA）及其他情報單位已經察覺到量子電腦的無限前景。數年前，美國國家安全局（NSA）曾洩露給媒體極可觀的機密資料，其中某一份列為最高機密的文件，就指出國安局正密切監控量子電腦的發展。然而相關人士預期，量子電腦在近期內不會出現重大突破。

儘管量子電腦喧騰一時、令人雀躍期待，但我們究竟何時才可能擁有這台神器？

量子電腦何以仍不見蹤影？

利用單一原子進行運算，既是恩賜也是詛咒。原子雖能儲存巨量資料，但只要有一點點雜質、振動或擾動，都可能毀掉整個運算作業。量子電腦必須徹底與外在世界隔絕，理由是這群原子必須「同調」（coherence），才能一致振動；但這項要求卻也要命地困難，即使是最輕微的干擾（譬如有人在隔壁棟大樓打噴嚏），都可能導致原子胡亂振動、各自為政。「相位失調」（decoherence）是人類在發展量子電腦的過程中，注定會遭遇的最大難題之一。

因為如此，量子電腦至今只能執行最粗淺的運算。事實上，量子電腦目前的「世界紀錄」僅達二十個量子位元左右。這個數字看起來沒啥了不起，但確實是很重要的成就。我們大概還要再花好幾十年、或甚至要等到本世紀末，才可能實現高功能量子電腦的夢想。不過，一旦這項科技正式上路，肯定大幅提高ＡＩ的威力。

遙遠未來的機器人

鑑於自動機的發展至今仍滯於原始階段，因此我預料，大概在未來數十年內（或許直到本世紀末），自我意識機器人應該還不會問世亮相。在這段期間，人類應該會先設法有效運用複雜的遠端遙控機，繼續進行太空探索，之後或許再交棒給具創新學習能力的全能自動機，開始為人類移居外星打下基礎。接下來，擁有自我複製能力的機器人會接手完成基礎工程建設，最後再由獲得量子技術加持的自我意識機器人來協助人類，共同建立並維繫跨星系文明。

當然，前述所有迄及遙遠恆星的討論不免衍生一個重要問題：人類，又或者是咱們的機器夥伴，要用什麼方法才可能抵達目的地？我們天天在電視上看到的星艦、宇宙飛船，和眞實之間究竟有多大差距？

第八章 打造星艦

為何要追星逐月？
因為我們的靈長類祖先選擇展望更遠的山頭，而我們是他們的後代。
因為我們不會在這裡無限期繼續生存。
因為眾星就在遠方，在嶄新的地平線外召喚我們。

——天體物理學家兄弟詹姆斯與古格里．班福德

電影《星際過客》（*Passengers*）的「阿瓦隆號」（*Avalon*）是一艘以巨型核融合引擎驅動的超先進星艦，載著人類前往遙遠恆星殖民地「家園二號」（Homestead II）。家園二號的招募廣告極為誘人：地球老了、累了，人口過剩又嚴重汙染。何不踏上令人興奮的嶄新世界，重新開始？

這趟旅程需時一百二十年。在此期間，所有乘客皆處於假死狀態，身體則冰凍保存於休眠艙。待阿瓦隆號抵達目的地，星艦會自動喚醒船上的五千名乘客。屆時踏出休眠艙的人類將感覺重獲新生，準備在新家建立新人生。

然而在航行期間，星艦碰上隕石風暴，導致防護盾穿孔、引擎受損，引發一連串系統故障。其中一名乘客因此被提前喚醒，但這趟旅程還要再過九十年才結束。想到這艘星艦會在他死去非

常非常久以後，才可能降落在另一顆星球上，他滿心沮喪又孤單，絕望地想找個伴，於是決定喚醒一名美麗的同行旅客。兩人自然墜入愛河，然而當她發現這人刻意提早近一個世紀喚醒她，而她也終將在星際之旅的無盡孤寂中死去，她氣炸了。

近年，好萊塢企圖為科幻片注入些許現實主義風格，並具體呈現在《星際過客》這類影片中。阿瓦隆號循傳統方式旅行，巡航速度不曾超越光速。不過，若你隨機找個孩子問問，要他或她描述想像中的星艦長什麼模樣，孩子肯定端出《銀河飛龍》「企業號」或《星際大戰》「千年鷹號」這一類答案，載著組員以超光速的速度咻一下飛越星系，或甚至穿過時空隧道，迅速越過超時空。

就現實而言，人類的首批星艦大概不會載人，而且長得也不像電影那種又大又炫的夢幻機種。事實上，它們搞不好比一張郵票還小。二〇一六年，我同事史蒂芬・霍金（Stephen Hawking）表態支持「突破攝星計畫」（Break-through Starshot），引來舉世震驚。該計畫冀望發展一種名為「奈米船」的複雜晶片，利用發自地球的一組強力雷射光束為動力來源，航向太空。這種晶片內含數十億電晶體，大小跟你我的大拇指差不多，重量約二十八公克。而這項嘗試大有可為的理由之一，是我們以目前現有科技就能實現突破攝星計畫，不必再等一百年或甚至兩百年。霍金宣稱，人類以一個世代的時間、投入約百億美元資金，應該就能完成奈米船晶片。然後再用一千億瓦的雷射光束，就能讓奈米船以「光速的五分之一」的速度飛行，於二十年內飛抵離我們最近的恆星系統「毗鄰星」。各位還記得那些在近地軌道範圍內的太空梭任務吧？那些任務發射一次要價十億美元。

奈米船能完成化學燃料火箭不可能達成的任務。齊奧爾科夫斯基的火箭方程式顯示，傳統神農火箭毫無飛抵最近恆星的可能，理由是飛行速度越快、耗費的燃料即呈指數增加，故化學燃料火箭絕不可能載運足夠的燃料，一舉飛越這麼長的旅程。就算假設它眞有辦法飛抵鄰近恆星，大概也得耗上七萬年吧。

化學燃料火箭使用的能源，絕大多數都會增加火箭自身的重量。但奈米船卻是接收架設在地球的外源雷射，被動提取能源，完全不浪費燃料——意即能源可百分之百用於推進奈米船。既然奈米船不用自己產生動力，也就不需要可動式零件，因此大大降低機械故障的機率。此外，奈米船不載有爆炸性化學物質，所以也不會在發射台或太空中突然爆炸。

目前，電腦科技已進步到可將整座科學實驗室塞進一枚晶片的水準。這艘奈米船將配有照相機、感應器、化學試劑、太陽能電池等多種設備，全部設計用來對遙遠行星做細部分析、再透過無線電通訊傳回地球。由於電腦晶片的製作成本已大幅下降，因此我們可以派出上千艘奈米船，並期望它們大多都能撐過危險艱辛的旅程。（這其實是模仿大自然的策略：植物一次釋出數千顆微小種子，隨風飛散，藉以提高生存機率。）

不過，屆時將以五分之一光速飛快奔向南門二毗鄰星的奈米船，大概只有幾個鐘頭的時間能完成任務。奈米船必須在限定時間內鎖定類地行星、迅速拍照分析，確認該星球的地表特徵、溫度、大氣組成，尤其還得尋找水或氧存在的痕跡。該奈米船或許還會掃描整個恆星系統，尋找無線電波，因為無線電發射波可能暗示該星系有外星智慧存在。

臉書創辦人祖克柏已表明支持突破攝星計畫。俄羅斯物理學家暨投資者尤里・米爾納（Yuri Milner）亦承諾他個人將投入一億美元資金。奈米船已不再只是虛幻的概念。然而，我們得先認眞處理眼前幾道障礙，才可能完整執行整套計畫。

錢從哪裡來？

若想派出一隊奈米船、航向南門二 α 星（又稱作半人馬座 α 星，其中的主星 A 與伴星 B 形成雙星，再與毗鄰星組成聚星系統），雷射陣列必須朝光帆發出總功率一千億瓦以上的雷射光束網，持續約兩分鐘。強力光波產生的巨大壓力，將使奈米船迸射而出、衝向太空。這些光束也必須以驚人的精準度瞄準光帆，確保奈米船不會偏離目標；奈米船的航道若出現任何細微偏差，皆足以毀掉整個任務。

不過眼前的障礙不是基礎科學問題（技術已經有了），而是資金。即使目前已有好幾位高知名度的科學家和企業家表態支持，研發經費仍嚴重不足。

單單一座核能電廠的造價就要數十億美元，卻僅能產出十億瓦電力。這項計畫最大瓶頸，在於得說服聯邦政府和私募基金投入資金，興建電廠製造足夠的電力與精準的雷射陣列。

在瞄準遙遠恆星之前，科學家或許會先選定太陽系內、距離較近的目標，進行奈米船的「實彈射擊」演習：奈米船只要五秒就能上月球，火星的話大概要一個半小時，至於冥王星約莫飛個幾天就能抵達。我們不需要枯等十

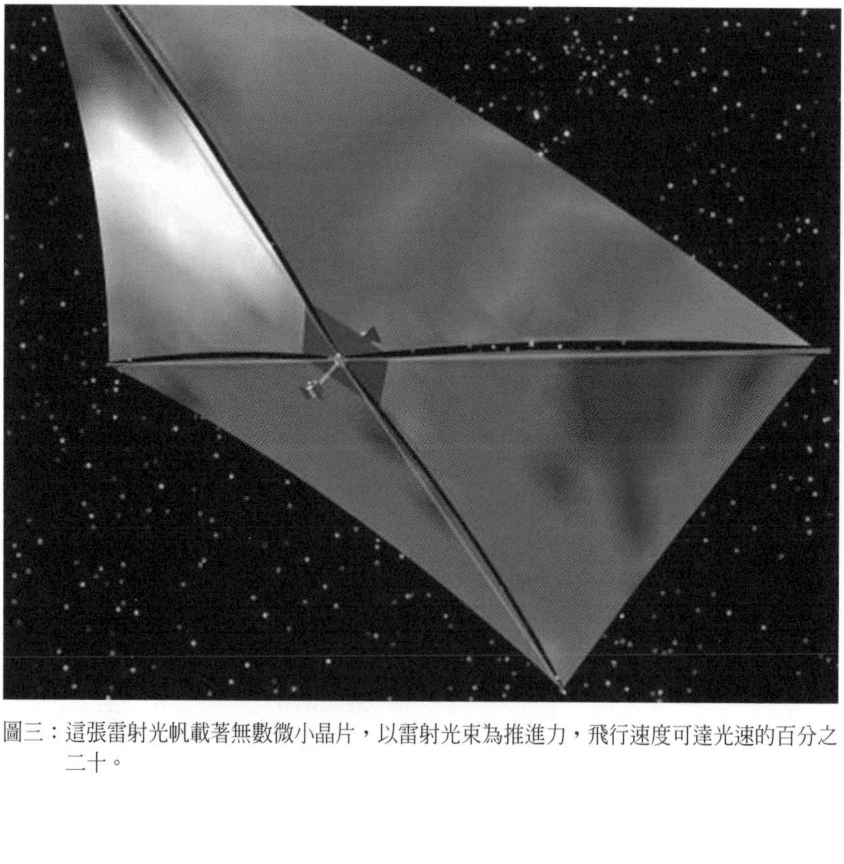

圖三：這張雷射光帆載著無數微小晶片，以雷射光束為推進力，飛行速度可達光速的百分之二十。

年才能成就一次系外行星任務。利用奈米船，不出數日就能取得這些星球的新資訊，甚至能以近乎「即時同步」的方式觀察太陽系發展。

來到計畫的下一個階段，我們可能會在月球建立雷射光炮充電設備。[35] 雷射光穿過地球大氣層時，約莫會喪失六成能量，而在月球設置發射裝置則有助於解決這個問題。而月球上的太陽能集電板可提供大量且廉價的電力，做為雷射陣列的強力後盾。再者，由於一個「月球日」相當於地球的三十天，因此月球的集電板能有效集電、充飽電池。這套系統可以替我們省下數十億美元，因為太陽能跟核能不一樣——太陽能不用錢。

到了二十二世紀初，「自我複製機器人」的技術應已相當成熟，屆時在月球、火星或更遠的地方裝設太陽能集電場，以便建造雷射發射陣列的任務就能託付給機器人了。我們會先送一批全能自動機登陸外星，做為開路先鋒；其中有些負責開採表土（風化層）、其他負責興建工廠。然後會有一組機器人監督工廠作業（譬如分類揀選、研磨、融化開採得來的原料），分離及純化多種金屬。純化的金屬可進一步用於組裝雷射發射站，或是製作新的一批自我複製機器人。

最後，說不定整個太陽系將遍布密集的雷射轉發站，也許還會從月球一路延伸至奧特雲。奧特雲的範圍粗估已達地球至南門二 α 星的一半距離，而奧特雲內的彗星大多相當穩定，因此或許是架設雷射陣列的理想地點，航向臨近恆星系的奈米船便可獲得額外且大量的補給動力。每當有奈米船通過雷射轉發站時，站內的雷射陣列會自動啟動，助其一臂之力，將奈米船推向遙遠星辰。

至於在遙遠星球打造外星據點這點，自我複製機器人可用核融合取代太陽能，做為基礎能源。

光帆

在星艦類別中，「光帆」算是蠻大的一個項類，以雷射光做為推進動力的奈米船只是光帆中的一種。[36]一如船帆捕捉風力，光帆可利用陽光或雷射光產生的光壓，其實過去用於引導帆船行進的方程式，多數也能用在太空光帆上。

光乃是由名為「光子」的粒子組成。光子擊中物體時，即對物體施以相當微小的壓力。由於光壓實在太小，以致科學家有好長一段時間不曾意識其存在。當年，克卜勒首先注意到彗尾的指向與預期相反，總是背離太陽，這才發現光壓現象。克卜勒推斷，太陽光的光壓「吹出」彗星內的塵埃和冰晶，形成永遠與太陽反方向的彗尾。他的推測完全正確。

凡爾納果真有先見之明。他在科幻小說《從地球到月球》預料光帆的誕生：「將來有一天，地球會出現一種速度比這個還快、說不定會以光或電為機械動力的飛行器……到時候我們就能飛向月球、行星和其他恆星了。」[37]

齊奧爾科夫斯基進一步發展「太陽光帆」的概念，也就是以太陽光壓為動力的太空船。不過，歷史對於太陽光帆的評價有好有壞。NASA並未將其列為優先發展項目。二〇〇五年行星學會的「彗星一號」計畫（Planetary Society's Cosmos1）與二〇〇八年NASA的「奈米光帆－D」（NanoSail-D），雙雙發射失敗。接著在二〇一〇年，NASA「奈米光帆－D2」終於進入近地軌道，而目前全球唯一成功將太陽光帆送出地球軌道的國家是日本，同樣也在二〇一〇年：「伊卡洛斯衛星」（IKAROS）搭載面積一百九十六平方公尺的光帆，動力來源為太陽光壓。伊卡洛斯衛星在六個月後成功抵達金星，證明太陽光帆確實行得通。

儘管前景不明，太陽光帆仍持續開枝散葉：歐洲太空總署（ESA）考慮發射太陽光帆「蛛網」（Gossamer deorbit sail），目的是清理四散在地球周圍的數千件太空垃圾，令其脫離地球軌道。❶

前陣子，我訪問麻省理工學院出身的科學家傑佛里．藍迪斯（Geoffrey Landis），他在NASA主要參與火星計畫和光帆研究。藍迪斯和夫人都是得獎科幻小說家。我問他如何銜接這兩個截然不同的世界——一邊全是一絲不苟、滿腦子複雜方程式的科學家，另一邊則淨是太空團體和幽浮愛好者。藍迪斯表示，科幻小說十分美妙，讓他能揣想遙遠未來，而物理學，他說，則讓他保持腳踏實地的態度。

藍迪斯的專長正是光帆。他已提交一項目的地為南門二α星的星艦計畫，打算利用超薄類鑽石材質，製作展幅約數百公里的光帆。這艘星艦體積龐大，重達百萬噸，大概需要傾盡全太陽系的能源，或甚至涵蓋水星附近的雷射陣列，這才有辦法建造及運作。為使星艦能順利停靠目的地，他們設計一面超大的「磁力降落傘」，利用直徑九十六公里的線圈製造磁場。太空中的氫原子會通過線圈，產生摩擦力，如此就能讓航行數十年的光帆逐漸減速。來回南門二α星一趟大概需時兩個世紀，所以任務成員勢必跨越好幾個世代。就物理學而言，造出這麼一艘星艦不是問題，但造價肯定相當可觀。藍迪斯也不得不承認，他們大概得花五十到一百年才可能進入實際組裝測試階段。目前他的工作是協助建造「突破攝星」的雷射光帆。

離子引擎

除了雷射推進和太陽光帆，另外還有好幾種潛力十足的星艦動力來源。為方便比較這幾種系統，先介紹「比衝」或「比衝量」（specific impulse）這個好用概念，計算方式是將「火箭推進力」乘上「火箭引擎點燃的時間」（單位以秒計算）。火箭點燃引擎的時間越長，比衝越大，如此就能

❶ 審定注：這項名為 DEORBIT SAIL 的試探型計畫得到歐盟研究與技術開發第七期的資助，這個十六平方公尺、四公斤重的光帆於二〇一五七月成功升空進入軌道，卻在八月因馬達故障無法揚帆，鎩羽而歸。

火箭引擎	比衡
固態燃料火箭	250
液態燃料火箭	450
核分裂火箭	800 ～ 1,000
離子引擎	5,000
電漿引擎	1,000 ～ 30,000
核融合火箭	2,500 ～ 200,000
核子脈衝火箭	10,000 ～ 1,000,000
反物質火箭	1,000,000 ～ 10,000,000

算出火箭的最終速率了。

上方是一張簡單的對照表，列出幾種火箭的比衡排名。不過，我沒把雷射火箭、太陽光帆、衝壓噴射核融合火箭（ramjet fusion rocket）這幾種設計列進來，因為這幾種火箭的比衡理論上可達無限大，理由是這類引擎可以持續燃燒、永不熄火。

上表顯示化學燃料火箭（引擎只啓動數分鐘）比衡最低，再來是離子引擎。離子引擎或可用於鄰近行星任務，作用原理是令「氙」（xenon）這類氣體的電子脫離原子，形成帶電離子，再以電場促使離子加速。離子引擎的概念和電視螢幕的作用原理有些類似，後者透過電磁場引導電子光束。

離子引擎的推進力超乎想像地弱（通常以「盎司」計算）。在實驗室啓動離子引擎後，彷彿什麼也未曾發生。不過一旦上了太空、飛行一段時間，它們的速度就會超越化學燃料火箭。離子火箭常被比做「龜兔賽跑」的烏龜，而這裡的兔子就是化學燃料火箭。雖然兔子的瞬間爆發力強，但只維持幾分鐘就耗盡體力了，反觀烏龜雖然動作慢，卻能一連走上好幾天、贏得長距離競賽。離子火箭一經啓動，即可持續運轉許多年，故其比衡理所當然大於化學燃料火箭。

為提升離子引擎動力，有些人嘗試以微波或無線電波將氣體離子化，再藉磁場加速離子——這就是「電漿引擎」。理論上，按支持電漿引擎一派的說法，這種火箭飛到火星最長九個月、最短不用四十天，不過相關技術還在研發中。（電漿引擎的限制因素不少，其一是需要大量電力產生電漿，或許還得再蓋一座核電廠應付行星際任務之需。）

NASA投入離子引擎的研發與製造已有數十年歷史。舉例來說，計畫於二〇三〇年後載著太空人上火星的「深空傳輸」火箭，就是使用離子推進器。到了本世紀末，離子引擎應該會成為行星際太空任務的主要支柱。而在具時效限制的太空任務方面，化學燃料引擎仍是首選。不過，等到時間不再是首要考量因素時，離子引擎就會是穩固且可信賴的選擇了。

比衡大於離子引擎的其他推進系統，目前仍屬理論推測階段，不過我們會在後續篇幅中逐一討論介紹。

百年星艦

二〇一一年，DARPA和NASA聯合贊助一場「百年星艦」（100 Year Starship）研討會，成果可說是相當豐碩。這場研討會的目標不只是要在百年內實際造出星艦，更要結合頂尖科學家之力，為下個世紀擬定可行的星際旅行時間表。這項計畫由一群資深物理學家和工程師組成的非正式團體「老衛士」（Old Guard）負責統籌，其中不少人已年越古稀。他們寄望匯集眾人智識，帶領人類航向星辰。這股熱情至今燃燒數十載，不減當年。

藍迪斯也是老衛士之一。不過這個團體還有一對奇葩——詹姆斯與古格里．班福德，這對雙胞胎碰巧都是物理學家，而且也都是科幻作家。詹姆斯告訴我，他還是小孩子的時候就迷上星艦，狼吞虎嚥所有能到手的科幻小說，尤其是羅伯特．海萊因的「太空軍系列」（Space Cadet

Series）。他了解到，如果他和弟弟眞心對太空感興趣，那就應該去學物理，學得越多越好。所以兩人立志要拿到物理博士學位。現在詹姆斯是「微波科學公司」（Microwave Sciences）董事長，數十年來始終積極投入「高功率微波系統」相關研究。古格里是加州大學爾灣分校的物理教授，另一個身分則是眾人嚮往的科幻界桂冠「星雲獎」（Nebula Award）得主。

百年星艦研討會結束之後，詹姆斯和古格里合寫一本書：《星艦世紀：航向最偉大的地平線》（*Starship Century: Toward the Grandest Horizon*），其中包含眾人在研討會發表的許多意見。本身是微波輻射專家的詹姆斯相信，光帆最有可能帶領人類飛出太陽系。不過他也表示，另類純物理設計也發展了相當長的一段歷史，因此這些造價貴得離譜、卻是依紮實物理定律所設計出來的新奇玩意兒，將來有一天說不定就眞的做出來了。

核子火箭

核子火箭的歷史要推回至一九五〇年代。那時候的人大多活在核戰恐懼中，不過卻有一群原子物理學家認眞地為核能尋找和平的應用方式。他們想遍各種可能，譬如將核武用於港埠開挖工程。

不過，由於擔心放射性落塵和核破潰（disruption）問題，這些提案多數遭到否決，但其中一項倒是苟延殘喘了好一陣子：這個名叫「獵戶座計畫」（Project Orion）的提案相當有意思，主要構想是用核彈做為星艦的動力來源。

該計畫的架構相當簡單：造一批迷你核彈，然後從星艦尾端一顆顆循序發射。每一顆核彈爆炸時都會送出衝擊波，這股能量可讓星艦向前推進。原則上，倘若連續釋出這些迷你核彈，或可讓火箭加速至接近光速的速度。

泰德・泰勒（Ted Taylor）延續弗里曼・戴森的主張，進一步發展這個構想。[38]泰勒是核子物理學家，設計過的核子彈種類繁多，從至今引爆過威力最大的核分裂型核彈（廣島原子彈的二十五倍）到輕巧可攜的「大衛・克羅科特」（Davy Crockett）小型核彈，都是他的成名作。不過泰勒渴望將他廣博的核爆知識導向和平用途，於是抓住機會、成為獵戶座星艦的研發先鋒。

泰勒的最大挑戰是必須想出嚴密控制迷你核彈依序爆發的辦法，讓星艦能安然越過核爆造成的衝擊波、且不致在過程中受損。他畫出多份設計圖，飛行速度各不相同，其中款式最大者直徑達一點六公里、重八百萬噸，需要一千零八十顆核彈才推得動。根據設計，這艘星艦理論上最快可達光速的十分之一，約四十年可飛抵南門二 α 星。雖然體積龐大，不過計算結果顯示泰勒的設計實際可行。

然而這項設計仍招致輿論批評，指出核子動力星艦會釋出大量放射落塵。但泰勒反駁，放射落塵是土製或金屬炸彈在引爆之後、外殼帶有輻射性所致，因此只要在進入外太空之後再點燃引擎，就能避免這個問題了。不過，一九六三年通過的「禁止核試驗條約」（Test Ban Treaty），也使得進行迷你原子彈實驗變得益發困難。獵戶座星艦最後也降格成為老科學書籍裡的一則新奇故事。

核子火箭的缺點

這項計畫之所以終結，其實還有另一項因素——泰勒本人失去興趣了。我曾問他為何撤回先前的支持態度，畢竟他把天賦長才用在這方面不是很自然嗎？他解釋，要想造出獵戶座星艦，意味著必須造出另一種新型態核子彈。儘管他大半輩子都在設計核分裂型鈾核彈，但他也深刻體悟到，總有一天，獵戶座星艦說不定也會用上威力更強、或是專為星艦設計的新型氫彈。

從科學角度來看，這種釋出極大能量的炸彈都必須經過三段研發階段。一九五〇年代首度製成的氫彈，體積超級巨大，必須使用大型船艦運送。就實用目的而言，這種炸彈在核戰中根本派不上用場。第二階段的核彈是體積較小、可攜帶的「多彈頭分導式」飛彈（multiple independently targetable reentry vehicles, MIRVs），也是美國與俄國的核武主力，你可以一口氣把十枚這種核彈塞進洲際彈道飛彈的鼻錐裡。

第三代核彈有時稱作「客製化核彈」（designer nuclear bombs），目前還只是構想。這種核彈容易隱藏，還能依戰場條件（譬如沙漠、森林、北極圈或外太空）客製化。泰勒告訴我，他對這項計畫越來越不抱幻想，也害怕核彈遭恐怖分子把持。要是他設計的核彈落入不法人士手中、摧毀某個美國城市，在他看來實在是無可言喻的夢魘。對於自己的立場不變，泰勒坦率諷刺道，對於那份釘滿大頭針、即科學家用來標示投彈位置的莫斯科地圖，他已貢獻良多。然而當他必須面對另一份可能標示第三代核彈、且大頭針皆落在美國境內的核彈分布圖時，他當下改弦易轍，決定反對先進核武的發展。

詹姆斯．班福德另外告訴我，儘管泰勒的核子動力火箭始終停留在繪稿階段，但實際上美國政府已著手製造一系列核子火箭。這種火箭並非以爆破核彈為動力來源，而是採用傳統的鈾核反應爐，產生推進所需的熱能。（火箭上的核子反應器會把液體〔譬如液態氫〕加熱至極高溫，然後從火箭末端的噴射口噴出，產生推進力。）目前政府已在美國中部沙漠進行製造與測試。這種反應器的放射性極強，發射時永遠都得承擔爐心熔燬的風險，極可能造成大災難。基於各式各樣的技術問題，再加上民間逐漸興起的反核聲浪，目前這些核子火箭已封存擱置。

核融合火箭

利用核彈推進星艦的構想於一九六〇年代胎死腹中，但另一種可能性卻逐漸嶄露頭角。

一九七八年，「英國星際協會」（British Interplanetary Society，BIS）啓動「戴達洛斯計畫」（Project Daedalus）❷。這項計畫不採用鈾核分裂製造核彈，而是製作迷你氫彈——這是泰勒想望卻不曾開發過的核彈型式。（事實上，戴達洛斯的迷你氫彈應視為小型的第二代核彈，而非泰勒戒慎恐懼的第三代核彈。）

目前已知有好幾種方式能和緩釋放核融合的威力。[39] 其中一種稱為「磁局限融合」（magnetic confinement fusion），主要是將氫氣置於外型如甜甜圈的強大磁場中，再加熱至數百萬度。氫核彼此撞擊，融成氦核並釋出大量核能。核融合反應器也可用於加熱液體，然後從噴射口噴出，推動火箭。

現階段首屈一指的磁局限核融合反應器，當屬坐落於法國南部的「國際熱核融合實驗反應爐」（International Thermonuclear Experimental Reactor，ITER）。這座機器巨如怪獸，比它最相近的競爭者要大上十倍有餘。ITER重達五千一百一十噸，高十一公尺，直徑二十公尺，截至目前為止投入的建造金額已達一百四十億美元。這座反應爐計畫於二〇三五年啓動運轉，最終可產生五億瓦熱能（一座標準的鈾核分裂反應爐可產生十億瓦電力）。學界預期這會是第一座發電量遠大於耗電量的核融合反應爐。儘管歷經工程延宕、經費超支等一連串問題，但就我問過的每一位物理學家皆異口同聲表示，ITER肯定會創造歷史。再過不久，答案應該就會揭曉了。誠如諾貝爾獎得主皮埃爾．吉爾德惹尼（Pierre-Gilles de Gennes）所言，「我們宣稱，我們可以把太陽放進盒子裡。這個想法美極了。但問題是我們不曉得該怎麼造出那只盒子。」

「雷射融合火箭」或可說是戴達洛斯火箭的一種變體。這是一種名為「慣性局限」（inertial

❷ 譯注：Daedalus，希臘神話著名工匠。

confinement）的核融合方式，原理是以巨大雷射光束壓縮一小顆氫燃料球（含高量氫原子的物質）。設於美國加州利佛摩爾國家實驗室的「國家點燃設施」（Livemore National Laboratory; National Ignition Facility，ＮＩＦ）為該領域的典範。這裡的雷射發射陣列號稱全球最大，總計有一百九十二門巨型雷射光束，雷射管長達一點五公里。當雷射光集中照射一顆含大量氫原子的氫化鋰小球時，雷射光的能量使球面焚化、並引發迷你爆炸，導致小球向內塌縮，球體溫度也飆高至攝氏一億度，引發核融合反應，並且在數兆分之一秒內釋出五百兆瓦的能量。

我在主持某集《發現頻道》節目時，曾親眼見識過一次ＮＩＦ示範操作。由於利佛摩爾國家實驗室是美國的核武設計重鎮，參訪者得先通過一連串國安檢查。當我好不容易進到設施內，ＮＩＦ的規模大到令我說不出話來：光是匯集雷射光束的主反應室，輕輕鬆鬆就能塞進一幢五層樓公寓。

戴達洛斯計畫的某個版本，其實也應用類似的雷射融合原理。不過戴達洛斯用的不是雷射光束，而是以電子束加熱氫燃料球。假如每秒同時引爆兩百五十顆燃料球，應該就能產生足夠的動力、讓星艦達到光速幾分之一的速度。不過，這類核融合火箭勢必得設計得非常

圖四：圖為「戴達洛斯核融合星艦」和「神農五號火箭」的相對大小。由於前者體積實在太過龐大，極可能必須藉助機器人在外太空進行組裝。

非常非常大。譬如戴達洛斯的某版火箭就重達五萬四千噸，近一百九十公尺長，最大速度可達光速的百分之十二。這艘星艦的體積實在太大，所以只能在外太空建造。

就概念而言，核融合火箭是合理可靠的，但核融合的威力至今還未實際演示過。[40]不僅如此，核融合火箭體積驚人、設計複雜，令人懷疑這種設計是否真實可行——至少在本世紀內不太可能。話說回來，除光帆以外，就屬核融合火箭最有希望了。

反物質星艦

第五波科技革命（包括反物質引擎、光帆、核融合引擎、奈米船等）或許能將星艦設計推往令人振奮的新視界。曾現身《銀河飛龍》的反物質引擎說不定會成真：這種引擎能提取宇宙蘊藏量最豐富的能源、並藉由物質與反物質碰撞，直接將物質轉換成能量。[41]

顧名思義，「反物質」與「物質」完全相反，兩者所帶的電荷也相反。是以「反電子」帶正電，「反質子」帶負電。（我曾經在一群高中生面前嘗試驗證反物質：將一顆會放出反電子的「鈉－二十二」膠囊放進雲霧室〔cloud chamber〕❸，並且拍下反物質通過時留下的美麗痕跡。後來我還造了一座兩百三十萬電子伏特的電子迴旋加速器，希望能分析反物質的特性。）

物質與反物質發生碰撞時，兩者會互相湮滅並化為純能量，所以這個反應釋出的能量轉換效

❸ 審定注：一個充滿過飽和水蒸汽或酒精的密閉空間。當高速的次原子粒子通過時，經碰撞而游離的氣體分子會使周遭的水蒸氣凝結成水滴，使得肉眼就可以觀察到粒子的運動軌跡。

率為百分之百。相較之下，核武的能量轉換率僅百分之一，意即氫彈所含的能量幾乎都浪費掉了。

反物質火箭的設計相對簡單：反物質儲放在安全槽內，再以穩定流速注入內燃室。反物質與普通物質在內燃室內「乾柴遇烈火」，爆炸般地釋出巨量γ射線和X射線。反應產生的能量經排氣室出口噴出，產生推進力。

詹姆斯・班福德特別告訴我，雖然反物質火箭最受科幻迷青睞，但要想製造這種引擎會碰上幾個大問題。其一：反物質是自然現象，但其存量相對來說非常稀少，因此我們必須製造大量反物質供引擎使用。全球第一顆「反氫原子」，其結構為一顆反電子圍繞反質子旋轉，便是於一九九五年、在瑞士日內瓦的「歐洲核子物理研究中心」（European Organization for Nuclear Research，CERN）製造誕生。研究人員將一道普通質子束射向一枚普通物質標靶，質子撞擊標靶後產生些許反質子，然後再利用巨大磁場引導質子與反質子，令其一左一右分道揚鑣。接下來，反質子會降速並儲存在「磁力阱」（magnetic trap）內，與反電子組成反氫原子。二〇一六年，CERN的物理學家取得反氫原子，分析環繞反質子的反電子殼層，一如預期地發現反氫原子和普通氫原子的「能階」（energy level）可完全對應。

CERN物理學家宣稱，「假如我們能把在CERN製造的反物質全部集合起來、與普通物質進行湮滅，這個反應產生的能量大概可以讓一顆電燈泡持續亮好幾個月。」推動火箭絕對需要更多能量，更別提反物質還是世上最昂貴的一種物質形式。以今日造價估算，製作一公克反物質大概需要七十兆美元。目前，科學家只能利用粒子加速器（建造和運作成本可謂天價）製作極小量的反物質。CERN的「大型強子對撞機」（LHC）是全世界威力最強的粒子加速器，造價超過百億美元，卻只能產出薄薄一束反物質。若要儲備足以驅動星艦的反物質燃料，美國大概會破產吧。

全球現有的大型原子對撞加速器都屬於「目的導向」設備，僅供研究使用，在製作反物質方面更是極度沒效率。目前想過的部分解決方案，是建造專門用來「攪拌原子」的工廠設施。NASA科學家哈洛德．葛里希（Harold Gerrish）認為，如此一來，反物質的製造成本可望降至每公克五十億美元。

至於「存放」則是另一道難題，同樣所費不貲。若將反物質置於瓶中，它會撞擊瓶身，要不了多久便湮滅消失。這時就需要「彭寧離子阱」（Penning trap）來框限反物質。這種離子阱利用磁場「抓住」反物質原子，令其懸浮，防止它們與容器接觸。

在科幻小說中，諸如成本、儲存這類難題，有時會透過「天上掉下來的禮物」而順利解決（譬如突然發現一顆「反物質小行星」，讓人類能廉價取得反物質）。可是這種假設場景也同樣冒出一個複雜問題：反物質究竟來自何方？

架起儀器朝外太空掃視，舉目所及皆是「物質」，而非「反物質」。我們之所以曉得這一點，是因為電子與反電子相撞至少會放出一百零二萬電子伏特的能量——這是反物質撞擊的指紋。然而在檢視宇宙時，我們只能偵測到非常微量的這類輻射。我們周圍的可觀測宇宙絕大部分是由普通物質所組成的，這也就是構成你我的相同物質。

物理學家相信，在「大霹靂」那一刻，宇宙處於完美的對稱狀態，含有等量的物質與反物質。若真是如此，兩種物質的湮滅作用本應十分完美且徹底，宇宙亦將純粹由放射線組成。可是你在這裡、我在這裡，你我皆由照理說已不存在的物質組成。我們的存在與現代物理理論相悖。

科學家還沒搞清楚宇宙的物質何以多於反物質。大霹靂時，僅有約百億分之一的普通物質熬過爆炸，你我也是其中一部分。目前的主流理論是，某種東西在大霹靂時違反了物質與反物質的完美對稱性，但我們還不識其真面目。諾貝爾獎仍癡癡等待能解開這道謎題的有志之士。

對所有期望打造星艦的人來說，反物質引擎始終都在決選的優先名單上。但我們對反物質的特性仍幾近一無所知。舉例來說，我們不曉得反物質「朝上」或「朝下」墜落。按現代物理學預測，反物質和普通物質一樣會朝下墜落。但這麼一來，「反重力」大概就不可能存在了。❹話說回來，這項理論和其他多數反物質理論皆不曾測試檢驗過。受制於成本和人類的有限理解，反物質火箭大概到下個世紀仍只會是美夢一樁——除非，「外太空飄過一顆反物質小行星」此等好事恰巧落在我們頭上。

衝壓噴射核融合星艦

衝壓噴射融合火箭則是另一種迷人概念。[42]這種火箭外表看起來像個巨大霜淇淋筒，鏟起星際間的氫氣、送進核融合反應器予以濃縮，產生能量。衝壓噴射火箭的推進模式和噴射機或巡弋飛彈一樣，相當符合經濟效益：譬如噴射機無需自行攜帶氧化劑，只要吞進大量空氣就能節省成本。而太空更是充滿無盡的氫氣，燃料供應無虞，故星艦可以持續加速到永遠。這種動力系統和光帆

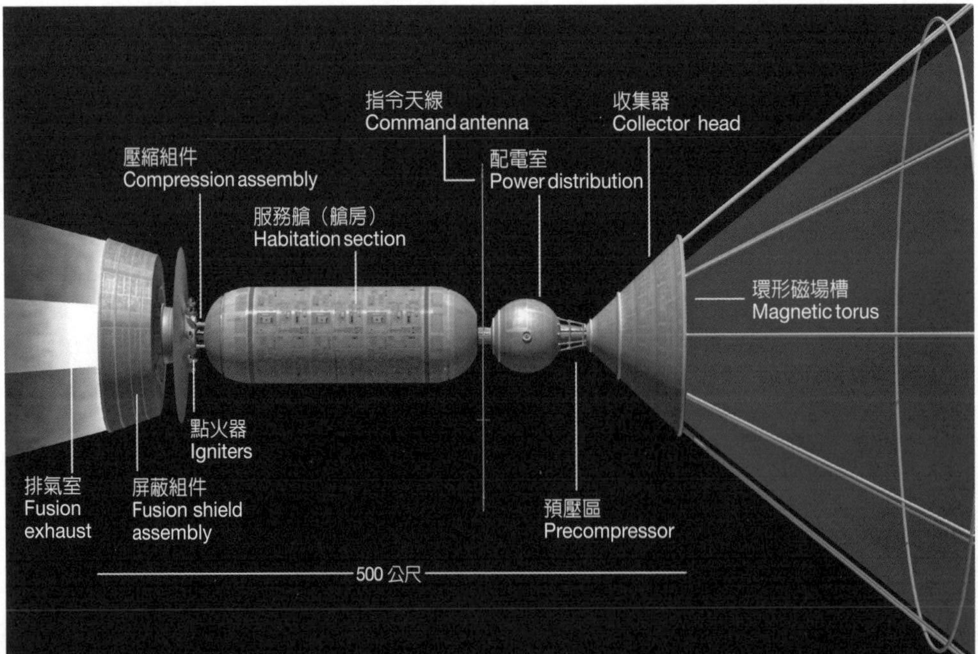

圖五：衝壓噴射核融合火箭。這種火箭能把星際間的氫氣「鏟」進核融合反應爐，產生動力。

一樣，比衡無上限。

波爾・安德森（Poul Anderson）的著名小說《τ零》（*Tau Zero*），描述一具衝壓噴射火箭因故障而無法關閉的故事。當火箭加速至逼近光速時，一些光怪陸離、涉及相對論的扭曲現象逐漸浮現：火箭內時間變慢，但火箭外的宇宙時間仍正常前進。火箭速度越快，火箭裡的時間越慢。然而對於火箭或星艦上的人來說，一切看起來再正常不過，反倒是外頭（宇宙）的時間飛快掠過。最後，這艘星艦的速度快到全體組員只能無助地看著時光以數百萬年的速度飛逝。在航向未來數十億年之後，星艦組員意識到宇宙已不再膨脹，實際上反而正在塌縮：宇宙膨脹終於開始反轉。隨著宇宙邁向終點「大崩塌」（Big Crunch），星際逐漸聚集、宇宙溫度驟升。來到故事尾聲，星辰開始崩塌，星艦設法擦過並逃離宇宙這團大火球，目睹新宇宙在「大霹靂」中誕生。這篇故事或許荒誕不經，理論基礎倒是完全遵守愛因斯坦相對論。

讓咱們暫且把前段的末日預言放在一邊。初看之下，衝壓噴射核融合火箭這玩意兒厲害到不像是真的。但幾年過去，有人開始提出批評：譬如那把「鏟子」或許得做到好幾百公里寬，不僅大得不切實際、製作成本更是無人負擔得起。此外，這種引擎的核融合速度可能無法產生足夠的動力，不足以維持星艦巡航。詹姆斯・班森博士（James Benson）也明白向我指出，或許銀河系內其他區域的氫氣量充足，但我們所在的這一區（太陽系）氫氣不足，無法餵飽衝壓噴射引擎。另

❹ 審定注：諾貝爾物理獎得主杰拉德・特・胡夫特（Gerard 't Hooft）曾指出反物質可以看成是時間反轉的物質。由於牛頓定律在時間反轉上是對稱的，因此反物質若在反物質地球上仍然朝下墜落。這裡不清楚的是物質與反物質之間的引力究竟是吸引還是排斥？如果廣義相對論的等效原理也適用於反物質，那麼無論重力的來源是物質或反物質，應該沒有差別。二〇一三年CERN的ALPHA實驗團隊曾嘗試反氫原子的自由落體實驗，但由於誤差過大，結果並無定論。全新設計的AEGIS及GBAR實驗在不久的將來會揭曉答案。

外還有人宣稱，當衝壓噴射火箭通過太陽風帶時，太陽風的牽引力可能超過火箭推進力、使其無法達到需要的相對速度。目前物理學家已著手修改設計，期望能修正這些缺點。不過在衝壓噴射火箭成為實際選項之前，人類還有好長一段路要走。

星艦難題

在此必需特別強調一點：前面提及的所有星艦旅行，都必須面對與「近光速移動」有關的諸多問題。最大的危險是撞上小行星，即便是再微小的小行星都可能刮破或刺穿星艦防護罩。誠如先前所提，宇宙碎片常在太空梭表面留下刮痕或創口，而這些碎片有時會以接近軌道速度（近地軌道）的速度、或時速近三萬公里的高速撞上太空梭。然而，如果飛行速度接近光速，那麼宇宙碎片撞擊的速度也會是前述速度的許多許多倍，搞不好還會令星艦解體。

在電影中，這類難題大多會藉由「可輕易驅除所有微小隕石的超強力場」加以排除。然而不幸的是，這種力場只存在在科幻作家的腦袋裡。就現實而言，要形成電場、磁場確實不難，但即使是不帶電的塑膠、木頭、水泥等家中一般常見物品，依然能輕易穿透這些力場。此外，遊走外太空的微小隕石因為不帶電，故無法利用電場或磁場令其偏向。至於重力場則因為具吸引力、作用力又弱，也不適合做為我們需要的防護力場。

「煞車」則是另一項挑戰。試想，若以趨近光速的速度迂迴穿越太空，接近目的地時該如何減速？光帆仰賴太陽光或雷射光提供動力，卻無法用於減速，故大多只能用於「飛越」任務。

讓這些核子動力火箭來個一百八十度大迴轉、令推進力徹底轉向，或許是這類火箭的最佳煞車方式。不過如此一來，每趟任務粗估會有一半的推進力用於達到目標速度、另一半則用於減速。關於光帆該如何減速的問題，或許可將帆體反過來，利用目的地的星光使其降速。

另外還有一個問題：具「載人」功能的星艦體積多半相當巨大，故只能在太空組裝。因為如此，人類必須執行多次太空任務，將建造星艦所需的材料分批送往近地軌道，然後再安排另一批太空任務，完成星艦組裝。為避免經費嚴重超支，科學家必須針對太空發射任務構思一套更經濟的執行方式——於是「太空電梯」登場的時刻到了。

搭電梯上太空

「太空電梯」或許是奈米科技「改變遊戲規則」的跨時代應用方式。[43]「太空電梯」是一種外觀像電梯井、連接地球與太空的狹長通道。你只要走進電梯、按下「升空」鈕，電梯就會飛快把你送上近地軌道，毋需承受火箭發射升空那種快被重力壓碎的痛苦。上太空反而像搭電梯到百貨公司頂樓一樣和緩平順。太空電梯如同傑克的豌豆藤，彷佛能抵抗重力，提供一種毫不費力的「登天」方式。

首位構思「太空電梯」概念的是俄國物理學家齊奧爾科夫斯基，而他則是受到一八八〇年代建成的艾菲爾鐵塔所啓發。如果工程師有辦法造出那麼驚人又了不起的建築，他自問，何不繼續往上蓋，延伸至外太空？齊奧爾科夫斯基只用了簡單的物理學，就提出「原則上，這座塔如果夠高的話，光靠離心力就足以支持它好端端立著，毋需施以其他助力。就如同一顆吊在抽繩上的球會因為自身高速旋轉而不致落下，故地球旋轉產生的離心力也能防止太空電梯崩塌倒毀」的想法。

「上太空的方法或許不只火箭這一種」，這種看法著實極端又令人振奮。不過咱們立刻碰上超級大障礙：太空電梯纜車內，每單位面積承受的壓力可能高達千億帕斯卡（GPa），這已經超過鋼的斷裂點了（二十億帕斯卡）。屆時鋼索勢必應聲斷裂，太空電梯也隨之頹倒。

太空電梯的概念因此束之高閣近一個世紀。期間雖偶有提及，譬如亞瑟·克拉克爵士就曾在

《天堂之泉》（*The Fountians of Paradise*）描述過這種裝置。然而，當被問到太空電梯何時可能成真時，爵士回答：「大概要等大家聽了不會笑、然後再加個五十年吧。」[44]

但現在沒有人會笑了。突然間，太空電梯似乎不再那麼遙不可及。一九九九年，ＮＡＳＡ某初步研究評估，寬零點九公尺、長四萬八千公里的太空纜索應該能運送十五噸的酬載上太空。二〇一三年，「國際宇宙航行科學院」（International Academy of Astronautics，ＩＡＡ）發表一份厚達三百五十頁的報告。據其推算，若資金和研究技術到位，人類到了二〇三五年應該可能可以利用太空電梯運送數倍於二十噸的酬載上太空，粗估價格落在一百億至五百億美元之間——這個數字不過是目前國際太空站傳輸費用的幾分之一（後者要價一千五百億美元）。此外，太空電梯甚至能以「二十倍」為級數，大幅降低太空酬載運送成本。

至此，太空電梯已不再是基礎物理問題，而是工程問題。科學家正在進行嚴密計算，確認太空電梯的纜索能否以奈米碳管製成。這種材質極堅韌，幾乎不會斷裂，但問題是我們眞有辦法製造足夠的奈米碳管、連接數萬公里延伸至外太空？目前，這個問題的答案是「不能」。奈米碳管極難製作，最長不超過一公分。各位或曾聽聞，有人表示目前已能做出數公分長的奈米管。不過那種奈米管的材質其實是混合物，只是把細微的純碳線壓進纖維而已，反倒喪失奈米碳管的絕佳特質。

為激起各界對太空電梯這類計畫的興趣，ＮＡＳＡ撥款贊助「世紀挑戰計畫」（Centennial Challenges），獎勵業餘人士研發能用於太空計畫的先進科技。該計畫曾舉辦過一場競賽，要求參賽者提交「迷你電梯原型」的各部零件。當時為了我主持的某集特別節目，我也參加了。我跟拍一群深信「太空電梯總有一天會對普羅大眾敞開登天大門」的年輕工程師，看著他們用雷射光束將一只小膠囊送上長長的纜索。那集特別節目就是想把焦點放在這群帶著創業精神的新創工程師身上，捕捉他們致力打造未來的熱情與幹勁。

太空電梯將為人類上太空的方式帶來突破性變革，太空將不再為太空人或軍方獨占，有可能成為孩童與家人的遊憩嬉戲之所。太空電梯讓太空旅行和太空工業多了一種有效率的新選擇，更使得在地球之外組裝複雜機械的工程（譬如飛行速度幾乎疾如光速的星艦）不再是癡人說夢。不過就現實而言，鑑於眼前還有如此浩瀚的工程問題待處理，太空電梯大概要到本世紀末才有可能顯露端倪。

話說回來，人類可是擁有無止盡好奇心與企圖心的動物，我們總有一天會克服核融合火箭、反物質火箭等種種問題，直接對上最偉大的終極挑戰：說不定有一天，我們會突破宇宙的速度極限——超越光速。

扭曲時空、產生動力

有一天，有個男孩讀到一本童書，爾後改變了世界。[45] 時值一八九五年，城市剛進入電力時代；男孩為求了解這新奇景象，挑了亞倫．伯恩斯坦（Aaron Bernstein）的《自然科學通俗讀本》（*Popular Books on Natural Science*）來讀。伯恩斯坦請讀者想像「乘著電流，順著電報線四處遊歷」的情景，於是男孩心想，要是把電流換成光束呢？我們能贏過光速嗎？他推斷，既然光是一種波，那麼光束看來應該是靜止不動的，凍結在時間裡。即便只有十六歲，男孩卻領悟到不曾有人想過的——「將光視為駐波」的概念。接下來，他花了十年解開這道謎題。

最後，男孩終於在一九〇五年找到答案。男孩名喚亞伯特．愛因斯坦，他的理論則是「狹義相對論」。愛因斯坦發現，我們無法超越光速，因為光速是宇宙的極限速度。然若接近光速，你會看見種種光怪陸離的現象：火箭會變重，火箭裡的時間會變慢。假如你真的設法達到光速了，你會變得無比沉重，時間也會停止——但這兩種情況皆不可能發生，意謂你不可能突破光速障礙。愛因斯坦搖身成為道路警察，為宇宙設下終極速限，而這道障礙令往後好幾代的火箭科學家大感苦惱。

然而愛因斯坦並未就此滿足。相對論雖能解釋光的諸多神祕性質，但他也想用這套理論來闡述重力。一九一五年，愛因斯坦端出一套令人瞠目結舌的說法：他假設眾人以為靜止不動的「時空」其實是變動的——宛如床單一樣柔軟，可以彎曲或延展。照他的假設，地球並非因為受到太陽重力牽引而繞著太陽轉，而是因為太陽「扭曲」周圍的空間所致。這種扭曲的時空架構推動地球，使其循彎曲路徑繞著太陽移動。簡單解釋就是——實情並非「重力牽引」，而是「空間推擠」。

莎士比亞有云：世界是一座舞台，你我只是來來去去、進場退場的演員。各位或可將「時空」想像成一座大舞台，眾人一度以為它是靜止、扁平且絕對的，舞台各處的時鐘皆以相同速率滴答滴答響。但是在愛因斯坦的宇宙裡，這座舞台是可以彎曲變形的，舞台各處的時間也不一致，走過舞台的演員沒有一個不跌倒。他們或許會說，彷彿有一股看不見的「力量」從四面八方又拉又扯，但實情卻是扭曲的舞台在推擠他們。

愛因斯坦也了解到，他的廣義相對論仍有漏洞。恆星越大，周圍時空扭曲的程度就越大。若恆星質量夠重，就可能成為黑洞。此外，時空架構也可能撕裂並形成「蛀孔」（舊多譯蟲洞），也就是穿越時空的捷徑或通道。這個概念首度於一九三五年、由愛因斯坦和他的學生奈森．羅森（Nathan Rosen）提出，今日則稱為「愛因斯坦－羅森橋」（Einstein-Rosen bridge）。

蛀孔

《愛麗絲夢遊奇境》中的「魔鏡」可謂「愛因斯坦－羅森橋」最簡單的範例。鏡子一邊是英格蘭牛津郡，另一邊則是「奇境」這個奇幻世界。愛麗絲只消把手指點進並穿透魔鏡，她就能瞬間穿越到另一邊去。

蛀孔可謂電影最鍾愛的祕密裝置。《星際大戰》的韓索羅（Han Solo）駕駛「千年鷹號」，利用蛀孔穿梭超時空。雪歌妮・薇佛（Sigourney Weaver）在電影《魔鬼剋星》（*Ghostbusters*）打開的冰箱就是蛀孔，可一眼窺見整個宇宙。至於C・S・路易斯《納尼亞傳奇：獅子、女巫、魔衣櫥》（*The Lion, the Witch and the Wardrobe*）中的魔衣櫥，則是連接英格蘭鄉間與納尼亞王國的蛀孔。

蛀孔是科學家以數學分析黑洞時，意外發現的產物。「黑洞」是巨大恆星塌縮後所形成的，重力極強，就連光也無法逃脫，是故黑洞的脫離速度就等於光速。以往科學家認為黑洞靜止不動，並且擁有一個重力無限大的「奇異點」。不過目前「登記有案」的黑洞無一不呈高速旋轉。一九六三年，物理學家羅伊・克爾（Roy Kerr）發現，如果黑洞旋轉的速度夠快，那麼黑洞不一定會塌縮成一個極小點，而是變成「旋轉的環」。上述這種環的結構穩定，因為離心力能防止環向內塌縮。那麼，掉進黑洞的東西跑哪兒去了？目前物理學家還不清楚。但有一種可能是，物質最後會穿過所謂的「白洞」，從另一邊冒出來。科學家還在尋找這種「釋出物質」而非「吞入物質」的白洞，可惜目前還沒著落。

若能湊近旋轉中的黑洞環，各位將目睹不可思議的時空扭曲情景：你可能會見到數十億年前遭蛀孔重力捕捉的光，甚至還有可能見到你自己的複本。你身上的原子可能會在一種名為「義大利麵條化」（spaghettification）的詭異、致命過程中，遭潮汐力拉扯而導致形變。

若你進入黑洞環，說不定會穿過白洞、從另一端的平

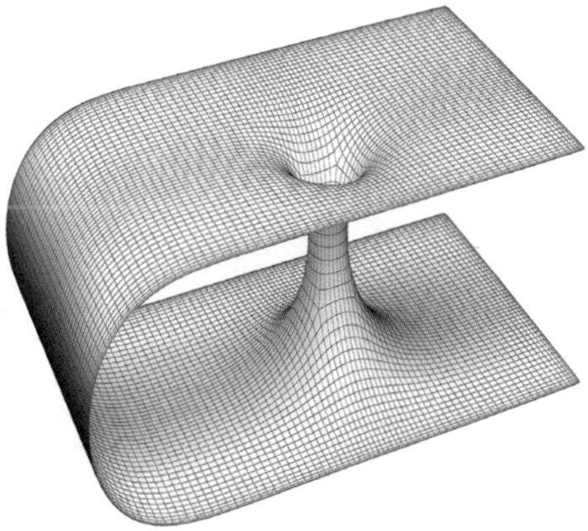

圖六：蛀孔是連接時空中兩個遙遠端點的捷徑。

行宇宙掉出來。請想像眼前有兩張彼此平行的白紙，再用一枝鉛筆穿過這兩張紙、令其相連。若能經由筆芯移動，你就能在兩個平行宇宙之間來回旅行。只不過，若你二度穿越黑洞環，你並不會來到同一個平行宇宙——每穿過黑洞環一次，你就會抵達完全不同的宇宙。這和「搭電梯通往大樓不同樓層」的方式相同，唯一的差別在於你永遠無法返回相同樓層。

進入黑洞環之後，重力並非無限大，因此你不一定會被壓碎。然而，如果黑洞環的轉速不夠快，黑洞本身仍有可能塌縮並且壓死你。不過，我們或許能以人為方式穩固黑洞環結構，即加入「負物質」（negative matter）或「負能量」（negative energy）。因此，穩定的蟲孔就成為一種動態平衡，關鍵在於正確維持正能量與負能量的混合比例。你需要足夠的正能量才能在宇宙間形成自然通道（譬如開啟黑洞），可是你也需要創造負物質或負能量，才能以人工方式維持通道暢通，防止塌縮。

負物質與反物質完全不同，目前也還未在自然界偵測到其存在。負物質帶有「反重力」的詭異性質，也就是說它會往「上」掉，而不是往「下」掉。（相對的，就理論而言，反物質的墜落方向仍是往下、而非往上。）假如地球在數十億年前當眞有負物質存在，大概也早就被其他物質排斥驅逐，在外太空飄盪吧。或許這就是我們還沒發現負物質的原因。

雖然物理學家還沒找到負物質的證據，實驗室倒是已先做出負能量了。[46] 這等於讓科幻迷仍抱著一線希望，幻想有一天能經由蟲孔前往遙遠星球。不過，實驗室造出的負能量實在微弱不堪，更別提驅動星艦了。若想製造穩定蟲孔結構所需的足夠負能量，大概要有極先進的科技才辦得到，而這點我們會在第十三章詳細討論。因此，這種利用蟲孔移動的超時空星艦在可見未來仍超出人類的能力範圍，尙無法實現。

話說回來，最近倒是有人用另一種方式翹曲時空，創造些許令人振奮的成果。

阿庫別瑞曲速引擎

除了蛀孔之外，「阿庫別瑞引擎」（Alcubierre engine）大概是第二種能打破光速障礙的方法。我有幸訪問過米蓋爾．阿庫別瑞（Miguel Alcubierre）這位墨西哥籍理論物理學家。[47] 某天他在看電視的時候，突然迸出一個涉及物理相對論的破天荒想法——這大概也是史上第一次發生這種事吧。當時阿庫別瑞正在看《銀河飛龍》影集，對「企業號」的超光速飛行能力讚嘆不已：企業號能壓縮前方空間，讓遠方星球看起來沒那麼遠。企業號本身並未飛向星球——而是「星球靠向企業號」。

想像你踩著地毯，走向擺在地毯另一端的餐桌。照常理而言，你應該會從地毯的這一端走到另一端，但其實還有一種方式。捲起地毯，拉近餐桌——也就是壓縮地毯空間，因此你無須走過長長的地毯，只消捲起地毯，餐桌就會來到你面前了。

他驟然領悟到一件有意思的事。一般人在思考時空曲率時，通常會先從恆星、行星的角度切入，再援引愛因斯坦方程組進行計算。但其實也可以反過來：先找出某特定的時空變形樣貌，再利用同一組方程式確認可能造成這種情況的恆星或行星。在此或可以「製造汽車」粗略比喻：工人先從現有零件著手，將引擎、輪胎等諸如此類的零件組裝成汽車。又或者，你也可以先選出夢想中的設計，再弄清楚造出這台車需要哪些零件。

阿庫別瑞把愛因斯坦的數學公式反過來，顛覆理論物理學家的慣常邏輯。他試圖測量哪種恆星有可能壓縮「前方」時空、並且「向後」拉伸膨脹。令阿庫別瑞大感震驚的是，他竟然得到一個非常簡單的答案：《銀河飛龍》使用的時空扭曲概念，竟是愛因斯坦方程組的一種可能解！說到底，也許「曲速推進」並非那麼不可置信。

凡是配有阿庫別瑞曲速引擎的星艦，勢必得裹在「曲速泡泡」（warp bubble）這個由物質和能量組成的中空泡泡裡。泡泡裡外的時空彼此不相連。星艦加速時，艦上乘客不會有任何感覺，甚至不覺得星艦在移動——即使他們可能正在以超光速行進。

阿庫別瑞的結論把物理學界給嚇壞了，因為它實在非常新奇又極端。然而待其論文發表後，各界批評四起、紛紛指出這套理論的缺點。儘管曲速引擎「超光速旅行」的設想十分簡練而巧妙，但是對相關複雜狀況卻毫無對策與說明。假如星艦內部空間與外在世界必須以曲速泡泡相隔，那麼外部資訊勢必無法穿過泡泡、艦長也就無法掌握星艦方向，這麼一來該如何操控星艦？此外還有實際造出「曲速泡泡」的問題。為了壓縮「前方」時空，好歹也得提供某種特定燃料——也就是負物質或負能量之類的素材吧。

於是一切又回到原點。一如穩固蛀孔架構，我們還缺少負物質或負能量這類能維持曲速泡泡完好無損的必要材料。霍金已證明一項普遍定理，言明在愛因斯坦方程組的架構之下，容許超光速旅行的所有可能解皆勢必涉及負物質或負能量。（換言之，星辰呈現的正物質和正能量可扭曲時空，使我們能完美描述天體的運動方式。但負物質與負能量卻是以奇特的方式扭曲時空，創造能穩固蛀孔、防止塌縮的反重力，甚至還能壓縮未來時空，推動曲速泡泡以超光速移動。）

後來，物理學家嘗試計算推進星艦

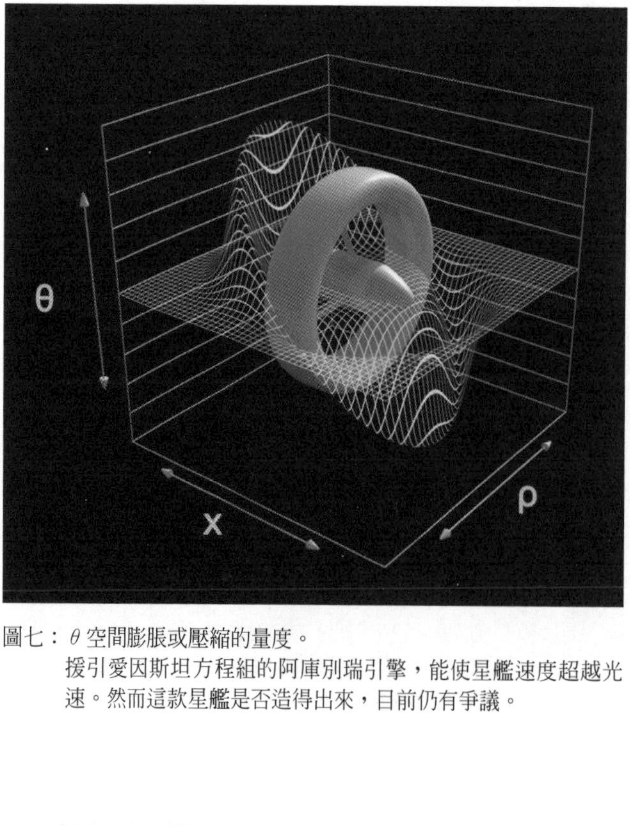

圖七：θ 空間膨脹或壓縮的量度。
援引愛因斯坦方程組的阿庫別瑞引擎，能使星艦速度超越光速。然而這款星艦是否造得出來，目前仍有爭議。

需要多少負物質或負能量。最新結果顯示，這個「量」差不多等於木星質量。也就是說，若曲速推進當真可行，也唯有非常先進的文明才可能利用負能量或負物質驅動星艦。（話說回來，超光速飛行所需的負物質或負能量也可能降低，因為前述的量乃是依曲速泡泡或蛀孔的幾何與規模計算出來的。）

《銀河飛龍》直接設定曲速引擎的基礎要素是「雙鋰結晶」（dilithium crystal）這種稀有礦物，省去一大堆麻煩和障礙。現在我們曉得，「雙鋰結晶」也許就是負物質或負能量的一種時髦說法了。

卡西米爾效應與負能量

雙鋰結晶並不存在，但誘人的是「負能量」恰恰相反，這讓蛀孔、壓縮時空、甚至是時光機繼續保存一絲可能性。儘管牛頓力學並不容許負能量存在，但量子力學倒是透過一九四八年提出、一九九七年在實驗室成功偵測到的「卡西米爾效應」（Casimir effect），承認負能量的地位。

舉例來說。假設有兩片平行、不帶電的金屬板。兩片金屬板相隔極大距離時，我們稱兩者之間電力為零。然而隨著兩片金屬板逐漸靠近，兩者竟神祕地開始互相吸引，並且能從中提取能量。由於一開始能量為零，卻又在金屬板互相接近時獲得正能量，那麼據此推論兩片金屬板原本即帶有負能量。這套解釋極不尋常。照常識來說，真空應該是一種「空」的狀態，其間不具能量（能量為零）。但實際上，真空充滿了物質與反物質粒子，兩者短暫從真空態「物質化」析出、再互相湮滅回到真空態。這些「虛擬」粒子出現和消失的速度極快，故不違反「物質與能量守恆定律」，亦即「宇宙中的物質與能量總和維持不變」這道鐵律。這種持續擾動會在真空內形成壓力，但因兩金屬板外側的物質與反物質活動比金屬板之間更為活躍，故外在壓力會推動金屬板、促其靠近，創造負能量。這就是卡西米爾效應，該效應透過量子力學揭示負能量確實有可能存在。

由於卡西米爾效應的作用力非常微小，起初唯有最敏感的儀器才偵測得到，不過幸好目前的奈米技術已進步到可操作單一原子的程度。我曾在主持電視特別節目時造訪哈佛某實驗室，那裡有一台可以操作原子的小型桌上儀器。在我觀摩的那場實驗中，因為卡西米爾效應的關係（這種效應可造成互斥力或吸引力），操作員很難阻止兩顆藉外力促其接近的原子彼此仳離、卻也很難使雙方更加靠近。在物理學家打造星艦的過程中，負能量宛若虛無飄渺的聖杯。然而對奈米技術人員而言，卡西米爾力（Casimir force）在原子層面上卻是如此強大，令人懊惱。

總結來說，負能量確實存在，假如我們能設法儲集足夠的負能量，原則上就能做出蛀孔機或曲速引擎，滿足科幻界某些人心中最狂野的夢想。不過，要想達到這種科技水準，人類還有好長一段路要走，這部分留待十三、十四章繼續討論。在那之前，我們得先在本世紀結束前做出能在太空中迅速移動的光帆，取得系外行星繞行其他恆星的第一批近照。等到了二十二世紀，人類說不定就能利用核融合火箭親自造訪這些行星。假如我們能解決眼前錯綜複雜的工程問題，搞不好還能做出反物質引擎、衝壓噴射引擎，並且實際興建太空電梯。

一旦人類擁有星艦，屆時會在太空深處發現什麼？那裡是否會有其他能讓人類永續生存的世界？幸好，現有的太空望遠鏡和各式人造衛星，能讓我們仔細研究潛藏在眾星辰之間的祕密。

第九章

克卜勒太空望遠鏡和宇宙眾行星

所以我要說，我不僅主張、更強烈相信，甚至敢拿生命的諸多好處為此番言論之正確性做擔保：（宇宙）必定還有其他世界和委身其中的生命存在。

——德國哲學家伊曼紐爾・康德（Immanuel Kant）

人類想多多了解深藏在無垠太空的鄰居夥伴，這份渴望並非源於無聊的好奇心、亦非出自對知識的渴求，而是深植於所有具思考能力的你我，心中某種更深刻的感觸。

——美國發明家尼古拉・特斯拉（Nicola Tesla）

每隔數日，就有人為喬丹諾・布魯諾（Giordano Bruno）伸張正義一次。布魯諾可謂伽利略的大前輩。[48]布魯諾於一六〇〇年遭指控為「異端」，因而活活燒死。據他的觀察，夜空星辰無數，因此我們的太陽必屬眾星之一。而眾星周圍想必也有多顆行星環繞，某些行星甚至或許還有其他生命體存在。

為此，教會未經審判便囚禁他七年，然後剝光他的衣服、於羅馬遊街示眾，再用皮繩綁住他的舌頭，將他架上木柱、施以鞭刑。

教會曾表示願給他最後一次機會，要他悔改，放棄異端邪說，但他拒絕改變自己的想法。為遏止他的思想擴散開來，教會將布魯諾的著作全部列為禁書。布魯諾和伽利略的命運不同，他的禁令直到一九六六年才取消。伽利略僅宣稱宇宙的中心是太陽，而非地球，但布魯諾卻倡言宇宙根本「沒有中心」。布魯諾是歷史上首批設想「宇宙可能無限大」的思想家之一，認為地球只是天空中的一塊石頭罷了。教會不能再宣稱自己是宇宙中心，因為宇宙沒有中心。

一五八四年，布魯諾總結他的思想，寫下「我們宣稱宇宙是無限的……在這個宇宙之中，還有其他許許多多和我們一樣的世界」。[49]將近四百年後的今天，光是銀河系內登記有案的太陽系外行星已有四千多顆，而這份名單幾乎每天都有新成員加入。（二〇一七年，NASA總共記錄四千四百九十六顆候選行星，其中兩千三百三十顆經由克卜勒太空望遠鏡發現並確認。）

各位若有機會造訪羅馬，或可至「鮮花廣場」（Campo de'Fiori）一遊。就在當年布魯諾受死的那個位置上，如今矗立一座氣宇非凡的雕像。我在鮮花廣場看著遊客熙來攘往，他們不見得意識到這裡曾是處決異端分子的地方。布魯諾雕像俯瞰廣場上桀傲不遜的年輕人、藝術家和街頭音樂家，這些人與這處場所毫無違和感。望著這一派祥和，我思忖布魯諾身處的年代究竟是何種氛圍，竟然縱容這場宛若謀殺的暴行。他們怎麼能鞭笞、刑求並殺死這麼一位流浪哲學家？

布魯諾的思想受盡苦難、輾轉熬過數個世紀，理由是要找到系外行星何其困難，過去甚至一度認為不可能。行星不發光。即使能反射母恆星的光，亮度也黯淡個十數億倍，而母恆星本身的耀眼光芒也會遮蔽行星，不利觀測。幸好，拜今日巨型天文望遠鏡和太空探測器之賜，新近湧入的大量數據再再證明布魯諾的看法正確無誤。

太陽系是異類？

小時候，我讀了一本跟宇宙學有關的書，從此改變我理解宇宙的方式。那本書描述完行星之後，總結「我們的太陽系大概就只是一般的典型恆星系」，也呼應了布魯諾的想法，但還不只這樣。該書推論，其他恆星系的行星也像太陽系的行星一樣，以幾近完美的圓形軌道繞著母恆星旋轉。並且，最靠近恆星的行星由岩石組成，較遠的則是氣態巨行星。我們的太陽是一顆再平凡不過的恆星。知道你我住在平靜、普通的星系邊陲，感覺簡單平凡又寬慰。

才怪。咱們錯得離譜。

現在科學家已經知道，太陽系根本是怪咖，而且太陽系的排列方式更是銀河系的奇葩，不但行星依序排列，還有幾近圓形的公轉軌道。在探索其他恆星的過程中，我們意外觀測到《太陽系外行星百科》中的其它恆星系統，這才發現它們跟我們的太陽系十分不同。將來有一天，這份行星百科說不定也會包含人類未來家園的候選地。

麻省理工學院行星學教授莎拉．席格（Sara Seager）是這份行星百科的關鍵推手，同時還獲得《時代雜誌》評選列入「太空探索」領域最具影響力的二十五人。我問這位天文學家，她是否從小就對科學感興趣。她坦承實情並非如此，但倒是特別在意「月亮」。月球之所以挑起她的興趣，是因為她發現，不論她父親開車載她上哪兒去，月亮好像總是跟在後頭——是說，距離這麼遠的物體怎麼有辦法追著車子跑？

簡單說明一下：這種錯覺是視差造成的。

我們會利用移動或改變頭部位置來判斷距離遠近，像樹木這種近距離物體，視差偏移的角度最大，而山脈等遙遠實體則完全不改變位置。不過，緊貼著我們、隨我們一起移動的物體也同樣不會改變位置，於是大腦糊塗了，把「遙遠的月亮」和「眼前的方向盤」的距離搞混了，讓我們誤以為這兩種物體都會持續隨我們移動。許多目擊「幽浮尾隨汽車」事件其實也是視差所致，充其量只是錯把金星當成不明飛行體罷了。

席格教授對天空的著迷迸發為一輩子的浪漫情懷。有些父母會買望遠鏡給熱衷鑽研的孩子，但教授當年用自己暑假打工賺來的錢，買了人生第一具望遠鏡。她還記得十五歲那年，她興奮地和兩位好友說起，那陣子正好可以在夜空中看見一顆爆炸的星星「超新星一九八七a」。這顆超新星自一六〇四年以來始終保持「離地球最近的超新星」紀錄，而她打算參加一場以這樁稀有天文事件為主題的慶祝派對。只可惜兩位好友滿臉疑惑，完全搞不懂她在說什麼。

後來，席格教授將她的熱情以及對宇宙的驚奇情懷，轉化為「系外行星科學」這個前途光明、誕生不到二十年的新學門，該學門也是當今宇宙學最熱門的領域之一。

發現系外行星的方法

要想直接觀測系外行星並不容易，因此天文學家使出各種變通招式，想間接尋找它們。席格教授特別強調，天文學者對自己的觀測結果信心十足，因為他們用多種不同方式偵測到系外行星存在。其中一種最普遍的方法叫「凌日法」（transit method）。科學家在分析星光強度時，有時會發現光度「周期性變弱」的現象。這種效應雖不明顯，然而站在地球的角度看，卻可能代表某顆行星正從母恆星前方越過，吸收母恆星部分的光芒。因為如此，我們可以追蹤行星的移動軌跡，也能算出它的軌道範圍。

像木星這麼大的行星，約莫能削弱跟太陽差不多的恆星約百分之一的亮度。至於地球大小的行星，影響力只有百分之〇點〇〇八，大概就像蚊子飛越車頭燈那種程度。不過席格教授解釋，幸好我們的儀器十分敏銳精準，可以捕捉各行星極輕微的光度變化，進而證明整個恆星系存在。

然而並非所有的系外行星都會從恆星前方越過，有些行星的公轉軌道傾斜，因此不會觀測到凌日現象。

另一種常用的方法是計算「徑向速度」（radial velocity），或稱「都卜勒法」。天文學家先尋找看起來會規律往復移動的恆星，假如剛好有一顆體積夠大、像木星一樣的行星繞著它轉，那麼這顆恆星和它的木星實際可說是處於「彼此互繞」的狀態。請想像一支旋轉的啞鈴：橫槓兩端的圓盤相當於母恆星與其木星，彼此繞著共同的中心轉動。

從遠方望去，我們看不見這顆木星大小的行星，卻能看見母恆星彷彿照數學計算地精準移動，故可利用都卜勒法計算母恆星的移動速度。舉例來說，假如有顆黃色星星朝我們移動，它的光波會像手風琴一樣被壓縮，導致原本的黃光變得帶點藍色。如果黃星星遠離我們，那麼它的光波就會拉長並且偏紅色。我們可以分析恆星接近或遠離偵測儀時，其光波頻率如何改變，憑以確定它的移動速度。這跟抓超速一樣：警察以雷射光照射汽車，再依其反射光計算行車速度。

連續數周、數月詳細調查母恆星，也讓科學家得以利用牛頓的重力定律估算行星質量。都卜勒法雖單調乏味，卻讓科學家在一九九二年首度發現系外行星，吸引許多胸懷大志的天文學家投入這個領域，試圖追蹤並找出下一顆明日之星。其中最早觀測到的多是大小如木星的系外行星，因為行星體積越大，對應的母恆星也會顯現較大的運動規模。

凌日法和都卜勒法是目前系外行星定位的兩大主要技術，不過近來科學家引入新方法，其中一種是「直接觀測法」。誠如先前所提，直接觀測系外行星非常困難，但席格教授提到一點，NASA正計畫發展能縝密、精準阻隔母恆星光芒的太空探測儀，使其不再掩蓋行星、阻擾觀測。

「重力透鏡」（gravitational lensing）則是另一種前景可期的變通辦法，不過這法子唯有在地球、系外行星和其母恆星完美排呈一直線時才行得通。愛因斯坦的重力理論告訴我們，「光」行經天體時會出現彎曲現象，理由是大質量物體能改變周圍的時空結構。即便我們看不見這個物體，它依舊會改變光的行進路線，就像光線穿過玻璃杯時一樣。假如有顆行星從某遙遠恆星前方通過，光會扭曲變形成環狀。這種特殊光弧稱為「愛因斯坦環」（Einstein Ring），顯示觀測者和遙遠恆星之間有相當可觀的質量存在。

克卜勒給答案

二〇〇九年發射的「克卜勒太空望遠鏡」，為天文學界帶來重大突破，這座望遠鏡是專以凌日法觀測系外行星。[50] 克卜勒的成功完全超出天文社群最非凡的想像。緊接在哈伯太空望遠鏡之後飛上太空的克卜勒太空望遠鏡，大概是有史以來造價最昂貴的人造衛星。這具令人驚嘆的工程傑作重達一千多公斤，搭載口徑一點四公尺的反射鏡，內嵌無數最新型高科技感應器。由於克卜勒必須長時間對準空中的某一點進行觀測，取得最佳數據，所以它的軌道並非環繞地球——而是繞太陽運行。克卜勒太空望遠鏡離地球約一點六億公里遠，利用一系列陀螺儀定位、瞄準天鵝座（Cygnus）方向一小塊僅占全天四百分之一的遙遠深空。光是在這塊微小視野內，克卜勒就已分析過二十萬顆恆星，發現數千顆系外行星，逼得科學家不得不重新審視我們在宇宙中的地位。

在探測過程中，天文學家並未找到其他類似太陽系的恆星系，反而有了完全出乎意料的發現：太空中有各式各樣大小不同的行星，隔著遠近不同的距離環繞恆星運轉。「有些系外行星根本沒辦法拿太陽系的行星做類比。其中有些大小介於地球和海王星之間，有些甚至比水星還小。」[51] 席格教授回想：「但今天，我們依舊還沒找到任何像太陽系一樣的恆星系。」事實上，克卜勒傳回太多奇奇怪怪的觀測結果，而天文學家也沒有足夠的理論概括解釋所有現象。「發現越多，我們對這方面的理解就越少，」她坦承，「感覺糟透了。」

即便要說哪種才是最普遍的系外行星種類，我們亦無從解釋說明。許多大小跟木星差不多的系外行星（這些行星最容易發現）竟然和科學家預期不同，並非以接近正圓的軌道環繞母行星，而是偏向狹長橢圓型。

還有些木星大小的系外行星公轉軌道確實是圓的，卻極靠近母恆星。若以太陽系為喻，這些行星的位置甚至在水星軌道之內。這類氣態巨行星稱作「熱木星」（hot Jupiter），而熱木星的大氣則持續被太陽風吹進太空。不過，天文學家曾一度認為，這種木星大小的系外行星起初應位在離母恆星數十億公里外的遙遠深空，若真是如此，它們怎麼會變得如此靠近？

席格教授承認，天文學家對此尚無定論。但目前看來最有可能的答案，竟然以教人措手不及之勢突然竄出：某理論陳述所有氣態巨行星的形成位置都在恆星系外圍，因為這個區域有大量的冰，氫氣、氦氣及塵埃亦取得容易，可是在某些恆星系裡，黃道面也同樣散布著大量塵埃。這些巨行星可能會在運行過程中不斷與塵埃產生摩擦，因而失去能量，以死亡螺旋軌跡一頭墜向母恆星。這套說法帶入一項以往不曾聽聞的奇特概念：移行行星（migrating planet）。在緩緩朝母恆星移動的過程中，它們可能穿過一些小型行星（大小如地球）的軌道，並將後者拋向外太空。這些小岩石行星或許因此變成「流浪行星」（rogue planet，或稱「星際行星」），從此飄盪太空、不隸屬任何恆星系。因為如此，在一個包含木星大小的行星、且其軌道呈狹長橢圓或軌道非常接近母恆星的恆星系中，我們對「發現類地行星」這事完全不抱期望。

就後見之明來說，我們應該要能料想到這些結果。正因為我們這個太陽系的行星皆以漂亮的圓形軌道環繞母恆星公轉，天文學家遂自然假設那些形成恆星系的塵埃小球、氫氣氦氣都會均勻地濃縮聚集。現在我們終於曉得實際情形不是如此，重力或許以某種危險、隨機的方式壓縮這些素材，導致行星以橢圓或不規則的軌道運行，極可能與其他行星軌道交錯或相撞。這點認知非常重要：說不定唯有像太陽系這樣行星公轉軌道呈圓形的恆星系，才有可能孕育生命。

類地行星

大小與地球相近的行星，因為體積小，所以只會稍微降低母恆星亮度、或者微微扭曲母恆星發出的光。但現在有了克卜勒太空望遠鏡和其他巨型望遠鏡，天文學家於是著手尋找「超級地球」，也就是和地球一樣屬於岩石行星、能以我們所知的方式支持生命存在，但體積比地球大一半或一倍的系外行星。雖然還無法確定這類行星的起源，不過在二〇一六與二〇一七年間，報紙卻出現一連串聳動、占據頭條的「超級地球大發現」相關報導。

毗鄰星是僅次於太陽、離地球第二近的恆星。事實上，毗鄰星屬於「南門二」三合星系統，繞著另外一對體積較大的雙星旋轉（後者正式名稱為「南門二 α 星 A、B」，兩顆星亦彼此互繞）。天文學家在毗鄰星附近意外發現一顆比地球大百分之三十的系外行星，為此大感震驚，並將其命名為「毗鄰星 b」。

「這顆行星徹底改變系外行星科學的遊戲規則。」[52] 西雅圖華盛頓大學教授羅伊．巴恩斯（Roy Barnes）表示。「毗鄰星 b 離地球非常近，代表我們有機會好好追蹤這顆行星，它遠比至今發現的其他行星都還要居於有利位置。」目前正處於研發階段的下一代巨型望遠鏡「詹姆斯韋伯太空望遠鏡」（James Webb Space Telescope），說不定就能拍到毗鄰星 b 的首張眞實照片了。誠如席格教授所言，「這實在太棒了。大夥兒找了這麼多年，誰會想到離我們最近的恆星竟然就有一顆類地行星？」[53]

毗鄰星 b 的母恆星是一顆微弱的紅矮星，質量約莫是太陽的百分之十二。因此，若要處在適居帶內（如此才可能有液態水、或甚至海洋存在），毗鄰星 b 必須非常靠近母恆星才行。毗鄰星 b 的公轉半徑大概只有地球公轉半徑的百分之五，且公轉速度也比地球快上許多——只要十一點二個地球日就能繞行母恆星一周。科學家強烈懷疑，毗鄰星 b 的自然條件說不定能包容並支持我們所知的生命形式。不過目前最主要的疑慮，在於該行星承受的太陽風應該極為猛烈，可能比襲擊地球的太陽風強烈兩千倍。為對抗如此爆炸性的衝擊，毗鄰星 b 勢必得擁有強大的磁場，但目前我們還未掌握足夠的證據，無法證實是否為眞。

此外，科學家也認為毗鄰星 b 應該處於潮汐鎖定狀態，因此就像我們的月亮一樣，固定以同一面朝向恆星。毗鄰星 b 的這一面想必極為炎熱，另一面肯定極度寒冷，而液態水或海洋大概只能分布在兩半球交界、溫度較為適中的狹窄範圍內。不過，假使毗鄰星 b 大氣層夠緻密的話，說不定能藉由風來調和氣溫，使整個星球表面都能有液態海洋存在。

下一步是確認大氣組成、以及大氣是否含有水和氧氣。科學家雖利用都卜勒法偵測到毗鄰星 b，不過，若要了解大氣的化學組成，還是以凌日法評估較佳。系外行星直接越過母恆星前方時，一定會有些微光芒穿過行星大氣。大氣內特定物質分子會吸收特定波長的星光，讓科學家憑以確認這些分子的性質。然而要想做到這一點，必須精準掌握系外行星的移動路徑，而正確對準毗鄰星 b 軌道的機率僅為百分之一點五。

若能在類地行星發現水蒸氣分子，無疑將是驚天一擊。席格教授如此解釋：「若你在岩石小行星發現水蒸氣，唯一一種可能性是行星表面也有液態水。所以，假如我們能在岩石行星找到水蒸氣，就能斷定行星上有大片汪洋存在。」

環繞同一恆星的七顆類地行星

二〇一七年還有另一項史無前例的大發現：天文學家找到一個違反所有行星演化論的恆星系。這個恆星系擁有七顆大小跟地球差不多的行星，並且全都繞著一顆名為「修道院 1」

（TRAPPIST-1）的恆星旋轉，其中三顆行星位於適居帶內，可能有海洋。[1]「這是個相當不可思議的行星系統，不只是因為一口氣發現這麼多顆行星，而是它們的大小竟然都跟地球差不多。」54 率領比利時科學團隊發現這個恆星系的舵手米哈艾爾・吉雍（Michaël Gillon）如是說。（恆星取名「修道院」其實有雙重含義：一是「TRAPPIST」為該團隊使用的望遠鏡縮寫，二是比利時的暢銷啤酒品牌名喚「修道院啤酒」。）

修道院1是一顆紅矮星，離地球卅八光年，質量僅為太陽的百分之八。這顆恆星和毗鄰星一樣，也有適居帶，若套入我們的太陽系，那麼前述七顆行星的公轉軌道全部都在水星的公轉軌道內側。這群行星不用三禮拜就能繞母恆星一圈，最內側的一顆甚至只要卅六小時就繞完了。由於這個恆星系實在非常緊密，行星之間互有重力影響，而且理論上應該會打亂各行星自己的運行模式並導致碰撞。或許有人會天真地以為，這群行星可能會「步態踉蹌」地撞在一起。幸好，二〇一七年的分析顯示它們處於「軌道共振」狀態，意即行星的軌道相位互相協調，不會發生碰撞。這個恆星系看起來相當穩定。不過誠如毗鄰星b遭遇的太陽閃焰和潮汐鎖定問題，天文學家也在調查這群行星是否可能出現類似效應或影響。

在《銀河飛龍》劇集中，每當「企業號」遇上類地行星，大副「史巴克」（Spock）就會宣布他們即將接近一顆「M級行星」（class M planet）。「其實，天文學上根本沒有、或還沒有這種分類。不過，既然目前已經有數千顆不同種類的行星躍上舞台，其中還包括各式各樣的類地行星，那麼導入新的命名法則只不過是時間問題而已。」

地球的孿生兄弟？

倘若宇宙之中當真存在地球的孿生行星，那麼截至目前為止，我們仍無緣相見。不過，科學家倒是找到了五十幾顆「超級地球」。「克卜勒四五二b」(Kepler-452b)是克卜勒太空望遠鏡在二〇一五年所發現的行星,離地球大概一千四百光年遠。這顆星球特別有意思:克卜勒四五二b比地球大百分之五十,所以你在克卜勒四五二b的體重也會比在地球多〇點五倍。除此之外,住在那裡幾乎跟住在地球差不多。克卜勒四五二b不同於前述環繞紅矮星的系外行星,它的母恆星是一顆只比太陽重百分之三點七的恆星。克卜勒四五二b的公轉周期為三百八十五地球日,平衡溫度(equilibrium temperature)約為攝氏負八度,比地球稍微溫暖一點❷,並且在適居帶內。寄望尋找外星智慧的天文學家將電波望遠鏡對準這個方向,試圖接收來自該行星的任何文明訊息,惟目前仍一無所獲。不幸的是,由於克卜勒四五二b離地球太遠,即使是再新一代的太空望遠鏡大概也無法蒐集到有意義的資訊,亦無法判定大氣成分。

另一顆也在評估中的「克卜勒二十二b」(Kepler-22b)離地球六百光年,體積是地球的二點四倍。雖然該行星的公轉軌道半徑比地球小百分之十五——公轉一周約兩百九十個地球日——但母恆星「克卜勒二十二」的亮度卻也比太陽少百分之二十五。這兩項因素互相抵消之下,遂使克卜勒二十二b的表面溫度據信跟地球差不多。這顆行星同樣也在適居帶內。

不過,目前越來越受到矚目的是「KOI-7711」這顆系外行星。根據二〇一七年掌握的表徵資訊顯示,它是和地球最像的一顆行星。KOI-7711比地球大百分之三十,母恆星跟太陽十分相似。KOI-7711沒有遭太陽閃焰轟炸的危險,一年的長度也幾乎跟地球年差不多。KOI-7711位於該恆星系的適居帶內,我們的技術不足以評估該行星大氣含水蒸氣與否。

---

❶ 審定注:依據今年二月的最新觀測數據顯示,第三顆行星TRASPPIST-1d質量中的百分之五為液態水海洋。相較之下,地球的含水量少於千分之一。

❷ 譯注:地球為攝氏負十八度。

KOI-7711的所有條件皆顯示它適合孕育生命，但這顆行星卻遠在一千七百光年之外，是目前偵測到最遠的三顆系外行星之一。

分析這些行星的各項參數之後，天文學家發現，這群系外行星大致可分成兩大類。第一類為前面討論過的「超級地球」（如照片所示），另一類則是「迷你海王星」（Mini Neptune）。「迷你海王星」為氣態行星，體積比地球大兩倍到四倍（海王星是地球的四倍大），其餘則與地球附近的行星毫無相似之處。現在天文學家只要一發現小行星，就會馬上設法確認它屬於哪一類別。這就好比生物學家在發現某個新物種之後，也會立刻確認牠究竟屬於哺乳類或爬蟲類。不過有一點倒是挺神祕的：這兩類行星在太空中似乎隨處可見，但為何咱們的太陽系裡偏偏就是沒有呢？

流浪行星

「流浪行星」（或稱「星際行星」）是截至目前為止所發現最奇特的天體。它們不繞行任何恆星，漫遊在星系中。這類行星大概源自某恆星系，卻因

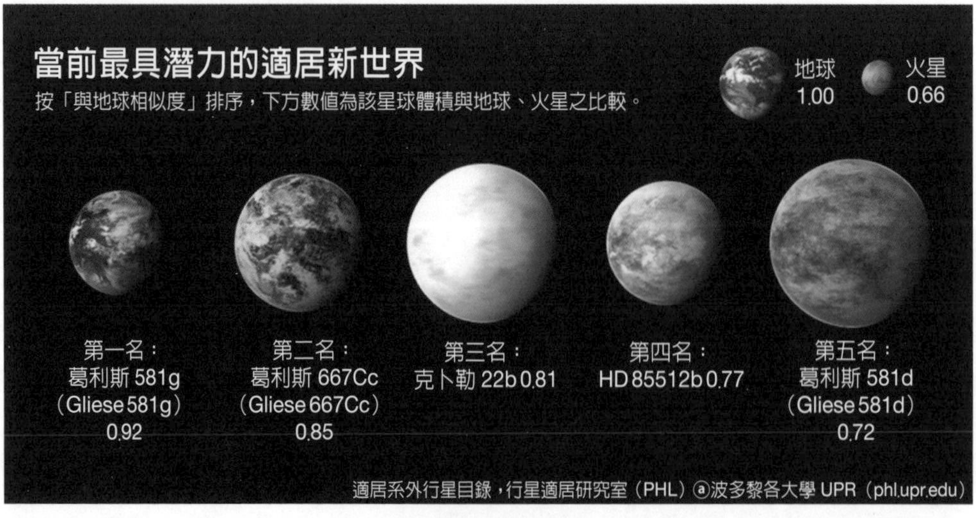

圖八：環繞其他恆星運行的「超級地球」及其與地球的相對大小。

為太靠近木星大小的系外行星而遭拋出外太空。誠如先前所述，這些巨如木星的大行星通常以橢圓軌道繞行，又或者以螺旋軌跡朝母恆星移動。於是乎，這類巨行星的軌道似乎與其他較小的行星軌道交錯，導致流浪行星的數目說不定比正常行星還要多出許多。事實上，根據某些電腦模擬結果，我們這個太陽系在數十億年前大概也扔過十來顆流浪行星。

由於流浪行星附近通常沒有光源、本身也不發光，若要追蹤或鎖定它們，看似希望渺茫。不過，天文學家利用「重力透鏡」技術找到了一些流浪行星。這種技術非常精確、時機亦相當稀罕，因為它需要背景恆星、流浪行星與地球上的觀測儀三者排成直線才行。因為如此，天文學家必須掃過數百萬顆恆星，才能偵測到極少量的流浪行星。幸好，這個程序可以利用電腦自動設定，讓電腦代替天文學家執行搜尋作業。

到目前為止，約莫已確認二十顆可能的流浪行星，其中一顆離地球僅七光年遠。不過，近期由日本天文學家主導的一項研究，顯示在檢視過五千五百萬顆恆星之後，他們發現更多可能的候選流浪行星，數目提升至四百七十顆。這群科學家估計銀河系內恆星與流浪行星的比例大概是一比二。還有一些天文學家推測，流浪行星的數目可能遠超過正常行星，差距甚至可能高達上萬倍。

流浪行星上可能存在我們所知的生命形式嗎？這個難說。流浪行星可能像木星或土星一樣，擁有多顆冰封的衛星。假使如此，潮汐力可能使冰層融化成海洋，即可能誕生生命。不過，除了陽光和潮汐力之外，流浪行星還有第三種產生能源的可能形式，藉此孕育生命——那就是「放射能」。

在此帶各位短暫回溯一下科學史，或有助於描繪這個概念。十九世紀晚期，物理學家克爾文勛爵（Lord Kelvin）曾簡單計算，顯示地球自誕生以來已持續降溫數百萬年，最後可能結冰永凍、不適合生命繁衍。這項結果引爆物理界與生物學家、地質學家之間的論戰，因為後兩者堅稱地球已為數十億年那麼老了。後來，瑪麗·居禮與幾位科學家發現「放射性」（或輻射），證明物理學界認知有誤。居禮等人發現的放射性是一種核作用力（nuclear force），源自地球核心某些半衰期極長的放射性元素（如鈾），這種放射能可維持地核熱度，歷時數十億年不退燒。

因此天文學家猜測，流浪行星內部說不定也有放射核心，令其相對保溫。這表示放射核不但能產生熱能、形成溫泉，也能在海洋底部形成火山，進而創造能組成生命的化學物質。有鑑於此，假如流浪行星當眞數量繁多（某些天文學家深信如此），那麼，星際間最有可能發現生命的地方或許就不是恆星適居帶，而是這些流浪行星與它們的衛星了。

古怪行星

天文學家另外也在研究一大群行徑教人吃驚的行星，其中有些甚至顚覆分類定義。電影《星際大戰》的「塔圖因星」（Tatooine）繞著兩顆恆星旋轉。有些科學家對此嗤之以鼻，因為如此一來，行星軌道會變得不穩定、最後可能墜向其中一顆恆星。然則天文學上卻有行星繞行三顆恆星的紀錄，譬如南門二的「三合星」系統就如此，甚至還發現由兩組雙星互繞組成的「四合星」系統。

此外，天文學家也發現顯然由「鑽石」組成的行星。這顆星星名叫「巨蟹座五十五 e」（55 Cancri e），體積約莫是地球的兩倍，卻足足有地球的八倍重。二〇一六年，哈伯太空望遠鏡成功分析巨蟹座五十五 e的大氣組成，而這也是人類首度分析系外岩石行星的大氣層。偵測結果顯示該星大氣含氫、氦，但無水蒸氣。後來，科學家又發現這顆星含有大量的碳，約占行星總質量的三分之一，且該行星異常滾燙，溫度高達攝氏五千一百多度。某理論假設，巨蟹座五十五 e核心的超高溫高壓說不定足以造出一顆「鑽石星」。不過，就算巨蟹座五十五 e當眞存在這些閃亮亮的沉積物，這顆星卻足足離我們四十光年遠。要想開採這些鑽石，目前仍完全超出人類現有的能力與技術。

天文學家還找到一些可能有水、或可能有冰的星球，不過這種情況不算太意外。據信，咱們這顆行星在形成初期也一度覆蓋冰層，宛如一顆大雪球，而在冰河期消退的其他時期，地球則處處橫遭洪水肆虐。二〇〇九年發現的「葛利斯１２１４b」（Gliese 1214b），科學家判定為可能有水存在的六顆系外行星之首，離地球四十二光年，體積是地球的六倍。它在適居帶以外，繞行母恆星的距離卻比地球繞太陽的距離近七十倍。葛利斯１２１４b的溫度可能高達攝氏兩百八十度，所以大概不存在我們熟悉的生命形式。不過，科學家趁著葛利斯１２１４b凌越母恆星期間，利用多種濾鏡分析穿過該行星大氣的散射光，確認大氣中含有可觀的水。不過，由於葛利斯１２１４b的溫度和壓力與地球不同，該星球的水可能與我們熟悉的液態水略有差異。或許葛利斯１２１４b其實是顆「蒸氣行星」。

此外，我們對恆星也有了進一步的驚人見解。科學家一度以為，咱們這顆澄黃太陽在宇宙中極為普遍。但現在天文學家相信，發出微弱光芒、亮度僅太陽的數分之一且肉眼幾乎不可見的「紅矮星」，才是宇宙最常見的恆星種類。據估計，銀河系裡的恆星約八成五是紅矮星。恆星體積越小，消耗氫燃料的速度就越慢，發光的時間因此更為長久。紅矮星大概還能繼續存活數兆年，比咱們太陽的「百億歲」長壽多了。毗鄰星b和修道院星系也都和紅矮星有關，不過或許我們不該覺得意外，因為這類星系組合的數目有若恆河沙數。從這個結果看來，紅矮星周圍說不定可名列「最有希望找到更多類地行星」的重要區域之一。

銀河系普查

克卜勒太空望遠鏡至今已調查過相當大量的銀河系內行星，足以交出一份粗略的普查報告。資料顯示，你我所見的每一顆恆星，周圍大概都有某一類的行星繞著它轉。銀河系大約有兩成的恆星都像太陽一樣，擁有大小跟地球差不多、且位於適居帶內的類地行星。由於整個銀河系粗估有一千億顆恆星，故也就是說，咱們的後院裡大概還有兩百億顆類地行星。事實上，這個數字只是保守估計值，實際數字可能高出許多。

不幸的是，克卜勒太空望遠鏡在陸續傳回像山一樣高、足以改變人類設想宇宙方式的大量數據後，功能漸漸失常。克卜勒的某座陀螺儀於二〇一三年故障，自此再也無法鎖定行星。

不過，科學家仍持續規畫更多太空任務，期望能持續提升我們對系外行星的認識。「凌日系外行星巡天衛星」（Transiting Exoplanet Survey Satellite，ＴＥＳＳ）計畫於二〇一八年發射升空。ＴＥＳＳ與克卜勒不同，它將掃巡整片天空，於首階段的兩年期內檢視二十萬顆恆星，集中研究亮度三十倍、甚至百倍於克卜勒當年搜尋的恆星，同時調查在太陽系所在區域內所有可能的超級地球、或大小跟地球差不多的行星（天文學家預期總數上看五百顆）。不僅如此，預計取代哈伯太空望遠鏡的「詹姆斯韋伯太空望遠鏡」可望於短期內正式啓用，應該能取得這些系外行星的實際影像。

未來，尋找類地行星可能是星艦任務的首要目標。既然人類正處在深入探索系外行星的分界線上，眼前有兩大要務亟待研究勘查：一是依循既有的生物條件及模式，在外太空延生續命。二則是尋找太空中的其他生命形式。為此，我們必須先回過頭來，瞧瞧你我生存的地球，了解該如何加強自身條件，迎接新挑戰。我們或許得改造自己、延長壽命、調整生理機能或甚至修改遺傳因子，透過微生物學產生新發現，同時也得面對強化或促進系外行星文明的可能性。誰會在外太空等待我們？對人類而言，這些外星際遇又象徵何許意義？

第三部

永存宇宙

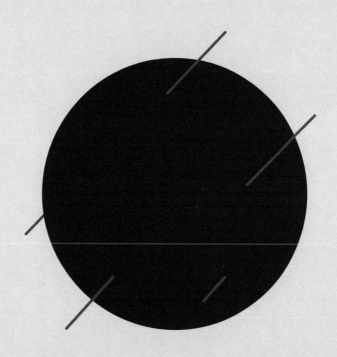

第十章 永存不朽

不朽的生命無恤於跨越宇宙的亙古時光。

——英國皇家學會天文學家馬丁・里斯（Martin Rees）

電影《時空永恆的愛戀》（*The Age of Adaline*）描述一名一九〇八年出生、遇上暴風雪而凍死的美國女子艾德琳，「幸運」被一道不尋常的閃電擊中，因而重獲新生。這場古怪際遇改變了她的DNA，她也神祕地停止老化。

因為如此，當朋友和摯愛相繼老去，她卻依舊年輕。迷信與謠言不可避免地隨之襲來，她也被迫離開家鄉。無限青春並未令她雀躍，反倒使她離群索居，鮮少與人來往。對她而言，長生不老並非天賜的禮物，而是詛咒。

後來她突遭車禍，性命垂危。在救護車上，電擊器的電流不只救活了她、也使她脫離不朽。失去永生並未令她悲嘆哀泣，發現第一根白髮更令她滿心歡喜。

雖然艾德琳最後拒絕了永生，不過科學倒是大步逆勢前進，在理解「老化」方面取得不少重大進展。心繫深空探索的科學家們對這項研究十分感興趣。由於星辰之間的距離太過遙遠，星艦啓航後少說得花好幾世紀才能走完旅程，因此從打造星艦、熬過航向遙遠行星的漫長旅程、終而在目的行星安頓定居，大概需要好幾輩子的時間吧。為了撐過這趟旅程，我們勢必得打造可供好幾世代生存的星艦系統，或讓太空人及探索先鋒們暫停生理活動，又或者延長他們的壽命。現在就來瞧瞧這幾種可能促成人類星際旅行的方法吧。

多世代星艦

假設我們眞的在外太空發現地球的孿生兄弟，而且那裡還擁有含氮含氧的大氣層、液態水、岩石核心，就連大小都跟地球差不多，看起來確實是個理想候選地點，結果這時你卻發現，這顆孿生地球竟然在一百光年之外。這表示我們的星艦不論是以核融合引擎或反物質引擎推進，都需要兩百年才可能抵達目的地。

如果一個世代約略以二十年計算，這表示將有十個世代的人類誕生在星艦上，而星艦將是他們唯一孰悉且了解的家園。

雖然這個主意看來有點嚇人，不過各位可以設想一下中世紀的建築大師與其傑作：他們設計宏偉莊嚴的大教堂，深知自己根本不可能活著目睹鉅作完工，但大師明白，總有一天他們的子孫必將歡慶教堂落成。

另就是「人類大離散」（Great Diaspora）。人類約在七萬五千年前離開非洲，向外尋找新家園。那時他們或許早已知曉，這趟尋覓之旅大概得花上好幾世代才能完成。

因此，多世代旅行並不是全新且陌生的概念。

不過，星艦旅行本身還是有許多不得不面對的問題。首先是必須非常謹慎控管搭乘人數，每艘船至少兩百人，如此才能維持種族繁衍。人口數目也須持續監控，用以維持相對穩定的人數，不致耗盡資源。就算是再輕微的偏差，延續十代之後也可能引發人口過剩或不足，進而威脅整個任務。因此我們可能需要透過群殖（clone）、人工受精、試管嬰兒等多種不同方式，循時維持人口穩定。

其次是嚴密監控資源。糧食與垃圾必須持續回收再利用，任何東西都不能浪費。

此外還有疲乏、厭倦等心理問題。譬如，住在小島上的人常會抱怨「一輩子都窩在島上」，內心充滿強烈的幽閉恐懼，極度渴望離開小島、探索新世界。解決方案之一是利用虛擬實境技術創造美妙的想像世界，透過先進的電腦科技模擬眞實。另一種可能做法是創造目標或舉辦競賽、指派工作或任務，使其擁有人生目標與方向。

再者，星艦社群內部也會有不少決策問題，譬如分配資源和責任義務。因此星艦上必須以民主方式選出某種團體，負責監督星艦的日常運作。不過這也將導致另一種不確定的可能性：那就是後代子孫可能不願完成原始任務，或某個充滿魅力、善於蠱惑人心的政客可能全面掌控星艦，推翻原本的民主體系。

不過還有一種方法可以徹底規避前面提到的諸多問題：暫停生命。

現代科技與老化研究

電影《二〇〇一太空漫遊》中，乘坐巨型太空船前往木星的太空組員全部冷凍在休眠艙內，熬過這趟艱難旅程。他們的身體機能全部降為零，不會產生任何多世代星艦可能發生的複雜問題。由於乘客全數處於冷凍狀態，故負責設計任務的單位無需擔心太空人大量消耗資源、也不用煩惱維持族群數穩定等問題。

但是就現實而言，這種設定有可能發生嗎？

任何曾在北半球度過冬季的人都曉得，魚和青蛙常被凍在冰塊裡，待春天來臨、冰塊融解，牠們會再度活蹦亂跳，彷彿什麼事也沒發生過。

正常來說，我們以為冰凍過程會殺死這些動物。若降低血液循環溫度，細胞內會開始出現冰晶且逐漸擴散，刺破細胞膜並延伸至細胞外，最後極可能壓碎或碾碎細胞。不過大自然只用一個簡單方法就解決了這個問題：抗凍處理。冬季期間，我們會在汽車水箱加入抗凍劑，降低水的凝固點（冰點）。同理，大自然以葡萄糖為抗凍劑，降低血液的凝固點。因此儘管動物被封入冰塊內，血管中的血液仍保持液態，依舊能維持基本生理機能運作。

但是對人類來說，高濃度的血糖反倒有毒，可能害死我們。因此科學家透過名為「玻璃化」（vitrification）的程序測試多種化學抗凍物質，原理是結合不同的化學物質以降低凝固點，阻止冰晶形成。這法子聽來奇妙，但目前得到的結果有些教人洩氣。玻璃化常伴隨副作用，而實驗室使用的化學物質大多具有毒性，甚至可能致命，因此至今還沒有人曾經被凍成冰塊，復又解凍、活著向世人描述這段經歷，故我們離「暫停生命」這個目標還有好長一段路要走。（不過這依然阻止不了企業家貿然宣傳，宣稱這是「騙過死神」的好方法。他們表示，致命重症患者可將身體冷凍處理，靜待數十年後、該病症已可治癒之時，再將他們解凍復甦，當然少不了一筆可觀費用。可惜目前沒有任何實驗數據支持這套方法，無法證明其確實可行。）科學家希望，他們能在不久的將來解決這些技術問題。

所以就理論而言，為因應超長程旅行衍生的諸多問題，暫停生命或許是理想解決方案。儘管今日在實務上仍不可行，此法在未來仍可能會是延長壽命、熬過星際任務的主要方式之一。

話說回來，暫停生命並非毫無問題。若航程途中發生意外，譬如星艦遭小行星撞擊，勢必需要有人修復受損的艦體。初期或能仰賴機器人執行，但若受損嚴重，說不定就需要人類的經驗和判斷。換言之，此時必須臨時喚醒星艦成員中的工程師。但是，倘若艦體受損的程度需要立即人為介入，喚醒程序卻極為冗長繁複，這個救急選項也可能成為任務致命傷。因此到頭來說不定還是需要一小群工程師在艦上延續後代，隨時警醒待命度過整趟旅程。

群殖登場，開啓新頁

星系移民的另一建議選項是將含有人類DNA的胚胎送出外太空，冀望這群胚胎有一天能在某個遙遠終點再度活化重生。[55] 又或者，我們也可以直接送出DNA密碼，再用這些密碼創造新人類。（這是DC電影《超人：鋼鐵英雄》提到的法子。雖然超人母星「氪星」爆炸了，但氪星人已先行進化，在母星爆炸前完成整個氪星族群的基因定序工程。按照氪星人計畫，這些基因訊息可發送至地球這一類的行星，然後再利用這些DNA訊息重塑原種氪星人。但唯一的問題是，這種做法勢必涉及占領地球、清除人類。因為，不幸的是：人類是氪星人接管地球的絆腳石。）

群殖這套方法有其優勢。群殖不需要巨大星艦乘載類似地球的人工模擬環境和維生系統，只要移植DNA就行了。就算是再大的人類胚胎儲存槽，也能輕輕鬆鬆塞進一般的火箭飛行器內。其實科學家早就想過，這件事說不定在亙古以前就發生過了：也許某「前人類」種族曾經把他們的DNA撒布至我們這個區域的銀河系，讓人類有機會崛起繁衍。

不過群殖倒是有幾項缺點。目前還沒有成功複製群殖人類的例子。事實上，至今尚無人成功複製過靈長類。這項技術還未先進到足以做出複製人，但未來不無可能。若眞如此，我們或許能設計機器人來製造、照顧這些複製人。

更重要的是，胚胎再活化或許能造出和你我一模一樣的複製人，但他們不會擁有我們的記憶、也沒有人格。這群人會是白紙一張。若想以群殖方式傳送完整記憶與人格，這部分亦完全超出人類目前的能力範圍。假如此法當眞可行，這項技術同樣也得耗費數十年或數百年時間，才有可能順利開發出來。

但是，比起冷凍人體或胚胎群殖，或許還有一種方式能讓人類減緩或甚至暫停老化程序，完成星際旅行。

尋覓不朽

在文學作品中，尋覓或思索永生可謂最古老的主題之一，最早可追溯到《吉爾迦美什史詩》（*The Epic of Gilgamesh*）這部近五千年前的作品。史詩記述蘇美時代（Sumerian）英雄在追求崇高理想這一路上的種種英勇行為。他歷經冒險、也有奇遇，其中包括遇見和諾亞一樣、曾目睹大洪水肆虐的人物。這趟漫長旅程的目標乃是探索永生的奧祕。《聖經》中的亞當、夏娃因違背神的旨意，偷吃象徵知識的果實而被逐出伊甸園。上帝之怒乃因人類可能利用這些知識獲得永生。

人類著迷於永生不朽已有長久的歷史。綜觀人類史，嬰兒大多死於誕生之時，而倖存者則經常處於飢餓狀態。傳染病散布如野火燎原，因為古人常常窗門一開、就把廚餘穢物直接往外倒。在當時，目前你我熟知的下水道和衛生設施根本不存在，大城小鎮惡臭不已。醫院（假如眞有這種地方）是收留窮人和死人的地方，唯有一無所有、貧困至極的人才會聚集在這裡，因為富人有能力負擔私人醫療。然而富人也是疫病的受害者，他們的私人醫生也只比江湖郎中好一點點而已。（某中西部醫師曾逐日記錄他探視病人的點點滴滴。這名醫師坦承，他的黑色手提包裡其實只有兩樣東西有用，其餘全是騙人玩意兒。這兩樣分別是鋸子和嗎啡——前者用來截斷受傷或染病的壞肢，後者能緩和截肢時的劇痛。）

一九〇〇年，美國官方記載的國民平均壽命為四十九歲。後來有兩項革命讓這個數字足足往上加了二十年。第一是改善衛生條件：提供清潔飲水、清運垃圾，協助清除某些極惡性傳染病和黑死病。光是這部分就延長了十五年的壽命。

另一項則是醫藥革命。咱們的祖先大多活在古老疫病宛如中世紀寓言的奪命恐慌中（譬如牛結核、天花、痲疹、小兒痲痺、百日咳等等），這點不難想像。不過，戰後時期，抗生素與疫苗大量消滅了這些疾病，人類自此另添十年壽命。

在這段期間，醫院的名聲有了明顯變化：醫院成為提供醫療、治癒疾病的地方。有鑑於此，現代科學當真能解開老化的奧祕，漸緩或甚至暫停生命時鐘，使人延年增壽至幾近無上限的程度？

人類自古即追尋永生，但與過去不同的是，地球上最富有的幾個人已開始關注這項議題。事實上，矽谷企業家正投入數百萬美元資金，齊力對抗老化。藉網路串連世界已無法滿足這群人，他們接下來的目標是活得長長久久、永保青春。Google共同創始人謝蓋爾・布林（Sergey Brin）一心只想「治療」死亡。布林領軍的生技公司Calico預計砸下數十億美元，與醫藥公司AbbVie聯手對付這道難題。「甲骨文」(Oracle)的共同創辦人賴瑞・艾利森(Larry Ellison)則認為，他「無法理解」人為何要「認命」，接受自己壽命有限？PayPal共同創辦人彼得・提爾（Peter Thiel）自認不貪心，只想活到一百二十歲。而俄國網路鉅子迪米崔・伊茲可夫（Dimitry Itskov）期望活個一萬年。有了布林等人的金援、再輔以科技創新，說不定我們終能火力全開、傾盡現代科學的洪荒之力解開此一亙古奧祕，延長人類壽命。

近來，科學家陸續揭露老化最深奧的祕辛。在歷經數百年的初階失敗後，目前有幾套可信亦可驗證的理論，看來頗具希望。這幾套理論主要與熱量限制、端粒酶（telomerase）及老化基因等因素有關。

前述三者中，唯一經驗證、確實可延長動物壽命（有時甚至延長一倍）的是「熱量限制法」。意即嚴格限制動物自飲食攝取的熱量。

一般而言，少攝取三成熱量的動物，其壽命會延長百分之三十。這項結果已在酵母菌、蠕蟲、昆蟲、小鼠大鼠及犬貓獲得廣泛驗證，目前又多了靈長類。事實上，這也是目前科學家唯一普遍接受、經受試動物驗證可改變生命長度的概念。（唯一尚未測試驗證的主要物種就是「人」。）

該理論陳述，野生動物大多處於近飢餓狀態，在食物豐足時期，這些動物會在限度內運用能量以繁衍後代。然若「時機歹歹」，牠們會進入類似冬眠狀態，保留體能、度過飢荒。減少餵食量能誘發動物體內的次級生物反應，使牠們活得更為長久。

不過，熱量限制法的問題在於動物會變得倦怠萎靡、行動遲緩且失去性慾，而且要我們少吃三成熱量，大部分的人應會有所猶豫或不情願吧。因為如此，製藥產業努力想找出主導這個程序的化學物質，冀望能在不誘發明顯副作用的前提下，強化熱量限制的威力。

近來，科學家發現一種名為「白藜蘆醇」（resveratrol）的化學物質，看起來前途無量。白藜蘆醇最初從紅酒分離而來，有助於活化「抗衰老分子」（sirtuin）。上述這種分子能減緩氧化過程，而老化的主要機制正是氧化，因此這種分子或能保護生物體不受老化相關因子侵害。

我曾經訪問麻省理工學院的雷納德・夸倫特（Leonard P. Guarente），他是率先揭露這類化學物質與老化有關的研究人員之一。眼見有一群「飲食追風主義者」（food faddists）將白藜蘆醇等物質奉為青春之泉，夸倫特大感訝異。他懷疑這些玩意兒是否真有如此神效，但仍抱持開放態度。他認為，假使有一天當真找到治療老化的方法，白藜蘆醇等化學物質可能扮演某種重要角色。他甚至找人合夥成立「極樂健康」（Elysium Health）公司，探索這方面的可能性。

造成老化的另一條可能線索是「端粒酶」，這種酵素協助調節我們的生理時鐘。細胞每分裂一次，染色體尖端的「端粒」就會短一截。最後，待細胞進行五十至六十次分裂程序後，端粒會短到消失不見，染色體也因此瓦解，細胞於是進入衰老狀態，不再正常運作。這個細胞分裂的次數上限有個正式名稱，即「海佛列克極限」（Hayflick limit）。（我曾訪問李奧納德・海佛列克博士〔Leonard Hayflick〕並向他請教：會不會有人成功反轉這個極限，找到治癒死亡的良方？他聞言哈哈大笑。博士極度懷疑有這種可能性。他明白這個生物極限是老化的基礎，不過後續影響還在研究中。但由於老化是一種複雜的生化程序，涉及許多不同反應路徑，所以要想改變人類在這方面的極限，說實話還早得很呢。）

諾貝爾得主伊莉莎白・布雷克本（Elizabeth Blackburn）樂觀多了。她說，「包含基因、遺傳學在內，所有跡象都顯示，老化帶來的惱人問題和端粒酶存在某種因果關係。」[56]她發現端粒變短和某些疾病有直接關係。譬如，若你的端粒很短，以長度來說的話，要是排在全人口的後三分之一，那麼你罹患心血管疾病的機率會比一般人高出百分之四十。「就許多可能致命的疾病而言，」她總結道，「端粒變短這件事似乎對致病風險具有重大影響……譬如心臟病、糖尿病、癌症或甚至阿茲海默症這類病症。」

科學家近來持續拿端粒酶做實驗。率先發現端粒酶的布雷克本和同事發現，端粒酶能防止端粒變短。端粒酶能相當程度地「暫停時鐘」。浸泡在端粒酶液中的皮膚細胞能無限分裂，次數遠遠超出海佛列克極限。有一回，我訪問邁克・韋斯特博士（Michael D. West），當時他還在生技製藥研發公司Geron工作（Geron Corporation）。韋斯特博士做的就是端粒酶研究。他表示，在實驗室環境下，他能讓皮膚細胞「永保青春，長生不老」。（這讓「永垂不朽」一詞有了截然不同的新意義。）博士實驗室裡的皮膚細胞能分裂數百次，而不只是五十或六十次。

不過必須清楚表明的是：應用端粒酶時必須非常謹慎、小心調節控制，因為癌細胞也同樣永生不滅——它們正是利用端粒酶來獲得這份能力。其實，癌細胞和正常細胞最主要的區別之一就是前者能無限制分裂、不會凋零，終而形成致命腫瘤。因此癌變可說是端粒酶應用最不受歡迎的副產物。

老化基因

要想打敗老化，還有另一種可能：操縱基因。

老化深受基因影響，這點不言自明。蝴蝶自蟲蛹羽化之後，僅能再存活幾天或幾周。實驗室常用的小鼠最多通常只有兩年壽命。犬老化的速度是人類的七倍，且平均歲數不超過十歲。

放眼動物界，我們也能找到壽命長得難以計算的物種。二〇一六年，《科學》（*Science*）登出一篇「格陵蘭鯊平均壽命達兩百七十二年」的研究報告，遠遠超過露脊鯨的兩百歲，一躍成為最長壽的脊椎動物。科學家分析鯊魚眼睛的「層狀組織」（這種組織會隨年齡增長，像洋蔥一樣層層堆疊），據此估算年齡，結果發現有隻鯊魚高齡三百九十二歲，還有一隻說不定已活了五百一十二年。

所以，物種不同，基因組成也不同，導致壽命長短差異極大。即使就算是基因組合幾乎完全相同的人類，相關研究亦反覆呈現同一傾向：雙胞胎或血緣關係相近的人，壽命相近。若以隨機抽樣進行比較，差異相當大。

若老化至少有某一部分由基因主導，那麼關鍵就是找出控制老化的基因。我們可以從幾個方面著手。

最有希望的做法是分析年輕人的基因，再與老年人的基因互相比較。透過電腦比對，科學家能迅速挑出老化導致基因受損的部位。

舉例來說，老爺車最容易損壞的通常是引擎，氧化、磨損及高速運轉要負最大責任。而「粒線體」堪稱細胞引擎，可氧化醣類、提取能量。詳細分析粒線體DNA，發現毛病確實都出在這兒。於是我們希望，有一天，科學家能利用細胞本身的修復機制，順利逆轉粒線體內長期累積的毛病，進而延長細胞的可利用壽命。

波士頓大學的湯姆．伯爾斯（Thomas Perls）在分析多位人瑞的基因後，便提出了假設，他認為有些人天生就是活得比較久。伯爾斯找到兩百八十一個似乎能減緩老化程序的基因，不知為何，這些基因確實也讓人瑞比較不容易生病。

老化機制正緩緩揭曉答案，許多科學家對此抱持審慎樂觀的態度，認為在未來數十年內，人類有可能以控制老化。[57]研究顯示，老化其實並不複雜，顯然就只是細胞內的ＤＮＡ累積太多毛病罷了。因此或許有一天，我們可以重新設定這些ＤＮＡ、或甚至反轉這些損害。（事實上，幾位哈佛大學教授對他們的研究感到相當樂觀，甚至還成立公司，期盼能為正在實驗室進行的進階研究挹注資金。）

因此，針對「我們能活多久」這個問題，基因的重要性無庸置疑。但其他相關問題亦隨之而來：我們要如何辨認參與老化過程的基因、排除環境影響、進而調整這些基因？

頗具爭議的老化理論

老化最古老的神祕傳說之一，是只要喝下年輕人的血或吸取其靈魂，就能青春永駐，彷彿「青春」是可以轉移的，跟吸血鬼故事描述的一樣。至於神話中的美麗生物「魅魔」（succubus），則是透過親吻——親你一下、順便吸取你體內的「青春」，即可青春永駐，永不衰老。

現代研究指出，「轉移」這個核心概念搞不好真有其事。一九五六年，康乃爾大學生化學家克里夫．麥凱伊（Clive M. McCay）把兩隻大鼠的血管縫在一起（一隻垂垂老矣，一隻年輕有活力）。結果麥凱伊相當驚訝地發現，老老鼠看起來竟然越變越年輕，而年輕老鼠正好相反——越來越老。

數十年後，哈佛大學的艾咪．華格斯（Amy Wagers）於二〇一四年重新檢驗這項實驗。令她訝異的是，她在小鼠身上也發現相同的「返老還童」效應。後來她分離出一種名為「ＧＤＦ11」的蛋白質，ＧＤＦ11似乎是主導這個過程的操盤手。這項實驗結果意義非凡，因此《科學》將其選為該年最具突破性的十篇論文之一。不過從那次令人吃驚的論文發表以來，其他團隊多次嘗試複製這項實驗，結果卻彼此分歧。因此，ＧＤＦ11能否做為眾人尋尋覓覓的抗衰老重要武器，目前狀況未明。

另一項頗受爭議的研究則與人類生長激素（HGH）有關。這門題目掀起一陣狂熱，但支持HGH抗老功效的相關研究結果大多不可信賴。二〇一七年，以色列海法大學（University of Haifa）執行一項樣本數超過八百人的重大研究，卻發現完全相反的證據：HGH實際上可能會縮短、而非延長人類壽命。不僅如此，另一項研究也指出，因遺傳變異而導致HGH濃度下降者，說不定能活得更久。因此HGH可能會造成反效果。

這些研究給我們上了一課。過去貿然宣稱、喧騰一時的抗老機制，總在進一步分析後銷聲匿跡。今日的科學研究要求所有實驗結果都必須經得起測試、具有再現性和可證偽性，這幾項特質都是「眞科學」的必備要素。

新近誕生的新興科學「生物老年學」（Biogerontology）旨在探索老化過程的奧祕，近年研究成果呈現爆炸性的活躍狀態，陸續分析出林林總總頗具研究前景的基因、蛋白質、生化作用和化學物質，包括FOXO3基因、DNA甲基化、mTOR蛋白、胰島素生長因子、RAS2基因、阿卡波糖（acarbose）、二甲雙胍（metformin）、α雌二醇（alpha-estradiol）等等。這每一項都引起科學家極大的興趣，但目前都僅有初步結果。究竟哪一條路才是最佳抗老途徑的保證，時間會給我們答案。

「尋找青春之泉」這個一度屬於神祕學、江湖術士、庸醫郎中的領域，如今卻吸引全球頂尖科學家競相解謎。雖然他們還沒找到治療老化的方法，但已掌握不少相當有希望的研究方向。現在科學家已經能延長某些動物的壽命，不過這套程序能否順利轉移到人類身上，眾人拭目以待。

儘管科學進展突飛猛進，但是要想解開老化之謎，我們還有相當長的路要走。科學家說不定會結合前述其中幾種方式，終而找出能減緩或甚至暫停生命時鐘的方法。或許你我的下一代就能做出必要的重大突破。誠如傑拉德·薩斯曼（Gerald Sussman）喟歎：「我認為時機還沒到，但很接近了。只可惜，我怕我這一代會是自然死亡的最後一代了。」[58]

永生不朽另面觀

艾德琳或許後悔收下永生這份禮物，而她大概也不是唯一有這種想法的人。不過還是有許多人想停下老化的腳步。進藥局轉一圈，你會發現一排又一排宣稱能反轉老化機制的保養品。可惜，這些騙人玩意兒，全是紐約麥迪遜大道那些想像力過熱的廣告人幹的好事，他們意圖誘人掏錢買下各種神奇藥水。（據許多皮膚專科醫師所言，這些「抗老化保養品」中真正有效的只有潤膚霜。）

在我主持BBC的某種電視特輯中，我來到紐約中央公園，隨機訪問幾位路人。我問：「要是我手上有一瓶『青春泉水』，你想不想喝？」驚人的是，我訪問的每一個人都拒絕了。許多人回覆我，老化死亡是很正常的事。有生就有死，死亡也是人生的一部分。然後我來到一間安養院，那裡有許多人正在承受老化帶來的痛苦和不適。其中不少人開始出現老人痴呆的病徵，漸漸忘記自己是誰、身在何處。我問這些老人家是否願意喝下青春泉水，他們全都渴望地說：「我願意！」

人口過剩

要是我們成功解決老化問題，接下來會發生什麼事？[59] 當人類終於能停止老化（假使成真），那麼地球與星辰之間的浩瀚距離，看起來就不會太令人氣餒了。永生之人眼中的星際旅行可能和你我截然不同。打造星艦、航向外星所需耗費的大量時間，在他們看來可能只是小阻礙。正如同我們會累積休假、然後一次放個超級大長假。同樣的，永生之人說不定也會把造訪星辰所需的數百年等待，視為某種無關痛癢的小小困擾。

不過我必須指明一件事：永生不朽可能造成另一個無心後果——也就是人口過剩的地球。這會給地球的資源、糧食及能源帶來極大壓力，最後導致電力不足、大規模移民、糧食爭奪與國際衝突。因此永生不朽也許不會為人類開啓「寶瓶座年代」（Age of Aquarius），而是點燃新一波的全球戰事。

話說回來，這些因素也可能有助於加速地球人口大量外移，為那些已經厭倦地球人口過剩、過度污染的探索先鋒們，提供另一處安全平靜之地。屆時或許有人會像艾德琳一樣，認為永生不朽雖名為禮物，實為詛咒。

但是，我們擔憂「人口過剩」是否實際且有必要？它當真會威脅人類生存嗎？

綜觀歷史，地球人口長期以來都維持在三億以下，但因為工業革命，全球人口在一九〇〇年已緩慢上升至十五億。目前全球已達七十五億人口，並且正以每十二年增加十億的數字成長。據聯合國估計，到了二一〇〇年，地球人口將逼近一百一十二億大關。我們總有一天會超過這顆星球的負荷量，勢必引發糧食危機和各種混亂，與英國人口學家托馬斯・馬爾薩斯（Thomas Malthus）一七九八年的預言如出一轍。

事實上，人口過剩也是某些人支持移民外星的理由之一。然若再細究這些議題，各位會發現人口儘管持續成長，其增加程度竟有趨緩之勢。譬如聯合國已數度下修相關預測值，其實就連許多人口統計學家也都預測道，等到二十一世紀末，世界人口會開始逐漸下降、或維持穩定。

為了解這些人口數字的統計變化，我們得先理解農人的世界觀。貧窮國家農人們的算法非常簡單：每一個孩子都能使他更加富有。孩子能下田幫忙，養活他們也不用花幾個錢。農村的吃住幾乎不算開銷。但是一遷入城市，算法徹底改變：每一個孩子都會使你越來越窮。孩子要上學，而非下田工作。你得去商店買食物餵飽孩子，但店裡的東西並不便宜。孩子得住在房子裡，而房子要錢。所以農夫一旦變成都市人，他只會想生養兩個、而非十個孩子。當農人進入中產階級，他會希望能稍微享受生活，而且可能只想要一個孩子。

即使是像孟加拉這類中產階級人數不多的國家，出生率亦緩慢下降。這是因為婦女教育程度提高所致。學者針對多個國家所做的相關研究，也清楚呈現某種模式：當國家開始工業化、城市化，年輕女孩也開始接受教育，該國的出生率即顯著下降。

不過也有人口統計學家認為，這是「一個世界、兩種故事」。一方面，貧窮國家的出生率持續上升，教育程度仍舊偏低。另一方面，有些國家在發展工業、生活更富裕之後，出生率反而降低，某些國家甚至限制生育。不管怎麼說，儘管眼前仍存在全球人口可能爆炸的威脅，實際上或許不如先前認為的那般勢不可免、嚴峻可怕。

有些分析家擔心，全球人口在短時間內就會超過糧食供應量。但也有分析家認為，糧食問題其實是能源問題。倘若能源充足，理應能增加產能和糧食產量，應付日漸增加的需求。

我曾在幾次不同場合，碰巧有機會訪問雷斯特．布朗（Lester Brown）。他是全球最頂尖的環境學者，也是知名機構暨地球問題智庫「世界觀察研究會」（Worldwatch Institute）的創始人。這個組織嚴密監控全球食物供應，也持續關注這個星球的多項議題。布朗不只擔心人口數字，他還擔心，假如地球人全都變成中產階級消費者，屆時能有足夠的糧食供應所需嗎？中國和印度的數億人口正同時邁向中產階級模式，他們看西方電影、試圖趕上或模仿這種生活方式。但所謂的中產階級生活方式卻是濫用資源、大魚大肉、住大房子、執迷於奢侈品……等等不盡其數。布朗擔心，現有資源可能已無法餵飽全部的地球人。如果大家還要採取西方人的飲食方式，更可謂雪上加霜。

布朗希望，貧窮國家在工業化的同時，最好不要走上西方的老路子，而是設法施行嚴格的環境法規以養護資源。這些國家能否對抗這些挑戰，就讓時間來證明吧。

現在我們了解，延緩或中止老化的相關研究進展，可能對太空旅行造成深遠影響。這項科技能創造出「不再視外星遙遠距離為重大阻礙」的新生命。說不定他們還躍躍欲試，願意花好些年打造並駕駛星艦，展開可能耗時數百年的壯闊旅程呢。

除此之外，改變老化過程雖可能使地球人口過剩的狀況加劇，地球人口卻也可能加速外移。假如人口過剩的問題嚴重到難以承受，說不定會成為外星移民決心離開地球的重要推手。

然而，若要討論這股趨勢會不會成為下個世紀的主流，現在還言之過早。不過，照目前解開老化謎題的速度來看，這些科技進展說不定會比原本預期的還要更快實現。

數位永生

除了生物學上的永生不朽，還有一種名為「數位永生」的不朽形式，掀起不少有趣的哲學思辨。從長遠來看，數位永生可能是探索外星最有效率的方式。若你我脆弱的生物軀體無法熬過星際旅行的長途煎熬，那麼還有另一種可能：將我們的意識傳送到外星去。

在嘗試重建家族譜系時，我們經常遇到一個問題：往前回溯三代之後，線索就斷了。除了留下後代，咱們為數眾多的祖先出生、然後死亡，沒留下半點痕跡。

但今日的我們倒是留下大量數位足跡。舉例來說，只消分析各位的信用卡交易紀錄，大概就能掌握你曾經造訪哪些國家、喜歡吃哪些食物、買哪類衣服、上過哪幾間學校，除此之外再加上你的網路貼文、網誌、電子郵件、影像照片等等，利用這所有資訊，我們大概能做出一幅你的全息影像——說話像你、動作像你，習慣癖好和記憶也全都來自於你。

有一天，人類說不定會成立一座「靈魂圖書館」。屆時我們可能不再需要閱讀邱吉爾的著作，而是與他交談。我們會和一尊投射影像對話，而這尊投影有邱吉爾的臉部表情、肢體動作和語調變化。這份數位紀錄能讀取他的生平、作品、政治觀點、宗教信仰和私人事務，故不管從哪方面來看，感覺都像在和他本人對話。我個人倒是想和愛因斯坦來一場這樣的對話，聊聊相對論。將來有一天，你的曾曾曾孫可能也能同你說上兩句。這也是數位永生的一種形式。

不過這眞的是「你」嗎？充其量只是擁有你的習慣癖好和生平細節的一座機器，或電腦模擬產物。反對這項科技的人會說：靈魂是不能化約成資訊記號的。

但是倘若有一天，科技能藉由神經元對神經元、一點一滴複製你的大腦，保存你所有的記憶和感受，屆時會發生什麼事？繼「靈魂圖書館」，數位不朽技術的下一步是「人腦聯結體計畫」（Human Connectiome Project，HCP），這個充滿企圖心的計畫打算將人類大腦全面數位化。

Thinking Machines 創始人丹尼爾・希爾斯（Daniel Hills）曾言：「我跟其他人一樣喜愛我的身體。但如果能活到兩百歲，而代價是換上一副矽製軀殼，那我願意。」[60]

心智數位化的兩種方法

關於人腦數位化，目前其實有兩套截然不同的做法。其一是瑞士的「人腦計畫」（Human Brain Project），該計畫打算寫出一套電腦程式，不藉由神經元、而是透過電晶體模擬人類大腦的一切基本特徵。截至目前為止，該程式已經能模擬小鼠和兔子為時數分鐘的「思考過程」。這項計畫的目標是造出一台能像人類一樣理智交談的電腦。計畫主持人亨利・馬克朗（Heney Markram）表示，「如果我們的做法正確，這台電腦應該會說話、有相當程度的智力，行為表現也會非常貼近人類。」

所以前述方法屬於電子式——運用電腦強大的運算能力，利用大量電晶體陣列複製人腦智能。不過，美國正在研究另一種並行方式，以生物學取代電子學，企圖完整描繪大腦的神經傳導路徑。

這項專案名為「大腦行動」（BRAIN Initiative，全名為「先進革新腦神經科技之人腦研究」〔Brain Research through Advancing Innovative Neurotechnologies〕），目標是按細胞逐步解譯人腦的神經架構，終而描繪人腦每一條神經元的傳導路徑。由於人腦粗估有一千億神經元，各神經元至少和上萬神經元相接，要想畫出所有神經元的詳細路徑圖，乍看之下實在希望渺茫。（就算是相對簡單的任務譬如繪製蚊子的大腦神經圖好了，要把數據資料燒製成光碟，光碟片的數量大概可以從地板堆到天花板、塞滿一整個房間。）不過，電腦和機器人倒是可以大大縮減這項乏味、費力工作所需要的時間和勞動力。

還有一種名為「大卸八塊」（slice and dice approach）的方法，是將人腦切成數千份切片、再用顯微鏡重組所有神經元之間的聯繫。史丹佛大學研究人員近來率先提出另一種速度更快、名為「光遺傳學」（optogenetics）的做法。光遺傳學涉及「視蛋白」（opsin），這是一種與視力有關的蛋白質。若拿光照射含有視蛋白的神經元，這種蛋白質的基因能使神經元瞬間發光。

研究人員利用遺傳工程，將視蛋白基因植入意欲研究的小鼠特定神經元，再用光照射某一區域的大腦，「啓動」涉及某肌群活動的神經元。接著讓小鼠進行特定活動（譬如兜圈子跑），於是研究人員就能透過這種方式，了解控制某特定行為類別的神經傳導精確途徑。

這個企圖心十足的計畫或許有助於解開精神疾病的祕密。精神疾患是人類目前所有疾病之中，最教人費心傷神的一種。透過繪製人腦神經圖，我們也許能找出它使人痛苦的源頭。（譬如你我都會無聲自言自語。在這種時候，控制語言功能的左腦會「知會」前額葉皮質，也就是大腦的意識區。但現在我們知道，思覺失調〔舊稱精神分裂〕患者的左腦會在未獲前額葉皮質「授權」的情況下，自行激發活化。由於思覺失調患者的左腦並未和前額葉皮質妥善聯繫，所以患者會以為腦袋裡的聲音是眞的。）

儘管人類擁有這些革命性的新技術，科學家或許還是得辛苦奮戰數十載，才能繪出詳細的人腦神經圖。不過，就算達成這一步（時間說不定就在二十一世紀末），我們就當眞能將意識上傳電腦、傳送到外星去嗎？

靈魂當真只是訊息？

如果肉身死了，但聯結體（神經網絡）繼續存在，那麼我們某種程度可說是獲得永生了嗎？如果心智能夠數位化，那麼靈魂就僅只是訊息嗎？假如我們能把大腦的所有神經迴路和記憶放進磁片，上傳至超級電腦，那麼這顆「上傳的大腦」其功能、反應是否也會跟真腦一樣？數位腦和真腦是否難以區別？

有些人相當排斥「數位腦」這個構想。因為，假如你把心智送進電腦，那麼你將永遠禁錮在這個貧瘠、了無生趣的機器裡。有人認為這種命運比死亡還糟糕。《銀河飛龍》就有一集描述一支超進化文明，那裡的外星人都把純意識存在「光球」裡。這支文明在亙古以前即放棄肉身，從此活在光球中，是以永生不朽。不過其中卻有一名外星人渴望再次獲得肉體，如此才能擁有真實的感覺和熱情，即使這代表他得強奪他人身體，他也不在乎。

對某些人來說，「活在電腦裡」聽起來不怎麼誘人，但這不代表你不能得到所有「活著」的真實感受、不能像人類一樣呼吸。雖然意識蝸居於主機深處，但它依舊能控制一尊長得和你一模一樣的機器人。你會感覺到機器人的所有感受，因此實際上幾乎等同擁有活在真實軀體內的感官知覺，說不定還有超能力呢。機器人看到、感覺到的一切都會傳回主機，與你的意識融合。因此，從主機控制機器人替身、和你實際「活在」化身裡的感覺，兩者幾無區別。

透過這種方式，你我就能探索遙遠星球了。各位的超人類化身能耐過熾熱高溫（譬如身處快被恆星烤焦的行星），也熬得住冰封衛星凍死人的低溫。星艦載著儲存你我聯結體的電腦主機，出發前往嶄新未知的恆星系。當星艦抵達合適的行星時，各位的分身就會被送上目標星球、盡情探索，就算行星大氣有毒也沒關係。

在心智或意識上傳這方面，電腦科學家翰斯・莫拉維克（Hans Moravec）設想出一種更先進的形式。某次我訪問他，他表示他設計的意識上傳方法甚至可以在人類清醒、有意識的狀態下進行。

首先，你得先躺上醫院推床，旁邊是機器人。接著，外科醫師會取出各位大腦中的神經元作範本，再利用機器人腦袋裡的電晶體製作複本，這些電晶體神經元和你的大腦將以線路相連。隨著時間進行，越來越多神經元從各位腦中移出、並且在機器人腦中形成複本。由於你的腦與機器人腦相連，因此就算有越來越多的神經元被電晶體取代，你的意識仍維持清晰。最後，在完全不失去意識的情況下，你的整顆腦子以及每一條神經元都被電晶體取代。一旦上千億神經元完成複製，你的腦子和人工腦之間的連結立即切斷。當你再轉頭望向一旁的推床，你會看見自己沒了腦子的舊軀殼，而你的意識已存入機器人體內。

但問題是，這個機器人真的是「你」嗎？對大多數科學家而言，假如機器人能複製你的所有行為、每一種姿勢手勢、完整保有你的記憶和習慣、且不管從哪方面來看皆與原來的你難以區別，那麼他們會說，這個機器人實際上就是「你」，無庸置疑。

星辰之間的距離如此遙遠，即使是離我們最近、就在隔壁星系裡的星星，也要花好幾輩子才到得了。因為如此，多世代星際旅行、延長壽命、尋覓永生也許都會在人類探索宇宙的過程中扮演相當重要的角色。

在尋求永生之外，眼前還有一個更為浩大的問題：不光是個人壽命，「人類」這個種族究竟該延續多長多久？若能修改人類的遺傳特質，說不定會蹦出更多可能性。鑒於「腦機介面」（brain-computer interface，BCI）與基因工程的快速進展，我們說不定能造出技能更多、潛能強化人體版本。將來有一天，人類說不定會進入「後人類」時代，而這種方法說不定就是探索宇宙的最佳方式。

第十一章 科技與超人類主義

外星人說不定擁有某種和念力、第六感（ESP）、永生不朽等超能力難以區別的能力……他們或許擁有看似神奇的能力……他們可能會是精神層面十分先進的生物，搞不好也已經解開屬於他們的量子謎題，有能力穿牆遁地。嗯，哇嗚，怎麼聽起來有點像天使呀？

——美國天體生物學家大衛．葛林斯朋（David Grinspoon）

電影《鋼鐵人》中，溫文儒雅的實業家東尼．史塔克（Tony Stark）穿著造型流暢的電腦化盔甲，裝載導彈、子彈、衝擊光、炸藥等等。這副盔甲讓脆弱的人類搖身變為力量強大的超級英雄，但眞正神奇之處，是布滿最新電腦科技的盔甲內面，讓盔甲直接與史塔克的大腦相連、受其控制。念頭一來，他馬上能像火箭一樣衝上雲霄，或者瞬間發射各式高強武器設備。

雖然《鋼鐵人》幻想成分居多，但現在我們說不定眞能造出一副這樣的裝置。

這不只是單純的學術活動，因為將來有一天，我們或許得應用神經機械學（cybernetics）來改變、強化人體，或者甚至必須修改遺傳組成，好在不友善的外星環境生存下去。「超人類主義」（transhumanism）已不再是科學的一門分支派別或某種邊緣運動。超人類主義說不定會成為人類永續生存不可或缺的一部分。

不僅如此，隨著機器人功能越來越強、甚至可能超越人類智能，我們說不定還得跟他們融合——或許還得面臨被自己創造的機器人取代的命運。

且讓我們來探討這方面的種種可能性。不用說，這部分肯定與探索宇宙、移民外星脫不了干係。

超強度

一九九五年，扮演「超人」的英俊演員克里斯多佛．李維（Christopher Reeve）因意外不幸導致頸部以下癱瘓，舉世震驚。電影螢幕上的李維疾速飛向太空，現實生活中卻必須永遠禁錮在輪椅上，倚賴呼吸器維生。他的夢想是利用現代科技重獲控制四肢的能力。李維於二〇〇四年去世，距離夢想實現的時間還有十年。

二〇一四年，世界杯足球賽於巴西聖保羅舉行。一名男子負責開球，全球約十億人目睹了這場盛事。開球本身沒啥了不起，了不起的是，負責開球的這名男子下半身癱瘓。美國杜克大學的米奎爾．尼可雷里斯教授（Miguel Nicolelis）在男子腦中植入一枚晶片，這枚晶片則連上一台可控制男子「骨支架」（exoskeleton）的隨身電腦。這名癱瘓男子只要「想一下」就能走路和踢球。

我訪問過尼可雷里斯教授。他說，小時候他十分著迷於阿波羅探月任務，他的目標是創造另一項可比擬人類登陸月球的驚世創舉。利用電子設備協助癱瘓男子在世界杯踢球，這應該可以算是夢想成真吧？這是教授的登月之舉。

有一次，我訪問美國布朗大學的約翰．多諾修教授（John Donoghue），他是這項科技的開創先鋒之一。多諾修告訴我，使用骨支架需要練習，就像騎腳踏車一樣，不過他的病人很快就學會控制骨支架的技巧，而且還能完成一些簡單動作（譬如抓取水杯、操作家電、控制輪椅、上網等等）。這項科技之所以成為可能，是因為電腦能辨識大腦中與特定肢體動作有關的某些模式。於是電腦就依循這些模式啓動骨支架，將大腦的電脈衝轉成行動。教授治療的一名癱瘓病人，即透過這種方式順利拿起汽水、開懷暢飲。病人開心極了，因為以前的她根本做不到。

杜克、布朗、約翰霍普金斯等幾所大學的研究，讓這群老早放棄希望、認為自己大概再也動不了的人重獲「自主活動」這份禮物。美國軍方也投入超過一億五千萬美元的資金贊助「革命義肢」（Revolutionary Prosthetics）計畫，提供設備給在伊拉克及阿富汗戰爭中遭受脊椎損傷的退伍官兵。將來，數以萬計不論因戰事受傷、車禍、生病或運動傷害而被迫受限於輪椅及臥床的人，或許終而能夠再次運用四肢，重獲新生。

除了外部骨支架，另一種可能做法是強化人類身體的生物功能，以期在重力更大的星球好好過日子。由於科學家發現能使肌肉延展的基因，使得這方面的可能性逐漸展露頭角。他們首先在小鼠身上找到這個基因。小鼠基因突變而導致肌肉特別發達，媒體也給這基因取了「萬能老鼠基因」（Mighty Mouse gene）的綽號。後來人類身上也找到這個基因，綽號是「史瓦辛格基因」（Schwarzenegger gene）。

成功分離這個基因的科學家們原以為會接到很多醫師來電，諮詢他們該如何協助罹患肌肉退化疾病的患者。然而出乎意料的是，打來的人有半數都是健美運動員，他／她們想讓肌肉更發達。雖然該研究還在實驗階段、是否具副作用亦尚未明朗，但這些人大多不在乎。現在這已經變成健美產業的頭痛問題，因為這比化學禁藥更難檢測。

假如我們探索的行星的重力場比地球還大，那麼控制肌肉量的能力就變得很重要。天文學家目前已找到多顆超級地球，這些星球都位於適居帶內、甚至可能有海洋，每一顆看來都是適合人類移居的候選地點——除了重力場。這些星球的重力場都是地球的一倍半。這表示人類可能得增強肌肉與骨骼，才有辦法在這些星球生存、繁衍。

強化感官知覺

除了增強肌肉，科學家也開始利用科技，以便強化我們的感官知覺。蒙受失聰之苦的人，現在有了「人造耳蝸」這個選項：人造耳蝸是個相當厲害的裝置，能把傳入耳朵的聲波轉成電子訊號、再送往聽神經和大腦。目前約有五十萬人選擇植入這種先進感應器。

至於失明的人，則可考慮透過人造視網膜（或稱「仿生眼」）回復有限視力。這種裝置可放在體外（如相機鏡頭）、或直接置於視網膜，將視覺影像轉譯成電子脈衝，讓大腦回譯成視覺心像（visual imagery）。

以「阿格斯視網膜假體」（Argus II）為例。開發人員將一台體積極小的相機嵌入眼鏡，眼鏡（相機）可將影像送至人造視網膜，後者再將訊號傳入視神經。目前，這套裝置的解析度可達六十像素。而改良版經測試已提升至兩百四十像素。（相較之下，人眼辨識力最高可達一百萬像素。若要認出人臉或其他熟悉物體，至少需要六百像素的解析度。）目前有一家德國公司正在測試一千五百像素的人造視網膜，若試驗成功，說不定能讓視障人士擁有幾近正常的視覺功能。

完全失明者在試用這類人造視網膜之後，驚喜地發現他們竟能看見顏色、辨認影像輪廓。假以時日，我們必定能研發出可媲美人類視力的人造視網膜。不僅如此，人造視網膜說不定還能看見人類看不見的「顏色」。譬如，一般人之所以常在廚房燙傷，肇因於熱燙的鍋壺和低溫時看起來一模一樣，這是因為人類的眼睛看不見紅外線熱輻射。但我們可以製作嵌入人造視網膜的護目鏡（像軍方使用的夜視鏡），如此就能輕易偵測熱燙危機。所以，有了人造視網膜，我們就能看見熱徵兆，也能看見其他原本看不到的輻射形式。這種超級視覺在其他行星搞不好更寶貴也更有用。遙遠的外星世界可能和地球環境南轅北轍，那裡的大氣層可能比較深沉暗濛、或者夾雜塵埃雜質而晦澀不清。屆時或許能利用紅外線熱感應技術，做出可「看透」火星沙塵暴的仿生眼。而在那些幾乎沒有陽光的遙遠衛星，也能利用仿生眼來增強反射光。

另外還有一個例子是紫外線輻射探測裝置。紫外線會傷害皮膚、引發皮膚癌，但宇宙到處都是這種輻射線。在地球上，我們有大氣層阻擋來自太陽的紫外線，但是火星沒有大氣能濾掉紫外線。因為人類看不見紫外線，所以即使曝曬在有害等級的紫外線中也渾然不覺，但是有超級視覺的人要是在火星上，就能即時判定紫外線輻射程度是否對人體有害。至於在金星這類終年烏雲密布的星球上進行探勘任務時，也可藉仿生眼來偵測環境中的紫外線，以便進行導航。（陰天時，蜜蜂即是運用這套方法，藉由偵測紫外光找到回家的路。）

超級視覺的應用範圍還包括「望遠視覺」和「顯微視覺」。只要透過一小枚特殊鏡片，我們就能看見極遙遠的物體或是極微小的細胞，完全不用拖著沉重的望遠鏡和顯微鏡到處跑。

這類科技說不定也能賦予我們「心電感應」和「念力」等力量。其實科學家目前已經做出能擷取人類腦波的晶片，還能部分解譯、再將資訊傳送至網際網路。比方說，我同事史蒂芬・霍金深受漸凍症之苦（肌萎縮性脊髓側索硬化症，ALS），喪失所有運動功能，連一根指頭也動不了。後來他的眼鏡植入一枚可讀取腦波的晶片，能把資訊傳送至筆電或桌上型電腦。儘管運作緩慢，但是透過這種方式，霍金可以用腦、仰仗意志力鍵入訊息。

霍金的例子（透過心智的力量移動物體）只是邁向「念力」的一小步。運用相同技術，我們也能將大腦直接連上機器人或其他機械設備，令其執行我們腦中的命令。各位應該不難想像，心電感應和念力在未來說不定會成為常態，我們只消「想一想」就能與機器互動，還可以用意志力開燈、上網、寫信、打電動、聯絡朋友、叫車、買東西、放電影——只要動腦筋「想」，這些全都辦得到。將來，太空人說不定還能透握意志駕駛星艦、探索遙遠行星。而建築包商也可以透過心靈控制指揮機器人，讓火星荒漠冒出現代城市。

當然，強化人體功能並非新概念，而是人類存在以來持續發生的過程。綜觀歷史，我們可以找到許多例子，見證人類如何運用各種人為方法來強化力量和影響力。不論是衣著、刺青、化妝、頭飾、禮服、羽飾、眼鏡、助聽器、麥克風、耳機……等等，其實整個人類社會似乎存在某種共同特徵——那就是我們心心念念想設法修補自己的身體，尤其冀望能藉此提高繁殖成功率。然而就強化人體機能這層意義而言，過去和未來仍有不同之處：隨著我們更深入探索宇宙，強化自我說不定是人類未來得以在不同環境成功生存的關鍵要素。將來，人類說不定會進入心智時代，透過思緒掌控我們身處的世界。

心智的力量

關於大腦研究，另外還有一座里程碑：人類終於首度記錄「記憶」。威克森林大學（Wake Forest University）和南加大的研究人員將電極置入小鼠海馬迴（海馬迴負責處理短期記憶），錄下小鼠在執行簡單任務時（譬如學習如何從飲水管喝水），海馬迴內部的電波變化。之後待小鼠忘掉這項任務之後，科學家再用這段「記憶」刺激牠們的海馬迴，於是小鼠立刻就想起來了。靈長類的記憶後來也以類似的方式記錄下來。

這項實驗的下一個目標，或許會是記錄阿茲海默症患者的記憶，然後在患者的海馬迴置入「腦波調節器」或「記憶晶片」，大量灌入患者自己的記憶——我是誰、我住哪裡、哪些人是我的親戚朋友等等。美國軍方認真看待這項研究，並且相當感興趣。二〇一七年，五角大廈（美國國防部）宣布將投入六千五百萬美元，開發某種先進微晶片，讓上百萬顆人腦與電腦相連、匯集記憶，再以之分析人腦的神經元活動。

這項技術還需要進一步研究與改進，不過到了二十一世紀末左右，我們說不定就能冀望將複雜的記憶上傳並輸入大腦。原則上，我們應該也能將技術、能力或甚至是整套大學課程，透過轉移方式輸入大腦，毫無上限地加強自我能力。

對未來的太空人而言，這項技術或許能證實有其效用。太空人在目標行星或目標衛星降落之後，面對眼前的新環境，肯定有許多細節需要學習和記憶，還得熟悉一堆技術。因此，若要掌握遙遠世界的所有新資訊，上傳記憶說不定是最有效率的辦法。

不過，尼可雷里斯教授對這項技術懷抱更大的野心。他告訴我，目前在神經學方面的所有創新突破終將催生「大腦網絡」（brain net）——這是網際網路的下一個進化階段。大腦網絡不再以位元為單位傳送資訊，而是將情緒、感受、知覺和記憶整套傳送出去。

這套方法有助於打破人際藩籬。一般來說，要想了解另一人的觀點、承受的痛苦和憤怒，其實並不容易。如果有了大腦網絡，針對所有困擾他人的焦慮和恐懼，我們都能獲得「第一手」體驗。此外，娛樂產業也可能因此發生革命性劇變，猶如當年有聲電影迅速取代默片之勢。未來的觀眾將可直接感受演員的情緒，體會演員的痛苦、悲喜或折磨。今日的電影形式可能很快就會過時、遭到淘汰。

因此未來的太空人應該能將大腦網絡應用在許多重要層面上。他們可以透過意志與其他移居者溝通，即時交換重大訊息，並且以嶄新的娛樂形式享樂自娛。此外，由於太空探索暗藏危機，太空人也必須比以往更精確地察覺各成員的精神狀態。當他們展開探索危險領土的新太空任務時，大腦網絡亦有助於建立聯繫、揭露沮喪、焦慮等精神或情緒問題。

另外，我們也能透過基因工程強化人類心智。普林斯頓大學的研究人員發現，小鼠身上有一段暱稱為「聰明老鼠」（smart mouse gene）的基因序列，能增強小鼠在迷宮中找出正確方向的能力。這段基因名為NR2B，已知與海馬迴細胞之間的聯絡溝通有關。研究人員還發現，缺少NR2B基因的小鼠在迷宮中尋找方向時，會表現出記憶受損的跡象。不過，要是小鼠額外得到一組NR2B基因，牠們的記憶力也會因此變好。

這群研究人員將小鼠置於盛水的淺鍋內，並且在水面下放置平台，供其站踏。聰明小鼠一旦發現平台，並於日後重回同一環境時，牠們會立刻記起平台位置、直接游向平台。相較之下，普通小鼠則記不起平台位置，到處亂游。所以記憶強化確實有其可能性。

未來的飛行方式

人類始終嚮往能像鳥兒般翱翔天際。希臘神祇默丘利的帽子和腳踝各有一對小翅膀，使他得以飛翔。另外還有神話故事裡的伊卡洛斯（Icarus）。為了能夠飛上天，伊卡洛斯用蠟把羽毛黏在臂上，充做翅膀，但後來他飛得離太陽太近，不幸蠟融羽散，伊卡洛斯也墜入海中。不過，未來科技應該能賦予人類「飛翔」這份禮物。

在大氣稀薄、土地崎嶇不平如火星的星球上，許多科幻卡通和電影都出現過的「噴射背包」說不定將是最便利的移動方式。最早提到這種裝備的是一九二九年太空劇《巴克・羅傑斯》（*Buck Rogers*）。巴克遇見他未來的女友時，她正穿著噴射背包、衝向天空。事實上，在第二次世界大戰期間，德國納粹也用過噴射背包，因為當時他們需要一種在橋梁炸毀時、能將部隊快速送過河的方法。納粹的噴射背包選擇「過氧化氫」為燃料。這種物質一接觸催化劑（譬如銀粉）就能迅速引燃、釋出能量和水（水為其自然產物）。不過納粹的噴射背包有幾個問題，其中最麻煩的是這種燃料只能維持三十秒至一分鐘的飛行時間。（各位偶爾會在舊報檔案裡讀到例子，有些不怕死的勇夫會利用這種裝置飄浮半空中，譬如一九八四年奧運會就出現過。不過，那些錄影帶都是精心剪輯過的，因為這些人只飛了三十秒到一分鐘，然後就掉下來了。）

要想解決這個問題，其實只要開發出「攜帶式充電包」、裝載長時間飛行所需的燃料就行了。不幸的是，這種能量補充包目前連個影兒也沒有。

這也是我們還沒有「雷射槍」的原因。雷射光確實能發出雷射槍那樣的強大威力，但前提是你得先有一座核電廠、產生並供應足夠的電力才行。不過，叫你在肩上架核電廠？這根本是天方夜譚吧。因此，在我們有能力造出迷你能源包之前（或許是奈米電池的形式，儲存分子等級的能量），噴射背包和雷射槍應該還無法實現吧。

另一種可能性大多以繪畫、電影中的天使或人類變種呈現：像鳥類一樣使用翅膀。在大氣層較厚的行星上，各位可能只需輕輕一躍、撲動連在手臂上的翅膀，就能像鳥兒一樣離地起飛。（大氣層越厚，升力（lift）越大，也就越容易飛上空中。）所以伊卡洛斯之夢說不定真有成真的一天。不過，鳥類還是擁有幾項人類沒有的優勢：牠們骨骼中空，而且和翼展（wing span）[1]相比，牠們的身體比較薄也比較小，人類則相對較為緻密且沉重。若想飛上天，人類的翼展可能得達六公尺至九公尺寬，而且還需要更強壯的背肌才可能拍動這麼一副翅膀。要想從遺傳學改造人類、使之擁有翅膀，目前仍超出我們的科技範圍。此刻的我們就連正確、適切地更動一段基因都非常困難，更遑論編寫長出翅膀所需的上百組基因了。因此，雖然要像天使一樣擁有翅膀並非不可能，但我們離最終成果還有一段遠路要走，而且實際上大概也無法像繪畫慣常呈現地那般翩翩飛翔。

世人曾一度以為，利用基因工程改造人類只是科幻作家的荒誕夢想，不過卻有一項革命性的發現，徹底顛覆了這項觀點。科學研發的腳步快得不可思議，導致科學家甚至得倉促開會討論，是否該緩一緩這類科技的進展速度。

CRISPR革命

近年來，隨著「CRISPR」（Clustered Regularly Interspaced Short Palindromic Repeats，即常間回文重複序列叢集）這項新技術誕生，生技研發的腳步已飆速至發燒的程度，讓人類能以便宜、有效率且更精準的方式編輯DNA。在過去，基因工程的作業十分緩慢、又不夠精準。舉例來說，進行基因治療時，技術員會將一段「好基因」嵌入已中和且無害的病毒內，再把病毒送進患者體內，於是病毒便迅速感染人體細胞、並注入其DNA。這種做法的目的，讓病毒DNA在染色體中自行尋找適合嵌入的位置，使「好基因」能取代人體細胞內有缺陷的遺傳密碼。有些常見疾病肇因於單一密碼子排列錯誤，譬如鐮刀型血球貧血、戴薩克斯症（Tay-Sachs）、囊腫性纖維變性（cystic fibrosis）等，研究人員希望能透過基因療法治癒這些疾病。

但結果卻屢屢教人失望。因為我們的身體通常會把病毒視為敵人，發動反擊，造成有害的不良反應。此外，這些「好基因」常常不會嵌在正確位置上。一九九九年，賓州大學發生致命意外，許多基因療法試驗因而被迫終止。

CRISPR技術一舉克服前述諸多疑難雜症。事實上，這項技術的基礎是從數十億年前演化來的。以前，科學家始終想不透，細菌何以發展出如此精準的防衛機制，足以抵禦病毒襲擊？細菌要怎麼辨識致命病毒並令其繳械？後來他們發現，細菌之所以能辨識這些致命威脅，原因是細菌帶著一小段病毒的遺傳物質。這種做法就如同拍下嫌疑犯的大頭照，細菌就是利用這一小段遺傳物質鑑定入侵病毒的身分。細菌一旦辨識出特定基因序列，即可揪出病毒，接下來就能精準出手、切下並中和病毒，阻止病毒繼續感染。

現在科學家已經能複製這段過程，成功將一段載有非同類DNA的病毒序列嵌入目標細胞，完成「基因組手術」。CRISPR迅速取代舊有的遺傳工程手法，使基因編輯作業變得更俐落、更精確、也更快速。

---

❶ 編注：鳥類伸展翅膀時，左右翼尖的直線距離。

這項革新以旋風之姿橫掃生物科技界。[61]「這項技術徹底改變生技界的風景，」該技術的先鋒成員之一珍妮佛・杜德娜（Jennifer Doudna）表示。艾默里大學（Emory University）大衛・懷斯（David Weiss）則說：「基本上，這一切全是在一年內發生的。太不可思議了。」

荷蘭烏德勒支研究所（Hubrecht Institute）已證明他們能修正造成囊腫性纖維變性的基因組錯誤。這為許多無法治癒的遺傳疾病帶來希望，說不定有朝一日可成功治癒。不少科學家希望，某些形式的癌症也能利用CRISPR技術置換基因，阻止腫瘤細胞繼續生長。

但生物倫理界擔心這項技術恐遭誤用，遂籌組會議、密切討論這項新興科學。由於這項技術的副作用、併發症仍屬未知，故學者專家做出一連串建議，試圖降溫、緩下CRISPR的猛烈步伐。他們尤其擔心，這項科技可能開啓「生殖基因治療」的大門。（基因治療目前分成「體細胞基因治療」和「生殖基因治療」兩類。前者改造非生殖細胞，因此人為突變不會遺傳給後代。後者涉及生殖細胞變異，因此該細胞的後代全部帶有改造過的基因。）若放任生殖基因治療恣意發展、不加以約束，這項療法可能改變整個人類的基因庫。也就是說，一旦人類踏上星際冒險旅程，帶有新遺傳分支的人種可能就此誕生。這個過程通常得花上好幾萬年，但倘使生殖基因治療成為事實，那麼遺傳工程說不定能縮短時間，一個世代內就走完整個歷程。

總地來說，科幻小說家妄想改造人類、殖民遙遠星球的夢想一度被認為太過不切實際、或過於虛幻。然而有了CRISPR技術，人類再也不可能摒除這些遙不可及的夢想。儘管如此，對於這項快速發展的科技所帶來的倫理後果，我們仍須通盤考量、深思熟慮才行。

超人類主義的道德議題

以上皆為「超人類主義」的範例。該主義主張擁抱科技、強化人類的技能與能力。為了在遙遠新世界順利生存、或甚至欣欣繁衍，人類或許得改變原本的代謝與生物機能。對超人類主義者而言，這不是選擇，而是必須之舉。我們必須改變自己，提高我們在外星的生存機率，包括重力等級、大氣壓力與大氣組成、溫度、輻射程度等等皆南轅北轍的星球。

超人類主義者不願遭科技淘汰、亦無意對抗科技影響力，認為人類應該擁抱科技。他們十分憧憬「人類能變得更完美」的概念。對這群人來說，「人類」這個種族是演化產物，因此人體是隨機、偶然突變的結果。既然如此，何不利用科技全面改善這些詭奇變異？超人類主義者的終極目標是創造「後人類」，一種能超越人類的新族類。

儘管「改造人類基因」的概念令某些人感覺不舒服，不過，加州大學洛杉磯分校的生物物理學家葛雷格．史托克（Greg Stock）強調，數千年來，人類其實一直在改變周遭動植物的基因組。他在受訪時明白指出：今日你我眼中看來「自然」的事物，實際上是「密集選擇性育種」（intense selective breeding）的產物。若沒有前人的育種技術、栽種和養殖符合人類需求的動植物，現代人的餐桌包準不是眼前這幅景象。（比方說，今天我們吃的玉米是基因改造版的玉蜀黍，若少了人為介入，這種基改玉米不可能持續繁殖產出——因為它們的籽粒或種籽不會自己落入土壤，必須仰賴農人摘下籽粒、人工栽種才能長出玉米株。）此外，今日你我身邊的各式犬種，也是當初從「灰狼」這種單一物種密集選育出來的。所以，前人必定改變了動植物的基因評分比重——譬如犬偏重狩獵、牛和雞偏重供應糧食。事實上，假如我們能變個魔術，把過去數百年來育成的動植物全都變不見，我們的社會肯定和目前實際的景象天差地別。

鑑於科學家已分離出某些人格特質基因，難保人類不會想嘗試修補這些基因、亦難以阻止。（譬如，若你發現隔壁鄰居的孩子透過基因修補增強智力，而你家孩子恰巧又和對方處於競爭狀態，那麼各位肯定承受極大的壓力、考慮是否也該讓自己的孩子以同樣方式提高智力。若是運動競賽，獎賞報酬動輒天價，要想阻止運動員透過基改增強表現更是難上加難。）不論眼前橫亙多少道德障礙，史托克博士表示，除非改造結果確認有害，否則我們不應貶抑基因強化這項事實。又或者如諾貝爾得主詹姆斯・華生（James Watson）所言，「這話沒人有膽子說出來。不過，假如我們知道怎麼加掛基因、並能藉此創造更棒的人類，何樂而不為？」[62]

後人類的未來？

超人類主義的擁護者相信，將來人類遇見外太空先進文明時，對方應該已經進化到能修改生物體、適應多種行星嚴苛生活環境的程度。對超人類主義者而言，外太空先進文明幾乎都已達到遺傳、科技雙雙大幅提升的未來等級。因此，假如我們有機會與外星人相遇，不應對他們半生物、半仿生模控的存在形式感到訝異。

英國物理學家保羅・戴維斯（Paul Davies）更進一步表明：「我的結論可能更驚人。我認為，事實上生物智慧極有可能只是一種過渡現象，在宇宙的智能演化歷程中只是轉瞬即逝的一個階段。假如我們當真能遇見外星智慧，我相信對方在本質上應該是壓倒性的『後生物化』，我這個推論明顯深受地外文明搜尋計畫（ＳＥＴＩ）影響。」

人工智慧專家羅尼・布魯克斯曾寫道，「根據我的預測，到了二一〇〇年，人類的日常生活將充斥著超智慧機器人。只不過我們和機器人並非彼此分離的個體——我們會部分機械化、與機器人相連。」[63]

超人類主義的相關辯證其實並不新鮮，甚至可追溯至上個世紀，也就是世人初次理解何謂遺傳法則的年代。Ｊ・Ｂ・Ｓ・霍爾丹（J.B.S. Haldane）是率先明確表達這項理念的先鋒之一。一九二三年，他提交論文（後來以書籍形式出版），題名為《戴達洛斯❷，還是科學與未來？》（*Daedalus, or Science and the Future?*）。他在文中預言，科學將會透過基因遺傳來改良人類的現狀。

今日看來，霍爾丹的理念似乎頗為溫和，但他已意識到這些想法可能挑起爭議，也承認對於初次讀到這篇文章的某些人士而言，他的想法或許「褻瀆且違反自然」。但他認為，世人總有一天會接受這些觀點。

後來，超人類主義的基本原則終於在一九五七年、由朱利安・赫胥黎（Julian Huxley）首度賦予明確定義。該主義指稱：若科學能強化人種、解除種種苦難，人類就不應屈就於「汙穢、野蠻、短暫」的人生。

至於人類應追求超人類主義的哪些面向，各界亦持不同觀點。有些人認為，我們應該專攻能強化自身功能的輔助機械，譬如骨支架、改善視力的特殊眼鏡、能上傳至人腦的記憶銀行、或是各種可強化感覺知覺的植入物。有些人則認為，我們應該利用遺傳學剔除致命基因、或者強化人類與生俱來的能力，還有人覺得可藉遺傳學增強智力。我們不再需要浪擲數十年光陰、透過密集選育來改良某些遺傳表現（如犬、馬育種）。有了基因工程，我們可以在一個世代內完成任何基因改良計畫。

生物科技的進展速度太快，也因此引來諸多道德質疑。對所有有興趣改造人類的研究單位而言，包括納粹實驗（創造單一強大種族）在內的優生學黑歷史，不啻為一則警惕。現在我們已經能改造小鼠皮膚細胞內的基因、使之變成卵細胞和精細胞，再用這些改造細胞繁殖出健康的老鼠。這套工序最後搞不好會套用在人類自己身上。雖然此舉能大大提高不孕伴侶成功產下健康嬰兒的比例，卻也代表別人可能未經你同意即取得你的皮膚細胞，做出你的複製體。

批評家宣稱，這項科技只會給富人和權貴階級帶來好處。史丹佛大學經濟學家法蘭西斯・福

❷ 譯注：戴達洛斯，希臘神話中的著名工匠，伊卡洛斯的父親。

山（Francis Fukuyama）認為，超人類主義是「世界上最危險的想法之一」。他提出警告，認為人類後代的DNA若遭修改，可能會改變人類行為，引發更多不公不義事件並削弱民主機制。[64]不過人類科技史卻指明，儘管富人握有優先接觸這類科技奇蹟的入場券，但技術成本總有一天會降至一般人也能負擔的水準。

其他批評還指出，超人類主義可能是人類分裂的第一步，使「人類」的基本定義陷入危機。或許，不同遺傳分支的強化人類將占據太陽系內不同區域、各自興盛繁衍，最後分裂成彼此獨立的人種。各位不難想像，各人種之間可能互相對抗、甚至爆發戰爭，最後連「智人」（*Homo sapiens*）的概念都可能招致質疑。本書會在第十三章討論數千年後的世界時，特別探討這個重要議題。

在英國小說家阿道斯．赫胥黎（Aldous Huxley）的《美麗新世界》（*Brand New World*）一書中，生物科技被用來培育名為「阿爾法」（Alphas）的超強人種，該人種生來即注定要領導整個社會。其他胚胎因為氧氣遭剝奪，全都智能不足，原本就是培育來伺候阿爾法人。階層最低的是「埃普西隆」（Epsilons），培育目的為執行粗重的勞力工作。這個社會是計畫過的烏托邦，利用科技滿足一切需求。從表面上看來，每個人、每個階級似乎井然有序、和平相處，但整個社會其實是建立在對底層人種的苦難與壓迫上。

超人類主義的支持者也同意，世人必須嚴肅看待所有可能的假設情境，但此時此刻，他們認為這些擔憂純粹屬於學術問題。儘管生物科技的新研究如雪崩撲天蓋地襲來，但這些議題大多必須放在更大的時空背景條件下來討論。經人為設計的孩童目前還未誕生，而父母希望子女擁有的多種人格特質基因，大多也還沒找到、或甚至根本不存在。目前，沒有任何一項人類行為表徵能透過生物科技加以更動、調整。

世人對超人類主義的恐懼瘋狂蔓延，但不少人質疑是否仍言之過早，認為這項科技還處在遙遠的未來。不過，有鑑於科學發現飛快進展，基因改造在本世紀末大概就會成眞了。因此我們必須提出一個問題：人類想把這套技術應用至何等程度？

穴居人原理

關於人類想改變自己到何等程度，一如我在前幾本書提到的，我認為「穴居男女原理」（caveman or cavewoman principle）會在這時候發揮作用，設下自然限制。自從二十萬年前、現代人展露頭角以來，我們的基本人性至今並未改變多少。即使今日我們擁有核武、化武甚至生物武器，人類的基本慾望還是沒變。

人類到底想要什麼？調查顯示，在滿足基本需求之後，我們最重視的是同儕意見。我們想變得好看體面，尤其要展現在異性面前。我們也希望得到親友的欽羨讚賞。如果改造程度太誇張，特別是萬一把自己變得跟身旁其他人都不一樣，我們反而會猶豫遲疑。

因為如此，我們應該只會選擇能提高社會地位的改造選項。所以就算必須從遺傳和電子方面著手、強化力量，我們渴望調整的幅度應該會有個限度，而這個限度將有助我們務實以對，特別是前進外太空、勢必得在不同環境生活時。

鋼鐵人首次現身漫畫時，只是個外型笨重、看起來相當彆扭的角色。他的盔甲是黃色的，渾身又圓又醜。說實話，看起來活像個會走路的罐頭。小朋友可能無法認同這種角色。因此卡通師傅決定來個變身大改造：盔甲變得五顏六色、光滑合身，明顯強化東尼·史塔克這個戰鬥人物的俐落形象。於是他受歡迎的程度急遽上升——就連超級英雄也得服膺穴居人原理。

黃金時代的科幻小說常把「未來人」塑造成「巨大光頭配上小小身體」的模樣，其他小說則讓人類進化成「活在大缸不明液體中的大腦袋」。但誰想活成那副德性啊？我想，穴居人原理不會讓人類進化成連人類自己都覺得噁心的生物。最可能的情況是，我們會想獲得延長壽命、增強記憶、提高智商卻不必改變人類基本外型的能力。比方說，我們在玩網路遊戲的時候，多半能自由選擇代表自己的化身人物。一般人通常會選看起來較有魅力、或從某方面來說頗為吸睛的替身，而不會選擇又醜又怪或看起來不甚舒服的角色。

不過這些科技驚奇也可能造成反效果，把人類變得像孩童般無助、過著漫無目的的人生。迪士尼卡通《瓦力》（*WALL-E*）中，人類住在太空船上，而機器人則能滿足人類的所有突發奇想。機器人包辦一切粗活兒，把人類照顧得無微不至，結果導致人類無事可做，只好把時間花在無聊的消遣享樂上。人類變得肥嘟嘟、脾氣傲嬌，什麼也不會且成天發懶，淨做一些沒意義的事。但我認為，人類大腦依舊存在某種本能且不會改變的「人性底線」。舉例來說，若毒品合法化，許多專家估計大概有百分之五的人類會沉迷毒品。而另外九成五的人，在目睹毒品如何限制或摧毀一個人的生活後，反倒會選擇畫清界線，寧可活在真實世界而不願墜入毒品的扭曲世界。同理，一旦虛擬實境（ＶＲ）技術建置完備，說不定會有差不多比例的人選擇拋棄真實、活在網路世界，但人數應該不會占壓倒性的多數。

別忘了，咱們住在洞穴裡的祖先可是一心想成為有用的人、想幫助他人。這種性格牢牢嵌埋在你我的基因裡。

小時候首次讀到艾西莫夫的《基地三部曲》時，我很訝異五萬年後的人類竟然沒有任何改變。我心想，人類到了那個時候，應該會擁有徹底強化的身體機能、巨型腦袋和小而萎縮的身體，以及像漫畫書描述的那種超能力。可是，《基地三部曲》的許多情節就算放在今日地球也可能發生。現在再回頭看看這部歷史級的小說，我於是明白，穴居人原理可能確實說得通。我的想像是，未來人類可以選擇要或不要安裝具超能力或增強體能的植入物、裝置或配件，但後來他們還是會摘掉大部分的輔助裝置，和社會進行正常交流。又或者，假使他們決定永久改造自己的身體，那也是提高社會地位的一種方式。

誰說了算？

世界上第一名試管嬰兒「路易斯・布朗」於一九七八年誕生時，試管嬰兒科技受到衛道人士和專欄作家的譴責，他們認為這是在扮演上帝。今天，全球有超過五百萬名試管嬰兒，你的另一半或最要好的朋友說不定就是其中一分子。

儘管批評砲火猛烈，世人仍決定擁抱這項科技。

同樣的，一九九六年，當「桃莉複製羊」（Dolly the Sheep）首度誕生，許多批評家抨擊這門技術「不道德」，甚至「褻瀆上帝」。但今天，複製、群殖已是廣為接受的概念。我問羅伯特・蘭薩（Robert Lanza），首位複製人大概何時才會誕生？這位生技權威指出，截至目前為止，還沒有人成功複製過靈長類，更別說是人類了。但他認為，「複製人類」這事總有一天會發生。還有，假如人類當真複製成功，大概也只有一小撮人會選擇自我複製。（說不定，唯一會選擇複製自己的是膝下無子、或是所有繼承人都不討其歡心的有錢人。他們會複製自己、把財富留給自己，像一般人留給子孫一樣。）

有些人也抨擊「訂製嬰兒」、修改親代遺傳因子的舉動。但今天，利用體外受精同時製作好幾個受精卵，然後捨棄可能有致命突變（譬如戴薩克斯症）受精卵的做法，亦屬稀鬆平常。於是乎，你我或許可以想像，人類可以在一個世代之內就把這些致命表徵從基因庫剔除。

上個世紀、電話初次問世時，有人厲聲批評。他們說，對著看不見、來自線路且脫離現實的聲音講話，而不是面對面說話，感覺很不自然。而且我們也會花太多時間講電話，減少跟孩子、親友聊天的時間。當然，這些評論都是對的。我們的確花太多時間跟線路裡看不見形體的聲音說話，我們陪孩子講話聊天的時間也不夠長。但我們喜歡講電話，有時候還透過它跟孩子們通話。社會大眾為自己做了決定，而不是社會評論家：他們想要這項新科技。未來將會有更多增強人類能耐的極端科技形式可供選擇，世人也會自行決定要將這類科技應用至何等程度。而人類究竟該不該採用這類引發爭議的科學技術，唯有透過民主辯論方可定奪。（請想像一下：有位來自「宗教法庭」的古代傢伙造訪現代社會。這傢伙才剛離開焚燒女巫、拷打異端的年代，因此他說不定會大力譴責現代文明，認為這一切全都褻瀆上帝。）今日看來不合乎道德或甚至敗壞道德的行為舉止，在未來說不定是十分正常且世俗的作為。

無論如何，如果我們當眞想探索遙遠行星與恆星，勢必得改變、強化自身能耐，熬過漫長的旅程。再者，由於我們在改造行星方面也有程度上的限制，人類勢必得自我調整，才能適應不同的大氣環境、溫度和重力。因此遺傳與運動能力的改造調整，可謂勢在必行。

但截至目前為止，我們只討論到如何強化人類本身。萬一我們在探索外太空的過程中，遇見與人類截然不同的智慧生命形式，屆時會發生什麼事？尤有甚者，假如我們遇見的智慧生命在科技上超前人類數百萬年，又該怎麼辦？

又或者，要是我們在外太空找不著先進文明，那麼人類自己會變成什麼模樣？雖無法預測先進文明的文化、政治與社會形態，但我想就連外星文明也不得不服膺一條法則：物理定律。所以，關於「先進文明」，物理學又能透露哪些祕辛？

第十二章 尋找地外生命

最初，你只是黏土。接著從礦物變成植物，再從植物變成動物，然後是人……之後還得經歷上百種不同世界。心靈與精神的形式，千千萬萬。

——伊斯蘭詩人魯米（Rumi）

如果你們揚言擴大暴力威脅，那麼地球將淪為一片焦土。你們的選擇很簡單：加入我們、和平共存，或者繼續你們現在的道路，然後面對最終被消滅的結果。我們會等待你們的回答。決定權握在你們手中。

——《當地球停止轉動》外星人「克拉圖」（*The Day the Earth Stood Still*, Klaatu）

有一天，異人來了。

異人來自無人聽說過的遙遠地方，乘坐外型奇特炫目的船艦，使用的科技亦只存在想像之中。他們的盔甲盾牌強過至今所見的任何物品，操著某種未知語言，身邊帶著怪異猛獸。

每個人都在想：他們是誰？他們打哪兒來？

有人說，他們是外星信使。

有人耳語，他們宛如來自天堂的神祇。

不幸的是，他們全說錯了。

決定命運的那年落在一五一九：蒙特蘇馬（Montezuma）碰上埃爾南・科堤茲（Hernán Cortés），阿茲特克帝國強碰西班牙王國。科堤茲與其他征服者並非天神的信差，而是貪求黃金、鍾情掠奪的割喉者。阿茲特克文明費時數千年自叢林興起，然而這個武裝技術僅及銅器時代的千年古文明，不消數月即遭西班牙士兵摧毀覆滅。

人類在移向外太空的過程中，或可從這樁歷史悲劇學到一課：謹慎行事。說到底，阿茲特克的科技水準或許只比西班牙征服者晚了幾百年。但我們倘若在外太空遭遇其他文明，對方說不定遠遠超前我們，我們只能憑空想像對方的能力範圍。假使不幸必須與這類先進文明開戰，說不定就像《鼠來寶》的花栗鼠「花仔」（Alvin the Chipmunk）對上大金剛，差別甚鉅。

物理學家史蒂芬・霍金曾出言警告：「人類只消瞧瞧自己就會曉得，智慧生命說不定會發展成某種你我都不想碰上的東西。」[65]他以北美原住民碰上哥倫布為例，斷言「後果並不是非常理想。」又或者如天體生物學家大衛・葛林斯朋所言，「假如你住在隨處可能有餓獅出沒的叢林裡，你會從樹上一躍而下、大喊一聲『呀呼～』嗎？」[66]

然而我們卻已遭好萊塢電影洗腦，認為外星入侵者的科技若領先地球數十年或數百年，我們應該有能力擊退對方。好萊塢假設，人類可以耍小聰明、利用某些相當原始的招式打贏外星人。電影《ＩＤ４星際終結者》（*Independence Day*）中，人類只不過把電腦病毒灌進外星人的操作系統，就令對方投降了，一副好像外星人也用微軟視窗系統似的。

不過就連科學家也會犯下類似錯誤，譏諷「好幾光年外的外星文明怎麼可能造訪地球」？但那得假設外星科技只比地球先進數百年而已。要是對方領先我們數百萬年呢？從宇宙的角度來看，一百萬年不過是一眨眼的時間。如果把這種令人難以置信的時間尺度納入考量，就能看見更多新物理定律和新科學技術。

我個人的看法是，宇宙中的所有先進文明都是愛好和平者。他們或許領先我們千千萬萬年，但這麼長的時間也夠他們解決亙古以前的派別、種族和正統非正統衝突了。

即便如此，我們仍舊得做好準備，以防對方並未解決前述問題。比起主動接觸、發送無線電波至外太空，向所有外星文明宣告地球的存在，咱們若能先著手研究外星文明，或許還比較慎重精明些。

我相信，人類一定會跟地外文明取得聯繫。說不定就在這個世紀。對方也許並非無情的征服者，而是心地仁慈、樂意分享科技的文明。這將會是歷史上最重要的轉捩點之一，足以和人類發現火相提並論，進而決定人類文明在未來好幾個世紀的發展進程。

地外文明搜尋計畫

某些物理學家想利用現代科技掃描天域，搜尋外太空先進文明的蹤跡，積極發展所謂「地外文明搜尋計畫」（search for extraterrestrial intelligence）[67]——也就是運用目前人類所擁有最強大的無線電波望遠鏡，掃視整座天空，傾聽外星文明捎來的訊息。

多虧微軟共同創辦人保羅．艾倫（Paul Allen）及其他人的慷慨解囊，SETI協會正在美國加州舊金山東北方約五百公里遠的「帽子峽」（Hat Creek），興建四十二座最先進的無線電波望遠鏡，預計掃描百萬顆星星。計畫的最終目標是建成三百五十座無線電波望遠鏡，掃描波頻在一千兆赫到一萬兆赫之間。

不過，大多時候，SETI只是一份吃力不討好的工作。計畫參與者只能到處拜託有錢但謹慎的捐款人贊助這項計畫。美國國會對SETI興趣缺缺，並且在一九九三年撤除所有金援，宣稱該計畫浪費納稅人的錢。（一九七八年，參議員威廉．普羅希米雷〔William Proxmire〕曾揶揄，表示要把他創辦的惡名昭彰『金羊毛獎』[1]頒給該計畫。）

還有一些科學家因為籌不到經費，心灰意冷，轉而邀請社會大眾直接參與計畫，冀望能拓展這項搜索行動。天文學家在加州大學柏克萊分校架設「SETI@home」網站，爭取數百萬名業餘人員上線加入搜尋行列。參與者沒有資格限制。各位只需要從該網站下載軟體，然後在晚上睡覺時，打開電腦，讓電腦搜尋SETI已經蒐集到的滿坑滿谷資料，盼望能從這片浩瀚數據之海撈起那寶貴的一根針。

賽斯．蕭斯塔克博士（Seth Shostak）任職於矽谷山景城（Mountain View）的SETI協會，我在不同場合訪問過他好幾次。博士深信，我們會在二〇二五年以前連絡上至少一個外星文明。我問他何以如此確定？眾人努力了數十年，至今卻連一個外星訊號都無法證實。不僅如此，透過無線電波側聽外星文明「對話」，多少有些孤注一擲——說不定外星人根本不用無線電。又或許他們使用完全不同的頻率，或用雷射光束，或者是某種徹底出乎意料、人類壓根沒想過的溝通方式。這些都有可能，博士承認，但他仍有信心，認為我們很快就會連絡上外星生命：因為「德雷克公式」（Drake equation）站在他那邊，支持他的見解。

一九六一年，天文學家法蘭克．德雷克（Frank Drake）很不滿意大家胡亂猜測宇宙中外星文明的數目，遂試圖算出人類找到外星文明的機率。舉例來說，各位可以先從銀河系的恆星數開始（約莫一千億顆），然後算出帶有行星的恆星系比例，最後再計算行星上有智慧生命的比例。如此多次相除之後，就能得到一個大致準確、且能代表星系出現先進文明的可能數字。

德雷克首次提出這道公式時，宇宙仍有太多未知之處，因此最終結果幾乎跟猜的差不多，外星文明數的估計範圍從千萬到數億都有。

但現在，科學家接連在外太空發現系外行星，這個估計值也越來越貼近實情。好消息是，天文學家每年都能縮小德雷克公式各環節的變異程度。現在我們知道，在銀河系裡，大約每五顆像太陽的恆星之中、至少有一顆擁有像地球一樣的行星繞其轉動。因此按公式計算，在我們這個星系裡，像地球一樣的行星大概超過兩百億顆。

後來，德雷克公式又陸續做了許多修正。最原始的公式算法太天眞了。誠如先前所言，類地行星的公轉軌道上必須有木星這種大尺寸行星夥伴，才能清除可能危及生命的小行星和星辰殘骸。所以我們得把類地行星的數量限縮到「附近有大小接近木星的行星」這個範圍才行。此外，眞正的類地行星也要有體積夠大的衛星來穩定自轉，否則數百萬年後可能變得搖搖擺擺、或甚至上下顛倒。（假如月亮像小行星這麼小，那麼按牛頓定律解釋，地球自轉時的小小擾動會持續累積千百萬年時間，最後可能導致地球像倒栽蔥一樣整個翻轉過來。這對地球上的生命可謂超級大災難，屆時勢必因為地殼崩裂而引發大地震與恐怖的大海嘯、還有猶如末日災難的火山大爆發。幸好咱們的衛星體積夠大，所以地球不會累積自轉擾動。不過火星的衛星都很小，因此在遙遠的過去，火星說不定有過翻轉紀錄。）

現代科學已揭示大量的具體數據，指出外太空有多少可能繁衍生命的星球。但現代科學也讓我們發現更多可能導致生命滅絕的天然災害和意外。在地球歷史中，智慧生命曾多次因天然災害而瀕臨滅絕（譬如小行星撞擊、全球冰河期、火山爆發等等）。所以最根本的問題是：符合前述條件、當眞能孕育生命的行星比例有多高？在這些行星中，又有多少比例的星球能逃過全球大災難、順利創造智慧生命？由此看來，要想精確估算銀河系裡有多少智慧文明，咱們還差得遠呢。

❶ 譯注：原文「Golden Fleece Award」中的羊毛「fleece」一字，也有敲竹槓之意。

第一次接觸

我問蕭斯塔克博士：要是外星人造訪地球，會發生什麼事？美國總統當真會緊急召開參謀長聯席會議（Joint Chiefs of Staff）？聯合國會起草聲明，歡迎外星人？「第一次接觸」的標準程序是什麼？

結果他的答案相當令我意外：基本上，沒有所謂的標準程序。科學家開過會、也討論過這件事，結果只是做了非正式建議，因此也不具官方效力。事實上並沒有哪國政府當真認真看待這個議題。

不管怎麼說，與外星文明的第一次接觸比較可能是單向的：地球偵測儀「撿到」來自遙遠星球的迷途訊息。但這並不表示我們能就此跟對方建立聯繫。比方說，這類訊號可能來自距地球五十光年的某恆星系，所以光是從地球發訊號過去、再收到回音，一來一回就得耗上一百年。這表示地球若要跟外太空ＥＴ建立聯繫，著實相當困難。

假設有一天，外星文明真能造訪地球，那麼另一個更實際的問題是：我們要怎麼和對方溝通？對方可能使用哪種語言？

在電影《異星入境》（*Arrival*）中，外星人派來大批艦隊，陰沉盤據多國領土上空。當地球人登上星艦，迎面而來的是長得像巨型魷魚的外星人。雙方溝通極為困難。外星人在螢幕上潦草寫下一堆奇怪符號，地球語言學家只能勉強翻譯。後來外星人畫出可解讀為「工具」或「武器」的字眼，危機即起。由於詞義模糊，困惑的地球人只好下令核武設施進入最高備戰狀態——就只因為一個簡單的語言學錯誤，星際大戰一觸即發。

（但事實上，任何先進到足以派星艦來地球的族類，大概早就開始監聽我們的電視和無線電訊號，提前解碼並理解地球語言，所以應該毋須仰賴地球的語言學家才是。但不管怎麼說，面對科技可能領先我們數千年的外星文明，冒然開啓星際戰端仍是不智的。）

倘若對方的語言參考架構與地球完全不同，該怎麼辦？

譬如，假使某族外星人是一支「智能犬」的後代，那麼對方的「語言」說不定傾向反映嗅覺、而非視覺影像。若是「智能鳥」後代，他們的語言很可能會以複雜的旋律為基礎。假使源自海豚或蝙蝠，或許會以聲納訊號為語言。萬一對方的祖先是昆蟲，搞不好會透過費洛蒙發送信號。

我們在分析前述幾種動物的大腦時，已明確理解這些動物的腦和人腦差異有多大。人腦有很大一部分奉獻給視覺和語言，但其他動物的腦則偏重嗅覺、聽覺等其他領域。

換言之，未來在和外星文明進行第一次接觸時，我們絕不能預設立場，認為對方的溝通和思考方式和我們一樣。

外星人長什麼模樣？

每次看科幻電影的時候，故事高潮通常都發生在地球人終於見到外星人的那一刻。（事實上，在《接觸未來》〔*Contact*〕這部差強人意的電影中，有個相當教人失望的設定：觀眾直到最後都沒能目睹外星人眞面目。）不過，《銀河飛龍》系列的所有外星人看起來都跟人類差不多，講話方式也很像——個個說得一口道地美語。而這群外星人的唯一不同之處，大概是他們各自擁有樣式不同的鼻子吧。《星際大戰》的外星人設定就比較有想像力，有些像野生動物、有些像魚，但多半也來自能呼吸空氣、且重力跟地球差不多的行星。

各位大可這麼說：外星人可以長成你我想像的任何模樣，反正從來也沒有誰眞正接觸過他們。但外星人的長相應該還是有邏輯可循。雖然我們無法確定，但外太空生命的起源極有可能也誕生自海洋，並且由以碳為基礎的分子組成。這種化學性質碰巧能滿足理想生命的兩項必要元素：儲存大量資訊的能力（因為分子結構複雜），以及自我複製的能力。（碳有四個原子鍵，每一個原子鍵都能另組碳氫長鏈——包括蛋白質和DNA。這些含碳DNA長鏈依原子排列順序不同，藏著各種密碼。而這種長鏈又以雙股形式存在，並可拆解，容許各股抓取分子、按照密碼製作自己的複本。）

近來科學界誕生一門名為「天體生物學」（exobiology）的新學問，主要研究遙遠星球截然不同的生態系統和生命形式。目前，天體生物學家在嘗試創造「非碳生命形式」的過程中，遭遇極大困難。（碳的化學性質使其擁有豐富多變的分子類型。）雖然天體生物學家也考慮過其他可能性，譬如某種像氣球一樣的智慧生物，飄浮在氣態巨行星的大氣中，但要造出能讓這種生物真實存在的化學物質，實在非常困難。

小時候，我最喜歡的電影之一是《禁忌星球》，這部電影教了我一堂寶貴的科學課。在遙遠的世界裡，太空人遭巨怪威脅，已經有好幾名成員慘遭殺害。一名科學家以石膏鑄模採集巨怪留在泥土上的腳印，結果大吃一驚：他發現，巨怪的腳違反所有演化定律。牠的爪、足趾和骨骼的排列方式毫無道理可言。

這個說法引起我的注意。怪物違反演化定律？這對我來說是個新概念，原來就連怪物和外星人也得遵守科學定律。以前我還以為怪物只要長得又凶又醜就行了，但是怪物和外星人竟然也跟我們一樣，都必須遵守自然法則，這聽起來其實非常合理。畢竟他們又不是活在真空世界裡。

舉例來說，後來當我聽聞「尼斯湖水怪」時，我會質疑這種生物的交配族群如何分布？假如這種恐龍模樣的生物能在湖裡生活，牠應該只是整個族群（大概五十隻吧）的一分子。這樣說來，這種生物存在的證據應該不難發現才是，例如骨骼、獵物屍體、排泄物等等。因此，正是因為沒有人找到這類證據，才令尼斯湖水怪的存在蒙上可疑的陰影。

同樣的，各位也可以把這套演化定律應用在外星人身上。若要精確闡述遙遠行星上的外星文明如何誕生演化，這當然不可能。但我們可以根據地球生物的演化模式，稍微推測一下。在分析「智人」智慧如何進化、人類如何從萬物之中崛起時，我們至少可以列出三項基本要素：

（一）立體視覺

一般來說，獵食者的腦子比獵物聰明。若想有效捕捉獵物，獵食者必須是集鬼鬼祟祟、狡猾、善於策畫僞裝和欺敵於一身的大師。獵食者也必須掌握獵物習性，諸如覓食地點、弱點與防禦力等等。這些都需要相當的智商和腦力。

另一方面，身為獵物的一方只能全力逃脫。

這層關係也反映在雙方的眼睛位置上。像老虎、狐狸這類獵食者，牠們的眼睛朝向正前方，故能透過大腦比較左右兩眼輸入的影像，進而擁有立體視覺。立體視覺讓獵食者能判斷遠近，這是定位獵物的基本條件。然而獵物並不需要立體視覺，牠們需要的是三百六十度視角，憑以搜索獵食者。因此牠們的眼睛多在頭部兩側，像鹿和兔子都是。

來自太空的外星人十之八九會是必須尋找食物的獵食者後代。不過這並不代表他們必然帶有侵略性，但也不能說他們的老祖宗就一定不是獵食者。人類最好還是謹慎處之，小心為妙。

（二）對握的大拇指（前肢可握物）

任何物種發展成智慧文明的最重要特徵，是該物種操控環境的能力。植物辦不到。植物只能仰仗環境變化，但動物能形塑自己的環境，增加生存機會。而人類之所以和其他動物有所區別，關鍵在於擁有能對握的大拇指——這讓我們能用手操作工具。再早以前，這隻「手」主要用來抓握樹枝、在林間擺盪，食指與大拇指連起的彎弧約莫就是非洲樹枝的粗細大小。

（不過這並不表示「能對握的大拇指」是促使智能進化的唯一抓物設計。觸手和爪子同樣能抓取物體。）

結合第一與第二項要素，動物就能利用「手眼協調」的能力狩獵，也能操作工具。但第三項要素則將所有能力連成一氣。

（三）語言

絕大多數的物種皆有此現象：單一個體可能習得的所有知識能力，都將隨該個體死亡而消逝。

為了代代傳承和累積必要資訊，物種必須發展某種形式的語言。語言越精簡扼要，各代傳遞的資訊量就越多。

獵食者的身份有助於語言進化，因為群獵者必須互相溝通協調。對群體動物來說，語言是最重要且有用的工具。遠古時代，單獵者可能敵不過巨大的長毛象，但群獵動物可以伏擊、包圍、設陷阱和誘捕，合力扳倒長毛象。不僅如此，語言也是必然的社會現象，能促進個體之間的合作發展。在人類文明興起的過程中，語言絕對是必要元素。

之前拍攝《發現頻道》某集節目時，我曾經和一整池活潑愛鬧的海豚共游，那是一次體會語言「社會面」的生動經驗。研究人員把聲納儀器插入池中，記錄海豚溝通的唧唧啾啾和口哨聲。儘管海豚沒有可以寫下來的語言，但牠們的語言是有聲的，可供記錄與分析。

我們也可以利用電腦搜尋語言紀錄中可能的暗示或顯現的智能交流模式。比方說，若隨機分析「英文」這種語言，各位會發現所有字母中最常出現的字母是「e」，並且能循此做出一張字母表，分析每一個字母的出現頻率，藉此找出這個語言或某特定人士的獨特「指紋」。（這套方法可用來查證歷史文件作者。譬如，證明某幾份劇本確實是莎士比亞本人撰寫的。）

同理，我們也可以記下眾海豚的溝通內容，因而發現牠們在唧唧啾啾或吹口哨時的重複模式，確實遵循某道數學公式。

此外，諸如犬、貓等其他動物也能以相同的方式記錄分析，找出可解開其智慧象徵的相似暗號。

只是當我們著手分析蟲鳴時，發現的智能證據少之又少。總而言之，動物確實各有其原始或簡陋的語言，而電腦能以數學算式解讀這些語言的複雜狀態。

地球智慧生物的演化進程

所以，假如發展智慧生命必須擁有前述三項特質，那麼我們可以問：地球上有多少動物擁有這三種特質？我們發現許多擁有立體視覺的獵食者也同時有爪、掌、蹼或觸手等肢體構造，卻獨缺抓握工具的能力。同樣的，這些獵食者也沒有能輔助狩獵、共享資訊、將資訊傳給下一代的複雜語言。

我們也可以拿人類演化和智能發展跟恐龍一較長短。雖然我們對恐龍的智能發展了解極為有限，但根據研究，牠們稱霸地球兩億年，卻沒有任何品種衍生出智慧、或發展恐龍文明，而人類只花二十萬年就辦到了。

不過，若仔細分析恐龍王國，應該還是能看到不少頗具潛力的智能徵兆。舉例來說，電影《侏儸紀公園》（*Jurassic Park*）裡怎麼殺也殺不死的「迅猛龍」（velociraptor），說不定就有可能發展成智慧生物。牠們擁有獵食者的立體視覺，狩獵時成群出動，因結伴行動代表迅猛龍或許有某種溝通方式，能協調彼此的行動。而且牠們還有能抓取獵物的利爪，而這種爪子或能演化出能對握的拇指。（相較之下，暴龍的前肢實在小得可憐，大概僅能在獵得食物後用來抓取屍肉，幾乎不太可能抓握工具。暴龍充其量只是「會走路的大嘴巴」罷了。）

《造星者》的外星人

我們可以利用前述架構來分析奧拉夫・斯塔普雷頓《造星者》裡的外星人。故事主人翁經歷一場跨越宇宙的想像之旅，遇見許許多多令人讚嘆的文明，使讀者得以飽覽潛在智慧文明散布整個銀河系的全貌。

其中一支文明演化自重力場較大的星球。因為如此，他們不只需要「四肢」，而是以「六肢」行走。最後，最前端的兩肢進化成手，讓他們有餘裕使用工具。隨著時間演進，這支外星人逐漸變成類似半人馬的生物。

主角也見過長得像昆蟲的外星人。雖然每隻昆蟲本身並不聰明，但結合數十億隻即可形成集體智慧。還有一種鳥型族群總是成群移動，像一片巨大雲朵，並且也發展出蜂巢意識。另一種像植物的智慧生物在白天動也不動，到了晚上卻能像動物一樣四處走動。主人翁甚至見過好些完全超出人類經驗的智慧生命形式，譬如「智慧星星」等等。

這類外星生物大多活在海洋中，而適應最成功的水生物種是由兩種動物組成的共生體，長得像魚又像螃蟹。這種「魚頭配蟹腳」的生物能像魚一樣迅速游動，也能如螃蟹般以螯爪操作工具。這種共生形式賦予他們極大的優勢，遂成為該星球的優勢物種。後來，這種魚蟹狀生物上陸探險，發明機器、電器、火箭飛船，建立繁榮、高科技又進步的烏托邦社會。

這些共生生物打造星艦，出航後遇上其他科技較不發達的文明。斯塔普雷頓寫道，「這群共生生物非常謹慎，設法隱藏自己、不讓其他較原始的文明知曉其存在，深怕雙方會失去彼此的獨立性。」

換言之，雖然魚和螃蟹無法各自演化成高階生物，但合在一起卻成功了。

鑑於外星文明（若當眞存在）大多生活在水裡——譬如木衛二「歐羅巴」或土衛二「恩賽勒達斯」這類冰雪覆蓋的衛星，或其他流浪行星的衛星。那麼問題來了：水生物種當眞能進化成智慧生物嗎？

若分析地球自己的海洋，可以看出幾個問題。在水中，「鰭」是極有效率的移動工具，手腳則否。鰭的機動性強，動作迅速，如果要靠雙腳在海底行走，可說是既笨拙又困難，因此僅少數海洋動物演化出能握物的附肢，這點毫不意外。如此看來，使用鰭的海洋生物似乎不會發展成智慧生物（除非鰭能演化成可抓取物體的附肢，否則也只相當於陸生動物的手和腳，就像返回海洋的鯨豚一樣）。

話說回來，章魚倒是演化得相當成功。章魚在海中生存超過三億年，說不定是所有無脊椎動物中最聰明的一種。若以前面提到的高等智慧三要素來分析章魚演化，各位會發現牠們符合其中兩項。

首先，身為獵食者的章魚擁有獵人般的眼睛。只不過當兩眼望向前方時，立體對焦功能不佳。其次，章魚有八條觸手，操控周圍物體的能力十分出色。這些觸手亦相當敏捷靈巧。不過，章魚沒有口述語言。章魚獵食時皆單獨行動，因此無須與同伴協調溝通。就目前可辨識的行為來看，章魚似乎也沒有代代相傳交流的習性。

儘管如此，章魚依舊展露相當的聰明才智。拜身體柔軟和擅長鑽擠窄縫之賜，章魚是水族館最惡名昭彰的逃脫高手。章魚也能順利通過迷宮，顯示牠們擁有某種程度的記憶力。目前已知章魚也會操縱工具，牠們會抓取椰子殼，為自己築房造窩。

所以，假如章魚擁有一定程度的智慧以及多功能觸手，那麼牠們何以未能演化成智慧生物？諷刺的是，其實這說不定就是章魚適應太成功的證明。躲在岩石底下、用觸手抓取獵物，這已是相當高明的生存策略，因此章魚大概不需要再發展智慧了。換言之，章魚並未承受演化壓力，無需演化成更高智慧的生物。

然而在遙遠星球截然不同的條件下，各位或可想像，像章魚這樣的生物也許會發展出嘰嘰咕咕或口哨般的語言，讓牠們能成群出動狩獵。說不定，章魚的口器能進一步演化，產生某種初步且簡單的語言。各位甚至可進一步想像，在遙遠未來的某個時間點，地球的演化壓力說不定將迫使章魚發展出語言。

因此，「智慧章魚」是有可能存在的。

斯塔普雷頓幻想的另一種智慧生物是鳥。科學家已經發現，鳥類和章魚同樣擁有相當程度的智慧。但鳥類與章魚的不同之處，在於鳥類的溝通方式十分複雜。牠們不僅嘰嘰啁啁，也會透過鳴唱和旋律來表述意思。科學家錄下鳥類鳴唱的聲音，發現曲式和旋律越複雜，就越能吸引異性注意。換言之，公鳥鳴啼的複雜度可供母鳥判別其是否健康、體格是否強健，以及適不適合做為交配對象。所以，演化壓力確實讓鳥類發展出複雜的旋律和某種程度的智慧。雖然某些鳥類也擁有獵食者的立體視覺（譬如鷹隼和貓頭鷹），亦具備某種形式的語言，但牠們仍舊缺乏操控環境的能力。

數百萬年前，某些以四腳行走的動物演化成鳥類。若分析鳥類骨骼，可明確看出腿骨逐步演化成翼骨的跡象。這兩副骨頭具有完全對應的構造關係。但要想掌控環境，最好還是要有可自由使喚和握物的雙手。這表示智慧鳥類只有兩種選擇：一是演化出具雙重用途的翼手，可兼顧飛行與操作工具。否則他們至少得變出六肢，然後其中四肢再化為雙翼與雙手。

因此，「智慧鳥類」這種物種也可能成真，前提是他們得設法發展出操控工具的能力才行。智慧物種樣貌多變，以上只是其中幾種可能而已。讀者一定還能推演出更多不同的可能性。

智慧人

以下這個問題或許能提供另一種說明：為何是人類？為什麼是人類變成智慧物種？許多靈長類動物也非常接近、幾乎符合前述三項要素，所以為何是人類發展出這些能力，而非黑猩猩、矮黑猩猩（bonobo，人類在演化上的最近親）或大猩猩？

若以其他動物的標準來衡量「智人」這種動物，各位會發現我們既沒力氣又相當笨拙。人類大概很容易就淪為動物王國中的笑柄。我們跑不快，沒有螯鉗或利爪，不會飛，嗅覺也不特別靈敏。我們身上沒有盔甲，身形也不強壯，皮膚既沒有被毛又太過細緻。不論從哪種生理項類來看，都有不少動物遠遠強過我們。

事實上，我們身邊的動物絕大多數都適應得相當成功，因此沒有演化壓力、亦毋須改變。有些動物長得跟數百萬年前一模一樣。然而正是因為我們力氣小又笨拙，所以才承受巨大的演化壓力，試圖獲取其他靈長類所沒有的技能。為了彌補人類在生理上的種種不足，所以我們必須變聰明。

有一套理論是這麼說的：數百萬年前，東非氣候發生巨變，導致森林越來越少、草原鋪延開展。人類的祖先原屬森林動物，所以曾在森林消失時大量死亡。生存下來的老祖宗們被迫從森林移居莽原或大草原。他們得扳直背脊、直立行走，才能看清草原上的動靜。（人類「突肚凹背」的傾背姿就是最好的證據。然而一旦從四肢著地演化成站姿，這種姿勢會對腰部造成極大壓力，因此人到中年最常出現背部問題。）

直立行走還有另一項優勢：騰出雙手，讓我們可以操作工具。

將來若遇見外星智慧生物，對方也可能既沒力氣又笨拙，為了彌補這些不足，進而發展出高度智能。他們也會像我們一樣，利用「任意改變環境」這項新技能演化出強大的生存能力。

衆星演化群像

於是乎，智慧生物可能以何種方式發展成現代科技社會？

誠如先前討論過的，宇宙中最普遍的生命形式可能是水生物種。我們已經檢驗過海洋生物能否發展出必要的生理條件，但高等智慧也包括文化和技術層面，所以且讓我們來瞧瞧先進文明到底有沒有可能自海底誕生。

農業發明後，人類的動力與資訊進展總共歷經三個階段。

第一階段是工業革命。人類藉助煤炭與石化燃料之力，將雙手產生的動力放大許多倍，社會也因此急遽進步，從較原始的農業社會一躍進入工業社會。

第二階段則是電氣時代。發電機大幅增加可用動力，再加上廣播電視、電信通訊設備等新型通訊形式興起，使能源與資訊交流得以蓬勃發展。

第三階段即為資訊革命。電算能力全面主宰人類社會。

現在咱們可以問個簡單問題：水生物種是否也能通過這三段發展動力和資訊交流的必要階段？

由於歐羅巴和恩賽勒達斯離太陽太遠，兩者的海洋也永遠埋在冰層下，故這些遙遠衛星衍生的智慧生命極可能不具有視力，一如地球深海洞穴中的魚類。他們大概會發展出某種形式的聲納系統，像蝙蝠一樣透過聲波在海中定位及移動。

不過，鑑於光波的波長遠不及聲波，因此這類智慧生物可能無法像人類一樣能看清細微構造（如同超音波的檢查細節遠不及內視鏡），而這可能減緩他們創造現代文明的進程。

然而更重要的是，任何水生物種都會碰上能源或動力問題，因石化燃料在水中無法燃燒，屏蔽電力亦十分困難。此外，如果沒有可供燃燒的氧氣，工業機械就無法產生動力，因此多數機械也無法使用。太陽能的景況也差不多，理由是陽光完全無法穿透冰層。

既沒有火和內燃機、也沒有太陽能，那麼不論是哪種外星水生物種，似乎都缺乏現代社會發展所需的動力。不過，倒是還有一種尚未開發的能源可供使用——海底裂隙冒出的地熱能。一如地球海底的火山裂隙，歐羅巴和恩賽勒達斯如果也有類似的地殼裂隙，應該也能提供可使機械運轉、方便取用的能源。

此外，這些物種說不定也會發明可在水中運轉的蒸氣引擎。這些裂隙的溫度可能高於水的沸點，如果能以管路導引裂隙冒出的熱能，或許就能造出蒸氣引擎，利用沸騰的水蒸氣推動活塞，而水中文明也許就能進入機械時代了。

另外還有一種可能是以地熱熔化礦石，進行冶金作業。若能藉此提取金屬、加以鑄造，就能建立海底城市。簡言之，外星水生物種說不定能以這些方式創造水中的工業革命。

至於電氣革命大概就不太可能發生了，因為傳統電器用品在水中幾乎都會短路。沒有電力，電氣時代的所有驚奇不太可能發生，科技也將停滯不前。

不過，電器問題同樣也有其他可能的解決方案：假如這群生物能找出在海底將鐵磁化的方法，即有可能造出發電機，如此也就能提供機器運轉的動力了。也許是利用噴射蒸氣撞擊渦輪葉片，磁鐵旋轉可推動線路中的電子、產生電流，這跟水力發電、或是腳踏車燈以腳踩發電的過程是一樣的。重點是，外星的水中智慧生物或許能在有水存在的條件下，利用磁鐵造出發電機，藉此進入電氣時代。

而藉由電腦達成的資訊革命同樣不容易，但水生物種仍有可能駕馭並解決問題。誠如「水」是讓生命興盛繁衍的最佳介質，對所有以「晶片」（積體電路）為基礎的電腦科技而言，「矽」就相當於水的角色。外星海底說不定有大量的矽可供開採、純化，然後再利用紫外光蝕刻製成晶片，製程跟在地球上一模一樣。（製作矽晶片時，會讓紫外光穿過一片已刻有晶片迴路藍圖的模板，於是紫外光和一連串化學反應會在矽晶圓上刻出圖案，做成電晶體。這道程序是電晶技術的基礎，亦可在水中完成。）

因此，水生物種確實有可能發展成智慧生物，創造現代科技社會。

外星科技發展的天然阻礙

任何文明一旦進入蛻變為現代社會的冗長、艱鉅過程，肯定還會面臨另一道難題：層出不窮的天然阻礙。

舉例來說：假如金星或泰坦這類星球演化出某種智慧生物，他們可能得面對終日烏雲密布的世界，永遠看不見星星。他們對宇宙的概念可能局限於自己的星球。

這也就是說，這類文明可能永遠不會發展天文學，宗教信仰也只能取材自所處星球的故事傳說。由於他們可能沒有探索雲層之外的強烈衝動，文明進展也可能因此受阻，極可能不會發展太空計畫。沒有太空計畫，這類文明就永遠不會出現電信通訊設備和氣象衛星。（在《造星者》這本小說裡，有些海洋生物後來終於登上陸地，至此才開始發展天文學。假如他們留在大海中，大概永遠不可能發現自己這顆星球之外的宇宙。）

社會發展必須面對的另一道難題，艾西莫夫在其得獎短篇〈夜幕低垂〉（Nightfall）已大致勾勒出來。他想像一群科學家住在一顆圍繞六顆恆星旋轉的行星上。這顆行星永世沐浴在陽光下，星球居民不曾見識充斥數十億星子的夜空，堅信整個宇宙就只有他們這個恆星系統。該星球的所有宗教和身分認同皆以這個核心信仰為中心。

但後來，科學家漸漸發現一連串令人煩擾不安的現象。他們發現，該星球的文明每兩千年就會陷入翻天覆地的混亂。某種神祕事件如野火燎原，導致社會分崩離析。這個循環在過去似乎不斷重複發生，卻找不到起點。有傳說指出，混亂發生時，世界漆黑一片，人們發狂瘋癲。有人引燃大型篝火，試圖照亮天空，卻不慎使得所有城市陷入火海。異端邪教散布，政府倒台，正常社會組織亦分裂解體。這種混亂大概要持續兩千年，然後才會有新文明從前次文明灰燼中崛起。

這時，科學家才意識到這顆星球背後令人震驚的眞相：每隔兩千年，這顆星球的軌道就會發生異變，導致夜晚來臨。於是人們驚恐地發現：兩千年的周期又快到了。故事結束時，夜幕降臨，文明再度進入無秩序狀態。

〈夜幕低垂〉這類故事迫使我們開始深思，在一個環境條件與地球截然不同的星球上，生命會以何種方式存在？你我都很幸運能生在地球上：地球有豐沛的能源，有火、也能燃燒，大氣層能保護電子設備運作正常、不致短路，地殼蘊藏大量的矽，還有——看得見夜空。若缺少其中任何一樣，都會使先進文明的興起與發展變得相當困難。

費米悖論：外星人在哪裡？

然而這一切還是脫離不了一個甩不掉也解不開的謎題——「費米悖論」（Fermi Paradox）[68]：外星人到底在哪兒？假如眞有外星人，肯定會留下標記或蹤跡，或許還會光臨地球，但我們卻始終沒有外星人造訪的確切證據。

費米悖論有許多可能答案。我的想法如下：假如外星人有能力、也眞的從數百光年外來到地球，那麼他們的科技必定比我們先進許多。若眞是如此，認為他們會飛越數兆公里來拜訪一個沒啥好貢獻的落後文明，這種想法未免有些自大。如果換作是人類造訪森林，難道你我就會找小鹿聊天、跟蝸牛說話？也許剛開始有人曾經嘗試這麼做，但因為牠們無法回答，人類也就很快失去興趣離開了。

所以，就一般狀況而言，外星人應該不會打擾我們，只會把我們當成原始珍奇生物。又或者如斯塔普雷頓在數十年前所猜測的，外星人自有一套「不可干涉原始文明」的處世方針。換言之，對方或許知道我們存在，但不想影響地球文明發展。（斯塔普雷頓則給出另一種可能。他寫道：在這些還未進化至烏托邦的文明世界中，有些雖秉性不壞，卻沒有能力繼續進步發展，所以只好予以保留並使其平靜存在——就像我們會為了科學目的而建立國家公園，保護野生動物。[69]）

我也拿這個問題問過蕭斯塔克博士，他卻給我完全不同的答案。他說，比人類更先進的文明極有可能會發展人工智慧，所以他們會派機器人上太空。他告訴我，假如人類好不容易遇見外星人，但對方卻是機器、而非生物體，那麼我們不該為此感到訝異。在《銀翼殺手》（*Blade Runner*）這類電影中，由於太空探索實在是危險又困難，所以送進太空執行骯髒任務的清一色都是機器人——這說不定能回過頭來解釋，為何人類攔截不到外星人發送的無線電訊號。假如外星人沿襲與地球相同的科技發展途徑，他們在發明廣播無線電之後不久，應該就會發明機器人了。一旦進入人工智慧時代，外星人說不定會跟機器人結合，甚少使用無線電。

譬如，以機器人為主的文明或許充斥大量電線電纜，而非接收無線電或微波的天線。對無線電接收器或ＳＥＴＩ計畫而言，這類文明是隱形的。換言之，外星文明使用無線電的時間可能只有短短數百年，因此，這或許是我們尋不到傳輸訊號的理由。

也有人推測，外星文明說不定打算掠奪地球的某種資源。其中一種可能選項是海洋的液態水。在我們的太陽系，液態水確實是非常珍貴的寶物，只有地球和氣態巨行星的衛星上找得到。不過固態水（冰）就不一樣了。彗星、小行星、環繞氣態巨行星的衛星上都有大量的冰，故外星文明勢必得加熱處理，才能把冰融化成液態水。

另外還有一種可能：他們搞不好想竊取地球的珍稀礦產。這事雖不無可能，但地球以外杳無人跡的廣大世界，其實也蘊藏無數珍貴礦物。假如外星科技進步到能穿越無垠、抵達地球，那麼他們應該早已選定要開發哪些行星了。比起掠奪一顆已經有智慧生命的行星，那些無人居住的行星應該更容易得手。

最後還有一種可能性：外星人覬覦地核的熱能，一旦對方出手極可能摧毀整個星球。[70]不過，我們懷疑外星文明應已掌握並能利用核融合發電，因此無須奪取地核熱能。畢竟核融合所需的燃料「氫」碰巧是全宇宙含量最豐富的元素。此外，外星文明也能從恆星提取能源，而恆星數量何其多？

人類礙著誰了？

《銀河便車指南》（*The Hitchhiker's Guide to the Galaxy*）一書描述道，外星人之所以毀掉地球，只因為咱們「礙著別人的路」了。外星人組成的星際政府並非特別針對地球人，只是他們想蓋一條星際高速公路，而我們剛好擋在路中間。其實這不無可能。比方說：在野鹿眼中，拿著威力強大來福槍的飢餓獵人，和手提公事包、態度溫和、但需要取得土地興建道路的開發商，哪一邊比較危險？假使只有一頭鹿，飢餓的獵人看起來或許危險得多。然而對鹿這個物種來說，最致命的終歸還是土地開發商，因為他們會剷平大群物種賴以棲息維生的整座森林。

同樣的，《世界大戰》的火星人也並非對地球人懷恨在心。單純只是因為火星人的世界即將毀滅，而他們需要占領我們的星球。他們並不討厭人類。我們只是「礙著他們了」而已。

先前討論過的超人電影《超人：鋼鐵英雄》也有相同的脈絡可循：氪星人在母星爆炸前，及時完整保存整個種族的DNA。他們之所以占領地球，只是為了復興自己的種族。雖然這種故事設定看似合理，不過宇宙中還有其他星球可以掠奪占領，各位或可冀望外星人說不定會放過我們。

我的同事保羅．戴維斯還提出另一種可能性：說不定外星文明的科技太過先進，能打造遠比眞實還要美好的虛擬實境程式，所以寧可永遠活在想像的美好電玩世界裡。這種可能性並非完全不合邏輯。因為就算是人類，也有相當比例的人傾向混混沌沌、嗑藥狂嗨度日，不願面對眞實人生。在現在的世界裡，這個選項不可能成立，因為假如每個人成天只知嗑藥，整個社會勢必崩裂瓦解。但是，如果人類能靠機器滿足日常所需，那麼「寄生蟲社會」倒也不無可能。

話說回來，以上推論依舊無法回答這個問題：所謂「先進文明」或許超前我們數千至數百萬年，但它究竟是何模樣？與他們相遇，是會促成繁榮和平的新時代來臨，抑或導致人類文明湮滅告終？

我們無法預測外星先進文明的文化、政體或社會屬性，但誠如先前所言，即使是外星人也得遵從「物理法則」這道鐵律。所以，對於「超先進文明將如何蛻變進化」，物理學又是怎麼說的？再者，假如我們始終無法在地球所在的星域遇見任何外星文明，那麼，人類將如何進化發展、邁向未來？我們當眞能探索恆星、悠遊銀河？

第十三章 先進文明

有些科學家提議增加「第四類文明」（Type IV）這個分類項，用以描述妥善操控時空、進而影響整個宇宙的先進文明。人類何須自限於一個宇宙？

——英國天文學家克里斯・英培（Chris Impey）

科學實在教人驚嘆：只要投入些許事實，就能從中獲得廣泛、大量的推測，報酬豐碩。

——美國小說家馬克・吐溫

小報以斗大的標題宣布：

「發現巨大外星建築！」

「外太空發現異星機器，天文學家迷惑不解！」[71]

就連素來不太報導幽浮、外星人這類聳動新聞的《華盛頓郵報》，也下了「夜空中最詭異的星星又來搗蛋」的標題。

天文學家平時都在分析人造衛星、無線電波望遠傳回的大量枯燥數據，此時突然接到焦躁記者們宛如洪水的急電狂叩，追問這是不是眞的——難道天文學家終於在外太空發現巨大的外星建築？

整個天文學界措手不及，啞口無言。是的，他們的確在外太空發現奇怪的東西。沒錯，目前完全解釋不通，現在硬要說它代表什麼意義，尚且言之過早，說不定只是白費力氣。

天文學家著手尋找凌越遙遠恆星的系外行星時，爭議亦隨之而來。通常，一顆巨如木星的系外行星若凌越母恆星，肯定會削弱母星約百分之一的星光。但是有一天，科學家在分析克卜勒太空望遠鏡收集的 KIC8462852 資料時（這顆恆星離地球一千四百光年），卻發現驚人的異常數據：二〇一一年，這顆恆星星光減弱的程度竟高達百分之十五。這類異常數據通常會直接刪除，因為有可能是儀器出錯、電源受到干擾、電力輸出短暫飆高又或者什麼都不是，只是望遠鏡面沾上灰塵罷了。

但後來，二〇一三年又觀測到一次這種現象，而這一回，星光減弱的程度達到百分之二十二。科學界尚不知有什麼物體或事件能如此大規模且經常性地減弱星光。

「我們從沒見過這種星星。實在太詭異了。」[72] 耶魯大學博士後研究員塔貝莎．菠耶金（Tabetha Boyajian）如此說道。

然而整件事似乎變得更加離奇：路易斯安那州立大學的布萊德利．薛佛（Bradley Schaefer）挖出以前的攝影感光板，發現那顆恆星的亮度從一八九〇年起就有周期性變暗的紀錄。英國雜誌《今日天文學》（*Astronomy Now*）撰文表示這項發現「挑起一場天文觀測風暴——天文學家急著追根究柢，想破解這道迅速成為天文界最大謎團之一的新謎題」。

天文學家列出一長串可能解釋，可是這些慣常科學猜想卻層層蒙上懷疑的陰影。什麼因素會導致恆星亮度劇烈下降？難道真的是一顆比木星大了二十二倍的天體？這裡有一種可能，該現象乃行星衝向恆星所造成的，但由於星光變暗的狀況反覆出現，故而排除這種可能性。另一種可能是恆星系盤面上的塵埃。恆星系逐漸凝聚成形時，最初的氣體與塵埃圓盤可能比恆星本身大上許多倍。因此，也許每當氣體塵埃圓盤通過恆星前方時，就會發生星光減弱的現象。不過這種可能性亦遭排除，理由是經分析發現，KIC8462852 已是成熟恆星，這表示星系塵埃早就凝聚在一起、或被太陽風吹進外太空了。

在消去多種可能解答之後，最後還有一個選項尚無法輕易排除。雖然沒有人願意相信，卻也無法證明沒有這種可能：說不定其實是外星智慧生物建造的超級巨無霸建築，阻擋了 KIC8462852 星光。

「『外星人』始終是我們考慮的最後一種假設。可是，這玩意兒看起來就是我們揣想外星文明會蓋出來的東西。」賓州大學天文學家傑森．萊特（Jason Wright）如是說。

由於二〇一一年與二〇一三年這兩次星光減弱的間期為七百五十天，於是天文學家預估下一次會發生在二〇一七年五月。結果，KIC8462852 竟完全按照表定時間逐漸變暗。這一回，地球上所有能測量星光的望遠鏡幾乎都在追蹤這顆恆星。全球的天文學家皆目睹 KIC8462852 星光減弱約百分之三，然後再度變亮。

但這到底是怎回事？有人認為那可能是一顆「戴森球」——奧拉夫．斯塔普雷頓於一九三七年首度提出這個概念，再由物理學家弗里曼．戴森分析發展。戴森球是一種為提取恆星發出的大量光能，而把恆星包在中央的巨大球體。或者那也可能是一顆環繞恆星轉動的大球，因定期通過恆星前方而減弱恆星光芒。又或者，這是為了供應「第二類文明」（Type II）機械動力所建造的某種設施——這項推論令業餘天文學家和新聞記者的想像力翻攪沸騰，並齊聲發問：「第二類文明」到底是什麼玩意兒？

卡爾達肖夫文明指數

這套先進文明的分類方式，由俄國天文學家尼古拉．卡爾達肖夫（Nikolai Kardashev）首度於一九六四年提出。[73] 一心想尋找外星文明，卻對自己應該或可能要找的對象毫無概念，這點令卡爾肖達夫相當不滿意。科學家喜歡定量未知，所以他導入這套將文明以「能量利用等級」為基礎的分級方式。不同等級的文明可能有其不同的文化、政體和歷史，但這些文明全都需要能源。他排定的量級如下：

1. 第一類文明：利用行星接收到的恆星能量。
2. 第二類文明：利用恆星產生的所有能量。
3. 第三類文明：利用整個星系的能量。

透過這種方式，卡爾達肖夫提出一套簡單好用的方法，讓科學家直接以「能源利用能力」為依據，計算並且為星系中可能存在的文明歸類分級。

反過來說，每一種文明消耗的能量也都可以藉此計算出來。要想算出地表每一平方公尺土地的陽光照射量，其實不難，再把算得的數字與地球接收陽光的總表面積相乘，馬上就能得出第一類文明可利用的概略能量。（經計算，第一類文明可駕馭的能量約為 7×10^{17} 瓦，這個數字大概是今日地球輸出能量的十萬倍。）

既知太陽能照射地表的單位面積分量，我們可以把這個數字與太陽總表面積相乘，得到太陽的總輸出能量（粗估為 4×10^{26} 瓦），取得第二類文明大略的能源使用量。

我們也知道銀河系有多少恆星，所以可以再把前段的數字與恆星數相乘，算出整個星系的輸出能量。是以我們這個星系的第三類文明能源消耗量約莫可達 4×10^{37} 瓦。

這些數字非常有趣，引人著迷。卡爾達肖夫發現，每一個等級的文明都比前一級擴增約百億至千億倍。

現在各位應該可以算出來，人類何時才能晉升至這些級數。以地球的總能源消耗量來計算，可知人類目前的級數為〇點七。

假定我們每年可提升百分之二到百分之三的輸出能量（大致相當於地球各國GDP的年平均成長率），大概還要一百或兩百年才會達到第一類文明的標準。據此估算，人類晉升至第二類文明可能需要幾千年時間，至於何時才能升上第三類文明，這就比較不好計算了（因為事涉星際旅行進程，但這部分實在難以預料）。有人估算，在未來十萬年內，人類大概都不會進入第三類文明時代，甚至熬上數百萬年都有可能。

從「零」過渡到「一」

在所有類別的過渡期中，最困難的當屬「零」到「一」——也就是人類目前正在經歷的階段。這是因為第零類文明不論在科技或社會層面上，都屬於最未開化的一類，直到晚近才從利益鬥爭、獨裁政體、宗教衝突等泥淖中崛起，且仍帶著宗教審判、政治迫害、集體殺戮、戰爭等殘暴過往留下的傷痕。人類史書滿滿記載大屠殺與種族滅絕的恐怖故事，其中大多都是受到迷信、無知、狂熱和憎恨所驅使。

不過，我們正目睹第一類文明誕生時，因科學和社會富足所引發的陣痛。每一天，這些劇變的種子都在我們眼前發生。這個星球的共通語言已然成形：網際網路無疑是第一類文明的電話系統。因此網路就是首先發展出來的第一類科技。

此外，我們也見證多項行星文化嶄露頭角：運動方面有足球和奧運，音樂則有巨星風靡全球，而在流行時尚方面，購物中心陳列的高價位品牌和高檔精品店就是最好的證明。

有些人擔心，這段進化過程可能會威脅地域文化與習俗。然而在今日絕大多數的第三世界國家裡，菁英分子幾乎都會兩種語言，除了本地語言之外，也能流利使用全球通行的歐系語言或中文。未來人類可能都是雙文化出身，不僅習於自己當地的所有風俗傳統，對新興的行星文化亦處之泰然。所以，即使行星文化蓬勃開展，地球也會繼續維持其富裕和多元性。

眼前既已將太空文明歸類分級，即可利用這些資訊來計算銀河系先進文明的數量。舉例來說，若以德雷克公式估算整個星系可能有多少第一類文明，結果顯示這類文明應該蠻普遍的，但我們卻找不到任何明確證據。何以致此？可能的理由有好幾個。艾隆·馬斯克推測，一如文明有能力宰制先進技術，他們也會發展足以毀滅自身的力量。因此，第一類文明所面臨的最大威脅或許是「文明本身的自限性」。

人類從第零類過渡到第一類文明時，會面臨多項挑戰，包括全球暖化、生物恐怖主義、核武擴散等等，族繁不及備載。

其中首當其衝也最立即的威脅就是核武擴散。目前核子彈頭已進入全球最不安定的幾個區域，譬如中東、印度次大陸和朝鮮半島。即使是彈丸小國，將來也可能有能力發展核武。在過去，要將鈾礦精煉至核武等級的材料，需要巨大的氣體擴散廠和大量超速離心機等設備，而這些唯有大國才辦得到，小國根本無力負擔。這類斥資鉅額興建的設施體積龐大，很容易透過人造衛星偵測。但後來，有人偷走核武布建藍圖，轉賣給幾個不穩定的政體。再加上超高速離心機的造價下跌，鈾礦純化的成本也降低，使得今日就連北韓這般長期處於垮台邊緣的政體，也有辦法儲備小量但致命的核武軍火庫。

有人說，目前的危機是諸如印巴衝突這類區域戰事，有可能擴大為大型戰爭，導致多種主要核武投入戰場。美國和蘇聯各自擁有約七千項核武設施，核武威脅昭然若揭。甚至還有人擔心，非國家組織（nonstate）或恐怖分子集團亦可能設法取得核子彈頭，對世人造成威脅。

五角大廈曾委託顧問公司「全球商業網」（Global Business Network），針對「若全球暖化摧毀許多貧窮國家的國內經濟（如孟加拉），可能發生哪些後果？」一議題進行分析，報告總結：最糟的情況是各國可能必須使用核武來戍防邊界，阻止數百萬絕望飢餓的難民如洪水湧入國境。而且，就算全球暖化不會導致核戰，對人類來說也是實際存在的重大威脅。

全球暖化與生物恐怖主義

自從約一萬年前、前次冰河期結束以來，地球的溫度即持續緩慢上升。然而在過去這半個世紀，地球升溫的速度加快，瀕臨警戒狀態，處處顯現地球暖化的證據：

- 全球各主要冰河正持續消退。
- 過去五十年來，北極冰層的厚度已變薄百分之五十。
- 擁有全球第二大冰蓋的格陵蘭，大部分的冰層已開始融化。
- 南極洲一處大小如美國德拉瓦州的「拉森C冰架」（Larsen Ice Shelf C）於二〇一七年崩離，導致整座冰架和冰原的穩定性備受質疑。
- 最近幾年是人類有歷史紀錄以來最熱的一段時期。
- 過去一個世紀以來，地球的平均溫度已上升攝氏一點三度。
- 夏季的平均日數比以往增加一周。
- 「破百年紀錄」的事件層出不窮。譬如森林火災、洪水、乾旱、颶風等等。

假如未來數十年內，全球暖化加速的勢頭不減，極可能導致各國動盪不安、引發大饑荒、迫使濱海區域人口大量朝內陸移動，威脅世界經濟，足以阻撓地球過渡至第一類文明。

此外還有生物武器威脅。這類武器可能一舉消滅全球百分之九十八的人口。綜觀世界史，各位會發現最強大的殺手並非戰爭，而是瘟疫和流行病。不幸的是，某些國家極可能祕密囤積幾種致命疾病的病原，譬如天花。若以生物技術製成武器，注定造成大浩劫。另外，說不定有人會拿現有疾病做媒材（譬如伊波拉病毒、愛滋病毒或禽流感病毒），利用生物工程製成毀滅性武器，使其變得更致命、或者更快或更輕易擴散。

將來，假如我們當眞前往外星探險，說不定會發現逝去文明的遺跡：譬如大氣層具高度輻射的行星，因溫室效應失控而酷熱異常的行星，或使用先進生物武器自相殘殺、徒留空蕩荒城的死寂行星。第零類文明並不保證一定能過渡至第一類文明。事實上，這種過渡狀態反而代表文明演進時必須面對的艱鉅挑戰。

第一類文明的能源問題

第一類文明面臨的關鍵問題是，他們能不能從原本以石化燃料為主的能源型態，轉變成其他替代能源？

核電廠是可能選項之一。不過，以鈾為燃料的傳統核子反應爐會製造大量核廢料，其放射性維持數百萬年不減。即使人類進入核子時代已歷經半個世紀，卻依然沒有儲放高強度（high-level）核廢料的安全方式。這種物質溫度極高，可能造成爐心熔解，車諾比和福島核災仍歷歷在目。

另一種不同於鈾核分裂的發電方式是核融合發電。誠如第八章所提到的，人類目前的核融合技術尚不足以投入商業運轉。但如果是科技領先我們一百多年的第一類文明，說不定已改善並提高相關技術，使其成為無可取代、幾近用之不竭的重要能源。

核融合電廠有一項優勢，就是以「氫」為燃料，而氫可以從海水萃取出來。核融合電廠也不像車諾比或福島電廠，不會發生爐心熔解的大災難。假如核融合電廠發生功能異常（譬如反應器內層接觸高熱氣體），核融合過程會自行中斷。（這是因為核融合反應必須符合「羅森準則」（Lawson criterion）：反應爐在一定時間內必須維持相當的物質密度及溫度，才能融合氫原子。若核融合過程失控，無法滿足羅森準則，整個程序就會自動中斷。）

另就是，核融合反應爐只會產生少量核廢料。氫原子在融合過程中會產生中子，而這些中子會破壞反應器的鋼板結構，使其略具輻射性。不過，核融合產生的核廢料與鈾反應爐相比，根本是九牛一毛。

除了核融合發電外，還有其他幾種可考慮的再生能源。第一類文明或可利用「太空太陽能」（space-based solar energy system），這個選項十分令人心動。由於太陽能在穿過地球大氣時會喪失約六成能量。因此，人造衛星應該能比地表架設的太陽能板收集到更多太陽能。

這種太空太陽能系統可能包含多面環繞地球的巨大反光鏡，藉以收集陽光。這些反光鏡將與地球同步（意即繞地運轉的速度與地球自轉等速，所以看起來像固定在空中的某一點），將收集到的能量以微波輻射直接傳送至地表的接收站，再透過傳統輸電網分送出去。

使用太空太陽能有許多好處。它乾淨且不會製造廢料，又能二十四小時運轉供電，而非僅限於日照時間運作。（這些人造衛星幾乎不會被地球遮住，因為它們的路徑與地球公轉軌道相隔一定的距離。）人造衛星上的太陽能板沒有可動式零件，因此大大降低故障率和維修成本。而在這所有優點中最棒的是，太空太陽能系統可源源不絕、無盡取用來自太陽的免費能源。

所有著手調查太空太陽能相關問題的專家小組皆認定，就算僅憑現有科技，這個目標依舊可以達成，只不過就像所有涉及太空旅行的探索嘗試一樣，最主要的問題出在「成本」。簡單估算一下就知道，若以目前的條件計算，太空太陽能板比在自家後院架設太陽能板要貴上好多好多倍。

提取太空太陽能的技術已超過我們第零類文明的能力範圍。但是，太空太陽能或許能成為第一類文明的天然能源，主要有以下幾項因素：

1. 太空旅行的成本正逐漸降低。私人火箭公司投入市場與發明可重複利用火箭，這兩項因素更促進此一效應。
2. 本世紀末，「太空電梯」可能成真。
3. 太空太陽能集電板可採用極輕的奈米材料製作，降低重量、壓低成本。
4. 集電用人造衛星可藉機器人之力於太空組裝完成，無須仰賴太空人。

專家學者亦普遍認可太空太陽能的安全性。雖然微波可能有害，但計算顯示，傳送時，大部分的能量都局限在微波束內，故從微波束散逸的能量應該也會落在可接受的環境標準之內。

前進第二類文明

第一類文明總有一天會耗盡自家行星的可用能源，勢必得尋覓良方，利用母恆星的巨大能量。第二類文明應該不難找到，因為這類文明傾向永存不朽。就已知的科學技術來看，目前還找不到摧毀這類文明的方法。第二類文明能利用火箭科技避開隕石或小行星撞擊，並且善用太陽能或以氫為基礎的技術阻絕溫室效應（譬如燃料電池、核融合電廠、太空太陽能人造衛星等等）。假如行星遭受威脅，他們甚至能編派大型太空艦隊，撤離家園，必要時說不定還能移動行星。由於第二類文明掌控的能源足以改變小行星方向，故他們只消輕輕一揮，就能讓小行星微幅改變行進軌跡、繞過該文明所在的行星。要是母恆星進入生命周期尾聲、開始劇烈膨脹，他們也能利用連續的「彈弓效應」（slingshot maneuver，或稱「重力助推效應」），使行星公轉軌道遠離母恆星。

為滿足能源需求，一如我們稍早提到的，第二類文明或許得打造戴森球，盡可能提取母恆星能量。（但此舉可能碰上一個難題：要造出如此巨大的建物，岩石行星可能沒有足夠的建材可供使用。太陽的直徑是地球的一〇九倍，若要造出戴森球，需要的物資量肯定大到難以估計。因此，要解決這個操作上的難題，可能得仰賴奈米技術。假如這種巨型結構能以奈米材質建造，說不定只需要幾個分子厚就能解決，可大幅降低建材使用量。）

為了建造這座巨大建築，肯定也得執行無數次太空任務。然而其中的關鍵或許在於該文明能否利用太空機器人、以及可自行組裝的材料。舉例來說，若能在月球設立奈米工廠，那麼用以建造戴森球的壁板建材即可直接在外太空就地組裝。由於這些機器人具有自我複製能力，故能產出幾近無窮的生力軍，戮力打造這座巨型建築。

但即使第二類文明幾乎可謂永存不朽，卻仍得面對「熱力學第二定律」的長期威脅。該文明的所有器械都會產生紅外線熱輻射，終而使得行星上的生命無法繼續生存。熱力學第二定律言明，封閉系統內的「熵」（entrophy，相當於亂度、無序或廢物）會持續增加。在這種情況下，每一台機器、家電、儀器都會製造廢物、並以「熱」的形式排出。我們或許天眞地為，打造一座無敵大冰箱、為整個行星降溫就能解決這個問題。然而，大冰箱雖能降低冰箱內溫度，但如果把所有機器、包括冰箱馬達所產生的熱全部相加，整個系統的平均熱度依舊是增加的。

（舉例來說：熱天時，我們會拿扇子搧風，以為這樣會涼快些。雖然搧扇子能降低臉頰溫度，使我們暫時覺得清涼，可是肌肉、骨骼等等因「搧風」這個動作所產生的熱，其實會產生更多「淨熱」（net heat）。因此搧扇子雖能帶來短暫的生理舒適感，卻會使體溫升高，連帶使我們周圍的氣溫也跟著上升。）

冷卻第二類文明

為克服熱力學第二定律的難題，第二類文明可能得將機器分散配置、或分散熱源。誠如前面討論過的，解決方案之一是把大部分器械移至外太空，讓本行星變成公園綠地。這表示第二類文明說不定會把所有會產生熱能的儀器設備，全部設置於行星外。這些設備仍使用母恆星輸出的能量，熱廢料則直接在太空中產生、消散。

而戴森球本身最後也會變熱，這代表戴森球必然會釋出紅外線輻射。（就算我們假設第二類文明會發明能屏蔽熱輻射的機器，這些機器本身最後也會變成熱源，釋出熱輻射。）

科學家已掃描整座天空，尋找象徵第二類文明熱輻射的蛛絲馬跡，結果仍一無所獲。位於芝加哥城郊「費米實驗室」（Fermilab）的研究人員，亦曾掃描全天近二十五萬顆恆星，試圖尋找第二類文明的跡象，最後只找到四顆「有意思但不確定」的恆星，故目前尚無定論。預計二〇一八年底正式啟用、鎖定紅外線輻射進行觀測的「詹姆斯韋伯太空望遠鏡」，說不定能具備足夠的敏感度，找出我們這區銀河系內所有第二類文明的熱輻射痕跡。

所以這實在不可謂不神祕。假如第二類文明幾近不朽、且必然釋出熱輻射廢物，那我們為什麼還沒偵測到其中任何一個？或許，單單鎖定熱輻射痕跡這一項線索，其搜尋範圍太窄了。

亞利桑那大學天文學家克里斯・英培在評論第二類文明的搜尋與發現時，曾經寫道：「要想找到任何高度先進文明，前提是對方必須留下比我們更強大、更明顯的文明痕跡。那些第二類或更高層次的文明，極可能使用我們正在修補改進的技術、又或者是我們完全想像不到的科技。他們可能策畫恆星災變，或利用反物質製造推進力，或操縱時空造出黑洞甚至『嬰宇宙』（baby universes），以重力波溝通聯繫。」74

又或者如大衛・葛林斯朋所稱，「邏輯告訴我，往天空尋找先進外星文明的神啓是合理的，然而這個念頭本身似乎相當荒謬。這件事既合乎邏輯又荒誕不經，太奇怪了！」[75]

要想跳出這個邏輯困境，可能的出路之一是意識到「文明」說不定有兩種分級方式：一是以「能源消耗量」畫分，但也可以按「資訊消耗量」區隔。

現代社會必須消耗暴增的資訊量，因此在微型化和能源效率兩方面都有長足的進步。事實上，卡爾．薩根就曾經提出一套以資訊畫分文明等級的方法。

薩根的設想是，資訊消耗量達百萬位元者為「A類」文明，至於「B類」文明的資訊消耗量需達前者的十倍（千萬位元），之後以此類推，一直計算至可消耗驚人資訊量10^{31}位元的「Z類」文明。照這樣算來，人類屬於「H類」。不過此處的重點是，即使資訊消耗規模大幅增加，不同級類文明的能源消耗量仍然相同或相近，因此可能不會產生更高量的熱輻射。

我在拜訪某科學博物館時，看過跟這個例子有關的一項展覽。工業革命時代的機械尺寸驚人，令我們瞠目結舌，不論是火車頭或蒸氣船皆巨大得不得了。但我們也注意到這些機械的效率有多差，製造出一大堆廢熱。同樣的，一九五〇年代的巨型電腦陣列不也縮小為今日隨處可見的手機？現代科技越來越複雜、聰明，浪費的能量也越來越少。

所以，第二類文明可以將機械分散配置於鄰近小行星或行星，又或者創造超高效率迷你電腦系統，故即使消耗大量能源也不致燒掉戴森球。這類文明不僅不會被消耗能源產生的廢熱吞噬，說不定還擁有超高效率的科學技術，能消化大量資訊、卻只產生相對少量的廢熱。

人類是否將走上分裂一途？

然而，從太空旅行的角度來思考，每個文明都有其進步極限。譬如先前提到的第一類文明，該文明的極限就是整個行星的資源。最好的結果也只是嫻熟改造其他行星（如火星），並開始探索鄰近星球。他們會派出機器人探測器，探索鄰近恆星系，說不定還會首度派出太空人前往最近的恆星「毗鄰星」。不過，第一類文明的科技和經濟仍不夠先進，無法展開全面移/殖民多個鄰近恆星系的大型計畫。

至於先進程度比前一級高出數百至數千年的第二類文明，已具備實現移民部分銀河系的能力，但即使是第二類文明，最後仍將受限於光速。若假設這類文明還未擁有超越光速的推進力，那他們大概得花上好幾個世紀才能完成星系內的區域殖民計畫。

但是，假如得花數百年才能從一個星系遷至另一星系，那麼移居者與家鄉的連結將會變得極度脆弱，各行星終將與彼此失去聯繫。而人類為了適應差異極大的各種環境，也將繁衍出新支系。移居者為因應奇特的環境要求，在遺傳、電算控制方面也會有相當程度的調整，最後甚至自認與母星不再有任何關連。

這套說法似乎與艾西莫夫的《基地》系列有些矛盾。從我們這個時代發跡的「銀河帝國」屹立五萬年，統治範圍幾乎涵蓋整個星系。我們是否能整合這兩種截然不同的未來觀，令其並行不悖？人類文明的終極命運當真會四散成一小團一小團、變成彼此不甚了解的零星聚落？這不免帶出另一個問題：人類會在探索太空的過程中贏得繁星、卻失去人性嗎？假如未來必定出現許多彼此截然不同、不同支系的人類，那麼所謂的「人」又代表什麼意義？

在自然界裡，這類歧異似乎蠻普遍的，也是所有物種（不只人類）演化的共同點。達爾文是第一位在動植物界觀察到這種現象的人。他在筆記本上畫了一幅猶如預言的素描：一棵開枝散葉的大樹，每根支幹又再細分出更多小枝。他用這幅簡單的圖描繪出「生命樹」——自然界的多樣性皆從一個簡單物種演化而來。

這張圖或許不只適用於地球生命，也能套用在數千年後的人類身上。屆時，我們應已進入能移民鄰近星系的第二類文明。

星系大離散

針對這個問題，若想取得更確切的見解，我們必須重新分析人類自己的演化過程。綜觀人類史，我們發現人類大概在七萬五千年前出現過「大離散」：一小群一小群人從非洲遷出、移至中東，並沿途建立居住地。或許是受到生態災難所逼（譬如多峇火山爆發、冰河時期），這些主要分支的其中一支穿過中東，跋涉至中亞。然後，這些移民約莫在四萬年前又分成幾支較小的支系，一支繼續東行，最後落腳亞洲，形成現代亞洲人的核心人種。另一支掉頭轉進北歐，成為高加索人。還有一支朝東南遷徙，後來穿越印度次大陸，進入東南亞再遠至澳洲。

今天的世界就是這次人類大離散的結果。

這個世界有各種不同膚色、個頭、體型、文化背景的人，但大家對自己真正的起源毫無記憶。各位甚至能粗略估算人類彼此分歧的程度有多大：假定一代為二十年，那麼這個星球上的任兩人之間，足足隔了三千五百代這麼遠。

但是在數萬年後的今天，人類在現代科技的協助下開始重建過去所有遷徙路徑，繪出一幅能呈現七萬五千年來、人類遷徙移居的家譜關係樹。

某次主持 BBC 電視特輯時（主題是「時間的本質」），我有過一次深刻的親身體驗。工作人員採了我的 DNA、分析定序，再選定其中四組基因與其他數千人的基因詳細比對，尋找相符者。後來，他們把四組基因皆相符者的位置，標示在地圖上，結果相當有意思：密密麻麻的圓點從日本一路延伸至中國，但是有一條稀疏的圓點軌跡穿越西藏，最後消失在戈壁沙漠。所以，我們或許可以利用 DNA 分析，回溯祖先們在兩萬年前走過的道路。

人類的演化差異極限

數千年後，人類的差異會大到何種程度？在歷經數萬年的遺傳區隔後，還辨識得出來「人類」這個物種嗎？

若把ＤＮＡ當成「時鐘」，就能確切回答這個問題。生物學家發現，不論在哪個時期，ＤＮＡ突變率幾乎都差不多。舉例來說，和人類在演化上關係最近的是黑猩猩。根據分析，我們大概有百分之四的ＤＮＡ和黑猩猩不同。進一步研究人類與黑猩猩的化石，顯示兩者約在六百萬年前分道揚鑣。

這表示我們的ＤＮＡ大概每隔一百五十萬年，會有百分之一發生突變。雖然只是估計值，不過還是來瞧瞧這個數字能不能讓我們了解人類ＤＮＡ的遠古歷史。

假設「每一百五十萬年會有百分之一的ＤＮＡ發生突變」這個比率，就暫時而言大致維持不變。然後我們據此分析尼安德塔人的ＤＮＡ和化石。尼安德塔人是智人最親近的類人親戚，ＤＮＡ差異為百分之○點五，兩者約在五十萬至一百萬年前踏上不同的道路。這些數據與ＤＮＡ時鐘大致吻合。

倘若把分析目標轉向現代人種，隨機任選兩人，其ＤＮＡ差異可達百分之○點一。ＤＮＡ時鐘指出，人類大約在十五萬年前開始出現不同分支，這和人類起源的實際時間點亦大致相符。

有了這套ＤＮＡ時鐘，我們可以粗略估算人類何時與黑猩猩、尼安德塔人及其他人種分家，各奔前程。

但重點是，假如人類未來終將遍居星系各處，我們也可以在不過分稀釋人類ＤＮＡ的前提下，利用這套時鐘估算人類將變異至何種程度。在此先假定我們已擁有次光速火箭，進入第二類文明已屆十萬年。

即使各移居地的分支後裔彼此早已失去聯繫，所有人類的ＤＮＡ差異依舊只維持在百分之○

點一左右，也就是今日各人種表現的差異程度。

簡單下個結論：假如人類以次光速的速度散布至整個星系，且各分支之間徹底失聯，大家基本上還是人類。就算再過十萬年（屆時應該已經可達光速層次），不同移居地居民之間的差異程度，大概也不會超過今日隨機選定兩個地球人的差異度。

這種現象也完全適用於我們使用的語言。人類學家和語言學家在追蹤語言起源時，注意到一種驚人模式：他們發現，語言會因為移民遷徙的關係，持續出現更多小分支、分化成更多方言。隨著時間進展，這些新方言也會日趨成熟，成為可使用的語言。

若將所有已知語言及其起源分支，繪成一幅語言譜系圖，再與呈現老祖先詳細遷徙脈絡的路徑圖兩相比較，各位會發現完全相同的模式。

譬如冰島。冰島自西元八七四年首度有挪威移民遷入開始，即相當程度與歐陸隔離，故可作為測試語言及遺傳理論的實驗對象。冰島語和九世紀的挪威語相當接近，另混入一點蘇格蘭及愛爾蘭方言。（這可能是因為維京海盜從蘇格蘭、愛爾蘭兩地擄獲大量奴隸所致。）於是我們可就此設定ＤＮＡ時鐘和語源時鐘，概略計算冰島千年以來的變化有多大。即使過了一千年，我們依然輕易就能找到遠古遷徙烙印於語言脈絡的證據。

但即使我們的ＤＮＡ和語言在歷經數千年分隔後，依舊彼此相似，那麼文化呢？信仰呢？我們有辦法理解和辨識這些彼此互異的文化嗎？

共同核心價值

旁觀「人類大離散」及其所創造的諸多文明，我們不只看見膚色、體型、髮色等生理差異，卻也發現，即使有些文明彼此毫無聯繫數千年，但所有文化仍明顯共同服膺某些核心特質。

我們可以在今日的電影院裡看見這些證據。那些可能在七萬五千年前就跟你我分道揚鑣、成為不同種族、不同文化背景的觀眾們，仍舊會為了同一幕場景大笑、流淚或者起雞皮疙瘩。雖然語言本身早在許久以前便已各自分歧、產生差異，但字幕翻譯人員會發現，電影中的某些笑話或幽默哏仍是互通的。

這條通則也適用於我們的審美觀。若各位參觀展示遠古文明的藝術博物館，肯定會看出一些共同的主題。撇開文化差異不談，常見的都是描繪大地風景的畫作、權勢階級的人物肖像，還有想像中的神話與諸神形象。儘管「美感」難以定性定量，但某個文化所定義的美，在另一支毫無關聯的文化中也可能具有相同意義。譬如，不論是哪一種文化，我們常會看到相似的花朵或花卉圖案。

另一道能切穿時空障礙的主題是社會共同價值觀，核心觀念之一是關心他人福祉，意即仁慈、慷慨、友愛、體貼等特質。各種文明皆有其所謂的「恕道」（Golden Rules），惟形式不一。而世上的許多宗教，若從最基本的層次來看，強調的都是同一套理念，譬如應關懷、仁慈對待貧窮與不幸的人，要有同理心。

其他核心特質的關注方向不是對內，而是對外，譬如好奇、創新、創造力、探索與發現的衝動等等。這個世界的所有文化都擁有自己的神話與傳奇，內容不外乎是偉大的探險與開拓歷程。因此，依「穴居人原理」來看，我們的核心人格在過去兩百年間幾無變化，所以就算人類當眞遍及群星，大概也還是會保有原本的價值觀和人格特質吧。

不僅如此，心理學家也注意到，我們的大腦說不定已編入某種影像、定義所謂「有吸引力」的事物。隨機拍下數百人的相片，再利用電腦將所有照片重疊顯影，一張混合所有人臉的綜合影像就這麼浮現出來：意外的是，看在許多人眼裡，這張「臉」還挺吸引人的。倘若眞是如此，這意味著你我腦中可能天生就存在某種平均印象，憑以判定哪些畫面是有吸引力的。我們在他人臉龐所見的「美」，其實是某種普遍典型，而非例外。

不過，當人類終於晉級第三類文明、擁有超越光速移動能力時，屆時又會發生什麼事？我們是否會將人類的價值觀和審美觀推廣至整個星系？

過渡至第三類文明

總有一天，第二類文明會耗盡本行星與鄰近恆星的能源，逐漸朝「星系級」的第三類文明邁進。第三類文明不僅能提取數十億恆星的能源，甚至能操控黑洞能量——譬如座落於銀河系中央、重量是太陽兩百萬倍的超大黑洞。倘若有艘星艦朝銀河系核心的方向行駛，一路上應該會發現大量緻密恆星與塵埃雲，這些都可作為第三類文明的理想能源。為建立跨星系聯絡網，這類先進文明可能會利用「重力波」（愛因斯坦首度於一九一六年提出預測，物理學家卻遲至二〇一六年才觀測到）。重力波與雷射光不同。雷射光於行進其間可能遭吸收、散射或漫射，但重力波能越過眾星和星系，因此或許是更可靠的超遠距傳播工具。

至於超光速移動是否可行，目前還不清楚，所以眼前必須考慮「萬一不可行」這種可能性。假如未來仍只能以次光速移動，那麼第三類文明可能會派出可自我複製的探測器，以次光速航向眾星、探索自家後院的遼闊星系。基本構想是讓探測器或機器人降落在遙遠衛星上——衛星是很理想的選擇，因為環境相對穩定，不會腐蝕或破壞機器。而衛星的低重力也讓探測器更容易升空或降落。這些負責掃描探索恆星系的探測器皆裝載太陽能集電板，可隨時補充電力，透過無線電波源源不絕傳回各種有用資訊。

一旦探測器成功登陸衛星，即可利用衛星資源興建工廠、複製上千具探測機器人。然後這群二代複製機器人繼續發射上路，探索其他更遙遠星球。我們從一具探測機器人為起點，複製一千具機器人。假如這一千具機器人又各自複製一千，就能得到一百萬、十億、然後上兆。不出幾個世代，我們就能擁有超過萬億且持續擴大編制的機器人大軍——科學家稱之為「馮紐曼機器人」（von Neumann machine）。

這其實是《二〇〇一太空漫遊》的電影情節。即使從今日看來，這段描述或許是人類遭遇外星智慧時最真實的景況。電影中，外星人將一具馮紐曼機器人（即「黑石板」〔monolith〕）放上月球。該機器人向設在木星的中繼站發送訊號，目的是為了監控、甚至影響人類演化。

所以，我們「第一次接觸」的對象，說不定不是有著一對昆蟲眼的怪物，而是一具小巧的自我複製探測器。這種機器可能非常非常小，利用奈米技術微型化，或許小到你我根本不曾察覺到它。因此可以想見的是，其實你家後院或月球上早已存在外星文明造訪的證據，只是這個證據幾乎看不見而已。

事實上，保羅·戴維斯教授曾寫過一篇文章，提案建議「重返月球」，搜尋異常的能源徵象或無線電傳輸訊號。假如數百萬年前就已經有馮紐曼機器人登陸月球，它很可能以陽光為動力，所以可能會持續發送無線電訊號。由於月球不具侵蝕作用，因此這具機器的狀態說不定幾近完美，且仍持續運作中。

由於近期各界重燃返回月球、進一步登陸火星的興趣，科學家說不定能利用這個絕佳機會，瞧瞧這些地方有沒有外星文明先前造訪的證據。

（有些人，譬如艾利希·馮·丹尼肯〔Erich von Däniken〕就宣稱，外星船艦早在數百年前便已降落地球，地球的遠古文明繪畫也描繪過這些外星太空人。這些人聲稱，遠古繪畫和紀念碑常見的複雜頭飾和服裝，取材對象其實就是這些太空人的頭盔、燃料瓶、壓力服等等。雖然我們無法排除這類想法的可能性，反過來說也很難證明。單憑遠古繪畫並不足以為證。我們需要更有建設性、更實在的證據來證明外星人確實曾經造訪地球。舉例來說，要是有所謂的外星航空站，應該會找到遺留的殘跡或廢物，像是電線、晶片、工具、電子設備、垃圾、機器等等。只要拿到一片外星晶片，就能平息整場紛爭。所以，假如各位身邊有人表示自己曾遭外星人綁架，請告訴對方，萬一下次又被綁架，記得從外星船艦偷點東西回來。）

所以，就算第三類文明無法突破光速，他們依舊能派出數以億兆計的探測器，在數萬年內跨越整個星系，接收探測器傳回的有用資訊。

而馮紐曼機器人則可能是第三類文明獲取資訊、掌握星系情勢最有效率的方式。不過，探索星系其實還有一種更直接的方法——我稱之為「埠對埠雷射傳輸」。

乘著雷射前往群星

以「純能量體」的形式探索宇宙，乃是科幻作家的諸多幻想之一。說不定在遙遠未來的某一天，我們當真能擺脫自身的「物質存在」，乘著雷射光漫遊宇宙。我們將憑藉可能達到的最快速度飆向遙遠星球。一旦掙脫物質世界的限制，我們就能搭上彗星順風車，掠過噴發的火山口、飛越土星環、拜訪銀河系另一端的世界。

而這趟幻想飛行可以不只是幻想，說不定真的能落實於科學上。我們曾在第十章分析過「人腦聯結體計畫」，這項頗具野心的計畫企圖完整標示整顆人腦的活動圖譜。或許在本世紀末或下個世紀初，我們就能取得這份原則上包含所有記憶、知覺、感受甚至人格的完整圖譜。然後，這份聯結體或許會經由雷射光束發送至外太空。製作「人類心智數位複本」的所有必備資訊，都能透過這種方式穿越天際。

只要一秒鐘，你的聯結體就能送往月球。不出幾分鐘，就能抵達火星。再過幾小時，應該就會傳抵氣態巨行星。然後「你」在四年內大概就能造訪毗鄰星，不出一萬年即抵達銀河系盡頭。

聯結體一抵達遙遠行星，雷射光束搭載的資訊便可下載至大型主機，這時你的聯結體就能控制替身機器人了。機器人身體強壯，因此即便大氣有毒、環境冷得要命或熱得像地獄、重力強大或極弱，它都能如魚得水，順利生存。所以，即使你的所有神經模式都存在電腦主機裡，你依然能透過機器替身體驗所有感受。你幾乎可說是活在機器人體內。

這種方法的好處是，人類不再需要髒兮兮又貴俗俗的火箭推進器或太空站，永遠不必面對失重、小行星撞擊、致命輻射、意外或窮極無聊等麻煩，因為你將以「純資訊」模式，利用「光速」這種幾乎是最快速的旅行方式傳送至其他星球。從你的角度來看，這趟旅程一眨眼就過去了。你只會記得自己走進實驗室，然後瞬間抵達目的地。（這是因為乘光束穿越時，時間實際上是停止的。當「你」以光速移動，意識即呈凍結狀態，因此雖橫跨宇宙卻沒有時間延遲的問題。這跟「假死狀態」非常不一樣。因為就如同我提過的，以光速行進時，時間實際上是停止的。傳輸期間，雖然你看不見任何景象，不過你可以在任一處中繼站停下來，觀察環境。）

我稱這種方式為「埠對埠雷射傳輸」，這或許是抵達其他星球最方便也最快速的途徑。在從現在算起的一世紀之後，第一類文明或許就能執行首次雷射傳輸實驗。至於第二、第三類文明，雷射傳輸也許會成為他們偏好的星系傳輸方式，因為這兩種文明幾乎已全面利用自我複製機器人移居遙遠行星了。說不定第三類文明還會蓋一條雷射傳輸的超高速寬頻通路，可隨時連絡銀河系內所有星球、同步傳送數以兆計的靈魂。

雖然這個點子似乎提供一種最便捷的探索星系方法。不過，要想確實造出埠對埠雷射傳輸系統，必須先解決幾個實際問題。

將聯結體注入雷射光束這一步，應該不成問題，因為雷射原則上能傳輸無限量資訊。主要問題在於「傳輸網路」：該如何沿途建造能接收聯結體、並將其擴大傳送出去的各級中繼站？誠如先前所提，延伸自恆星的奧特雲可綿延數光年遠，因此來自不同恆星的奧特雲可能互相重疊。這麼一來，奧特雲內的靜止彗星即可作為傳輸中繼站的理想地點。（比起遙遠衛星，奧特雲的靜止彗星可能是更適合的中繼站點。因為衛星會環繞行星運行，常遭遮蔽或阻礙。靜止彗星則相對靜止不動。）

前面提過，這些中繼站只能以低於光速的速度設置。若要解決這個問題，方法之一是利用雷射光帆系統，至少速度不會比光速慢太多。這些雷射光帆一旦降落奧特雲彗星，即可透過奈米技術自行製作複本，利用彗星資源建造中繼站。

所以，雖然傳輸中繼站只能利用次光速建造，但建置完成後，我們的聯結體就能不受拘束、以光速漫遊了。

埠對埠雷射傳輸不僅能用於科學，也能做為娛樂消遣。各位說不定會想休個「星際長假」：首先規畫想造訪的行星、衛星或彗星（不論自然環境多危險多惡劣都不成問題），編排路線。然後或許還能列張清單，挑選我們想「入住」的替身機器人。（這些可不是「虛擬實境」機器人，而是貨眞價實、擁有超人超能力的機器人。）所以行程上的每一顆星球，都會有一名已預載所有我們渴望的特質與超能力的機器替身在那兒等著我們。待抵達該星球、取得替身使用權，我們就能四處遊歷、飽覽一切驚奇景象，並且在行程結束後歸還替身（讓下一位消費者使用），然後再透過雷射傳輸繼續前往下一個目的地。我們在一次假期中就能探訪好幾顆衛星、外星和系外行星，而且永遠不必擔心途中發生意外或生病，因為眞正漫遊銀河的自始至終就只是你我的神經聯結體呀。

因此當你仰望星空，好奇是否有誰置身這片或許冰冷、靜謐、空蕩蕩的天外天，說不定夜空中正有數以兆計的旅客乘著光，翺翔天際。

蛀孔與普朗克能量

不過，埠對埠雷射傳輸也開啓另一種可能性：第三類文明說不定能以高於光速的速度旅行。

這時必須引入新物理法則，進入「普朗克能量」（Plank energy）的國度。而這個尺度等級會發生許多違反一般重力定律的新奇現象。

為了解普朗克能量何以如此重要，首先必須明白，目前從大霹靂以至次原子粒子運動等等所有已知物理現象，都能以兩套定律解釋：一是愛因斯坦的廣義相對論，二是量子力學。結合兩者，即可代表主宰一切物質與能量的物理定律基礎。前者（也就是廣義相對論）屬於「非常大」理論：相對論能解釋大霹靂，描述黑洞性質，闡述宇宙膨脹的演化過程。而後者（量子力學）則是「非常小」理論：量子力學能描述原子和次原子粒子的特性與運動方式——你我客廳裡的電器奇蹟全是這群小玩意兒促成的。

但問題是，這兩套理論無法融合成單一一套全面且綜合的理論。廣義相對論與量子力學截然不同，各自建構於不同的臆斷假設、不同的運動機制以及不同的物理概念。

如果世間確實存在一統的場理論，那麼，在這種一統狀態下可能存在的能量即為「普朗克能量」。愛因斯坦重力理論至此徹底瓦解。這是大霹靂含納的能量，也是黑洞中心蘊藏的能量。

普朗克能量為10^{20}億電子伏特[1]，相當於歐洲核子物理研究中心（CERN）大型強子對撞機（LHC）產出能量的萬億倍，而LHC已是目前地球上最強大的粒子加速器了。

乍看之下，要探究普朗克能量似乎毫無希望，因為實在太巨大了。但如果是可駕馭能量10^{20}倍於第一類文明的第三類文明，理當有足夠的能力對付普朗克能量。因此第三類文明說不定能撥動時空之紘，隨心所欲彎曲時空。

第三類文明極可能造出比LHC更厲害的粒子加速器，達到這種不可思議的能量等級。

LHC是一座外型像甜甜圈、總長約二十七公里的中空管狀構造，周圍環繞巨大磁場。

質子束射入LHC之後，行徑軌道受磁場彎折而成為圓圈狀。接著，LHC每隔一段時間就將能量送入甜甜圈、形成能量脈衝，促使粒子加速。軌道內會有兩束質子循相反方向前進。當質子達到最大速度時，兩者迎頭撞上，釋出十四兆電子伏特的能量——這是人類目前所創造最劇烈的爆炸事件。（由於粒子對撞的力量太過強大，導致有人擔心這類撞擊可能造出黑洞、吞噬地球。但這可能是杞人憂天了。事實上，地球和大自然隨時都在發生迸發能量遠超過十四兆電子伏特的粒子自然撞擊事件。像是宇宙射線就比實驗室製造的這一丁點能量強大多了。）

粒子加速器的後續發展

ＬＨＣ創造不少頭條新聞，其中包括發現虛幻的「希格斯玻色子」（兩名物理學家彼得．希格斯〔Peter Higgs〕與弗蘭索瓦．恩格勒〔Francois Englert〕因此獲頒諾貝爾獎）。[76] ＬＨＣ的主要使命之一是完成粒子物理「標準模型」（Standard Model）的最後一片拼圖——標準模型是量子理論的最先進版本，讓我們能在低能量條件下完整描述宇宙。

標準模型有時被稱為「幾近萬有理論」（Theory of Almost Everything），因為它精確描述環繞你我的低能量宇宙。不過標準模型還不到最終理論層次，主要有幾個原因：

1. 標準模型未提及重力。糟糕的是，若將標準模型和愛因斯坦的重力理論兩相結合，產出的混合理論竟然「爆了」——計算結果無限大（代表理論無用），失去意義。
2. 標準模型納入一些看似牽強的粒子：包括卅六種夸克和反夸克，一系列楊－米爾斯膠子（Yang-Mills gluons）、輕子（電子和緲子〔muons〕）及希格斯玻色子。

❶ 譯注：1電子伏特相當於 $1.6x10^{-19}$ 焦耳。

3. 標準模型包含約十九種必須人為置入的參數（粒子質量和粒子耦合）。這些質量與耦合數並非由理論決定，也沒人知道粒子何以帶有這些數值。

因此科學家很難相信，這套摻雜各種次原子粒子的「標準模型」會是自然界的最終理論。這就像拿膠帶把鴨嘴獸、非洲食蟻獸和鯨纏在一起，然後稱其為大自然最出色的創造品、或是地球歷經數百萬年演化的最終產物。

現階段計畫興建的下一座大型粒子加速器是「國際直線加速器」（ＩＬＣ），由一條近五十公里長的管道組成，可讓電子束與反電子束互相撞擊。目前規畫的設置地點在日本岩手縣北上山（Kitakami Mountains），預計花費兩百億美元，其中半數資金由日本政府提供。

雖然ＩＬＣ產生的最大能量僅一兆電子伏特，不過從許多方面來說，ＩＬＣ都在ＬＨＣ之上。譬如質子高速衝撞時，極難分析撞擊事件，理由是質子本身的構造相當複雜：質子由三個夸克組成，並透過「膠子」束縛在一起。然而電子則不具既有構造，看起來像個「點粒子」，因此當電子與反電子相撞，產出的結果乾乾淨淨、作用簡簡單單。

即使人類的第零類文明在物理學方面已有如此進展，我們仍無法直接鑽研普朗克能量。普朗克能量屬於第三類文明的範疇。不過，建造ＩＬＣ這類加速器或許也是一道關鍵步驟，讓我們將來有一天能測試時空的穩定度，確認是否能取道捷徑、穿越時空。

小行星帶粒子加速器

最後，某先進文明或許會造出規模大如小行星帶的粒子加速器。質子束釋出後將受到巨型磁場引導，在環帶上移動。地球上的粒子加速器必須在巨大環型真空管內操作，但由於外太空已是眞空狀態，勝過地球所有的人造眞空環境，因此這座太空粒子加速器完全不需要眞空管。

不過它倒是需要好幾座大型磁力站，妥善規畫置於環帶上，維持質子束的環狀路徑。磁力站的設置方式有點像接力賽：質子每經過一處磁力站時，磁力站會湧現電能、驅動磁場、「狠踹」質子一腳，令其循正確角度朝下一座磁力站前進。質子束每經過磁力站一次，磁力站就會以雷射光的形式為質子補充能量，一直累積到普朗克能量的程度為止。

加速器一旦達到普朗克能量，就能將這股能量集中在一個單點上——此時照理說會開啓蛀孔。這時就必須灌注足夠的負能量以穩定蛀孔結構，使其不致塌縮。

穿過蛀孔是什麼感覺？沒有人知道。不過，加州理工學院的物理學家奇普・索恩（Kip Thorne）在擔任電影《星際效應》（*Interstellar*）顧問時，倒是做了一次有根據的猜測。索恩利用電腦模擬，追蹤光束穿過蛀孔的路徑，藉此揣摩蛀孔之旅的視覺感受。這次模擬不同於一般電影常用的視覺效果，而且是迄今透過影片呈現的蛀孔之旅中，最縝密嚴謹的一次嘗試。

（在電影中，主角接近黑洞時會看見名為「事件地平線」〔event horizon〕的黑色球體。當我們隨主角穿過事件地平線，即通過「不可回復點」。球體內即是黑洞本身——一個緻密得不可思議、重力無限大的小點。）

除了建造巨型粒子加速器之外，物理學家也想過其他幾套辦法，嘗試開發蛀孔。其中一種可能是：大霹靂發生時，威力強大，無數個曾經出現在嬰兒期宇宙（時值一百三十八億年前）的微小蛀孔說不定也因此擴張。當宇宙開始呈指數膨脹，這些蛀孔或許亦隨之擴大。也就是說，雖然至今尚無人見識過蛀孔，但蛀孔也許是自然發生的現象。有些物理學家即據此推斷，探討該如何在宇宙中尋找蛀孔。《銀河飛龍》有幾集即以「尋找自然發生的蛀孔」為主題。尋找蛀孔時，各位須留意以特殊方式扭曲星光路徑的天體。遭扭曲的星光大概會呈球狀或環狀。

奇普・索恩與其團隊還摸索出另一種可能方式：在眞空中找出一個微小蛀孔，然後設法使之膨脹擴張。目前我們對太空的最新理解是：宇宙突然蹦出來的時候，整個空間可能布滿密密麻麻的細小蛀孔，復又消失。所以若能取得足夠的能量，應該就有辦法操縱其中一個早先曾經存在的蛀孔，設法使之膨脹。

不過，上述提案都面臨一個共同的問題：蛀孔周圍環繞著源自重力的粒子，即「重力子」(gravitons)，故在穿過蛀孔的過程中，你會碰上以重力輻射方式呈現的「量子校正」(quantum corrections)事件。一般來說，量子校正的效應極小、可直接忽略。但根據計算，穿越蛀孔時，這種效應會變得無限大、重力輻射也可能因此達到致命程度。此外，蛀孔也可能因為輻射過強而關閉，阻斷通道。對於穿越蛀孔可能面臨的安全問題，物理學家亦多有爭論。

穿過蛀孔時，愛因斯坦的相對論完全派不上用場。這個階段的量子效應太過強大，因此需要更高階的理論來指點迷津、引領航向。目前唯一辦得到的只有弦論。[77] 而弦論是物理學界提出最奇特的理論之一。

圖九：星艦進入蛀孔時，勢必得承受源於「量子校正」（或「量子漲落」）的強烈輻射。基本上，目前僅弦論有辦法計算量子校正，以便確認星艦上的生命能否平安存活。

模糊的量子

到底是什麼理論能在普朗克能量的層次上，整合廣義相對論與量子理論？愛因斯坦人生的最後三十年，都在追逐能讓他「讀懂上帝心思」的「萬有理論」（theory of everything），但他失敗了。萬有理論仍舊是現代物理學面對的最大挑戰之一。這則提問的解答將揭示宇宙最重要的祕辛，而我們說不定能藉此探索時空旅行、蛀孔、高維空間（超時空）、平行宇宙或甚至大霹靂之前的情景。不僅如此，這個答案也將決定人類是否能以高於光速的速度暢遊宇宙。

為理解這個部分，我們必須先掌握量子理論的基礎：海森堡「測不準原理」（Heisenberg uncertainty principle）。這個聽起來很無厘頭的原理言明，就算儀器再怎麼精確靈敏，你永遠不可能同時測得任何次原子粒子（譬如電子）的速度與位置。這是量子力學的永恆「朦朧」之處。於是乎，一幅驚人景象就這麼浮現了：所謂「一顆電子」實際上是一群狀態的集合，而每一種狀態則描述處在不同位置、帶有不同速度的電子。（愛因斯坦討厭這個原理。因為他是「客觀事實」的擁護者，而客觀事實是一種觀念或常識，代表所有物體皆具有清楚、明確的存在狀態，即任何人都能確認任何粒子的精確位置與速度。）

但量子理論卻不是這麼回事。你照鏡子，但你在鏡中看見的並不是眞實的你。鏡中的你只是一大群「波」的集合，因此你的影像實際上是這群波的平均混合體。此外，某些波甚至還有微小的可能性會散播至整個房間、進入太空。事實上，你的波可能有一部分會抵達火星、或是比火星更遠的地方。（我們給博士班學生出過一道題目，要求他們計算「你的波有一部分散布至火星，然後有一天，你在火星起床醒來」的或然率有多高。）

這種波稱為「量子校正」。量子校正的效應通常很小，所以從客觀或常識角度來看不成問題，因為你我頂多就是一群只能看見其「平均混合狀態」的原子集合。可是來到次原子層次，這類量子校正的效應可能變得極為巨大，導致電子可能同時出現在好幾個地方、處於平行狀態。（如果向牛頓解釋「電晶體內的電子如何處於平行狀態」，牛頓可能會嚇一大跳。正因為有量子校正效應，才可能出現各種現代電子儀器。所以，若能找到方法「關掉」這種模糊的量子效應，那麼所有現代科技驚奇將立刻停止運作，整個社會也會馬上倒退一百年，回到還未進入電子時期的古早年代。）

幸好，物理學家有辦法算出次原子粒子的量子校正效應、做出預測，其中有些甚至達到「十兆分之一」這種不可思議的精確度。事實上，量子理論極其精密、準確，使其或可稱為有史以來最成功的理論。若用於描述普通物質，量子理論的精確度無人能出其右。不過，它或許也是史上最奇異怪誕的理論（愛因斯坦曾言：量子力學越成功，理論本身就越奇怪）。無論如何，「正確」是量子理論的小小優點。這點無庸置疑。

海森堡測不準原理迫使我們重新評估你我所知的眞實。如此所得的結論之一是：黑洞不可能是黑的。量子理論闡明純黑必有其量子校正，故黑洞實際上應該是灰的。（而且還會放出名為「霍金輻射」〔Hawing radiation〕的微弱射線。）許多教科書指出，在「黑洞中央」或「時間的起點」有一個重力無限大的「奇異點」。但「重力無限大」違反測不準原理。（換句話說，實際上沒有所謂的「奇異點」，這只是方程式算不出結果時，我們發明用來掩飾無知的說詞。量子理論之所以沒有奇異點，理由是「模糊」這層特質讓我們無法確知黑洞的精確位置。）同樣的，我們通常會以「空無一物」描述「純眞空」狀態，但這個「零」的概念也違反測不準原理，所以根本沒有所謂「空無一物」的狀態存在。（眞空其實是一鍋由眞實物質和反物質組成、反覆躍出躍入「存在」狀態的粒子湯。）此外也沒有一切運動全數中止的「絕對零度」。（就算極接近絕對零度，原子仍持續微幅移動，這種狀態稱為「零點能量」〔zero-point energy〕）。

然而，當我們嘗試以量子理論構思重力時，問題來了。在套入愛因斯坦的理論時，我們以「重力子」來描述量子校正。如同「光子」是光的粒子，「重力子」則是重力的粒子。重力子虛無飄渺，以致從未在實驗室觀測到。但物理學家堅信重力子必然存在，因為它們是量子重力論的基礎。可是在計算這些重力子的時候，卻發現量子校正竟變得無限大、充斥量子重力且塞爆方程式。不少一等一的偉大物理學家嘗試想解決這個問題，無奈全都失敗了。

所以，創造一套量子校正有限且可計算的量子重力論，遂成為現代物理學的目標之一。換言之，愛因斯坦的重力論可闡述蛀孔形成，讓我們有朝一日能循捷徑穿越星系，然而愛因斯坦的理論無法告訴我們蛀孔到底穩不穩固。為了計算這些量子校正，我們需要一套能結合相對論與量子力學的新理論。

弦論

截至目前為止，最主要（亦是唯一）能解決前述問題的候選理論是「弦論」（String Theory）。弦論言明：宇宙中所有物質與能量皆由微小的「弦」構成。弦的各種振動各自對應不同的次原子粒子。因此，電子其實並非點粒子。若有一座超級顯微鏡能識得電子的眞實樣貌，各位會發現電子根本不是粒子，而是一段持續振動的弦。電子之所以顯現點粒子的模樣，純粹是因為這段弦太過細小所致。

假如弦能以不同頻率振動，即可對應不同粒子——譬如夸克、緲子、微中子、光子等等。這正是物理學家發現這麼多莫名其妙的次原子粒子的原因。理論上，這些次原子粒子大概有數百種，但全都只是一段細小的弦以不同頻率振動所造成的。弦論即透過這種方式詮釋次原子粒子的量子世界。按弦論解釋，弦在振動時會迫使時空彎曲——正如同愛因斯坦的預測。因此弦論以非常賞心悅目、令人愉悅的方式，統一了愛因斯坦理論和量子理論。

這也就是說，次原子粒子猶如音符，宇宙則是弦樂交響曲，而物理學則呈現出這群音符的和諧之美。愛因斯坦尋索數十年的「上帝心思」，其實是宇宙透過多維空間所展現的共鳴現象。

那麼，弦論又是如何披荊斬棘、除去令物理大師們苦惱數十載的量子校正問題？弦論具有所謂的「超對稱性」（supersymmetry）：每一種粒子都有其伴侶——統稱為「超粒子」的粒子（sparticle，在所有粒子名稱前加上「s」）。舉例來說，電子的夥伴叫「超電子」（selectron），夸克的夥伴就是「超夸克」（squark）。於是我們會得到兩種量子校正，一種來自普通粒子，另一種來自超粒子。而弦論最美妙之處，就在於源自兩套粒子的量子校正恰可彼此抵消。

於是乎，弦論繳出一套簡單又優雅的方法，順利消去這無垠無限的量子校正。弦論展現的新平衡賦予數學力量、亦賦予美感，致使量子校正自行消失。

對藝術家來說，「美感」或許是某種超凡飄渺、期望能透過作品捕捉的特質。然而對理論物理學家而言，所謂的美就是「對稱」。在探究時間與空間的最終本質時，對稱也是絕對必要的。比方說，將一片雪花旋轉六十度，雪花的樣貌仍維持不變。同樣的，萬花筒之所以能創造繽紛璀璨的花樣，也是利用鏡面重複複製單一影像、填滿三百六十度空間所致。於是我們會說，雪花和萬花筒都具有「輻射對稱性」，意即兩者在旋轉一定角度後，外型仍維持不變。

這麼說吧：我手邊有一道納入許多次原子粒子的方程式，然後我把這些粒子挪過來調過去、或者重新排列項次。假若粒子互換調動之後，方程式仍維持不變，那麼我就能宣稱這道方程式具有對稱性。

對稱的力量

對稱不單只涉及美感，更是削去方程式瑕疵與不規則的有力方式。我們只消轉動雪花、並與原始版本兩相對照，就能迅速揪出所有可能存在的缺陷：若前後兩種版本確實不同，那就代表有問題且需要校正了。

在建構量子方程式時，我們通常也會以同樣的方式過濾問題，找出可能干擾理論的微小不規則或歧異。不過，若方程式本身帶有對稱性，那麼這些缺陷多半可順利消除。以此延伸，所謂的「超對稱性」就是關照並處理量子理論常見的不完美或無限性。

超對稱還有一項附加好處：它是物理界迄今覓得規模最大的對稱特質。超對稱能囊括所有已知的次原子粒子，能任其混合或重新排列，卻仍使原本的方程式維持成立。事實上，超對稱威力強大，甚至能納入愛因斯坦理論（包括重力子）、以及標準模型內的所有次原子粒子，任其恣意旋轉或相互置換，我們能以心滿意足且自然愉悅的方式，匯整愛因斯坦的重力理論和次原子粒子。

弦論猶如一輪巨型宇宙雪花，這片雪花的每一處尖角都代表整套愛因斯坦方程組和次原子粒子標準模型。換言之，這每一處尖角即代表宇宙中的所有粒子。當我們轉動這片雪花，宇宙中的所有粒子也隨之交互置換。有些物理學家因此意識到：就算世上從未誕生愛因斯坦這號人物，人類也未投入數十億美元資金撞擊原子、創造標準模型，單憑弦論即可能催生二十世紀的所有物理發展。

最重要的是，粒子與超粒子的量子校正都讓超對稱給處理掉了，留下一套有限的重力理論。這就是弦論創造的奇蹟。而弦論最常被提及的問題——弦為什麼是十維？為何不是十三或二十維？這個問題的答案也能以超對稱說明。

理由是弦論的粒子數可隨時空維度改變。維度越高，粒子越多，而高維度代表粒子能以更多種方式振動。當我們試圖消去粒子對抗超粒子而產生的量子校正時，發現唯有在十度時空條件下，兩邊的量子校正才可能互相抵消。

一般來說，大多都是由數學家先創造新的想像架構，爾後才被物理學家借用並套入理論。打個比方：彎曲表面的理論就是十九世紀數學家想出來的，後來愛因斯坦於一九一五年將其融入他的重力理論。不過這一回的狀況顛倒：弦論開啓諸多數學理論的新支系，令數學家大開眼界。年輕、有抱負、素來蔑視他人應用數學成果的數學家們，如今若想站上畫時代的分水嶺，也得開始學習弦論。

雖然愛因斯坦的理論能解釋蛀孔及超光速移動，但我們仍需要弦論，如此才能算出在量子校正存在的情況下，蛀孔結構穩定與否。

總而言之，因為量子校正無限大，所以移除無限值始終是物理學最根本的問題之一。而弦論消去了量子校正，因為它有兩種剛好能互相抵消的量子校正數字。這種粒子與超粒子的精確互抵源於弦論的超對稱性。

話說回來，雖然弦論優美且強大，但光是這樣還不夠，最後它仍然得面對物理學的終極挑戰——實驗驗證。

評判弦論

雖然弦論呈現的景象強大、頗具說服力，但這套理論仍招致不少合理批評。首先，由於弦論（或任何為解釋宇宙萬物的理論）透過「普朗克能量」整合所有物理定律，故地球沒有任何足以嚴格檢驗這套理論的儀器設備。若想直接測試，可能得在實驗室造出一座嬰宇宙，但現階段的科學技術顯然無法勝任。

其次，誠如其他所有物理理論，弦論的「解」不只一個。譬如，用以描述「光」相關現象的「馬克士威方程組」（Maxwell's equations）就有無數個解。但這不成問題，因為我們可以在實驗最一開始的時候，先指定研究對象——不論是燈泡、雷射、或電視機都行。在確立這些初始條件之後，即可著手計算馬克士威方程組的解。但是，如果實驗對象是關乎宇宙的理論，所謂「初始條件」又該如何定義？物理學家認為，「萬有理論」照理說要能描述自身起源，也就是說，他們傾向認為大霹靂的初始條件應該源自理論本身。然而，弦論並未揭示「哪一個解」才是符合我們這個宇宙的正確解答。此外，在缺少初始條件的情況下，弦論包含數量無限的平行宇宙（或稱「多重宇宙」），而每一個宇宙都跟其他所有宇宙同樣合理存在。所以我們突然面臨「答案多到難以抉擇」的尷尬處境，因為弦論不只預測到我們這個宇宙，同時也預測了其他無數個同樣令人信服的異宇宙。

第三，弦論最教人吃驚的預測是宇宙並非四維，而是十維。我們在所有物理規範中都找不到如此怪異的預測，也沒見過有哪套理論自行決定維度。由於這實在太奇怪，所以許多物理學家起初將弦論斥為無稽之談。（弦論發表之初，「只能存在於十維條件下」是受眾人奚落的主要原因。譬如諾貝爾獎得主理查．費曼就曾調侃弦論奠基者約翰．施瓦茨〔John Schwarz〕。他問：「約翰啊，今天我們的維度是幾維呀？」）

超維度時空生存法則

你我都知道，我們這個宇宙的物體能以長、寬、高三維描述。若再加上時間，即可描述宇宙中的任何事件。舉例來說，假如我想約人在紐約碰面，我可能會說：「中午約在四十二街與第五大道交叉口那棟樓的十樓見面」。可是對數學家來說，只提供三或四個座標似乎太隨興了，因為三維或四維毫無特殊之處。物理宇宙的基本特徵何以僅用如此普通的數字表述？

因此數學家普遍能接受弦論。不過，若要將高維度條件視覺化，物理學家多半會借助「類比」一途。小時候，我常在舊金山的日本茶園發呆，看魚兒在淺塘裡游泳。我問自己一個只有小孩才會問的問題：「當『魚』是什麼感覺呀？」牠們眼中的世界肯定很奇怪，我心想。牠們會以為宇宙只有二維，只能在這個有限空間內左右游移，永遠無法上下移動。要是有哪條魚敢提到這座池塘外有三度空間，一定會被當成瘋子。於是我開始想像池塘裡有一條魚，每次只要聽到其他魚提起超維宇宙，牠就一定會笑對方。因為宇宙應該要摸得到、感覺得到，這是最基本的道理。接著我又想像自己抓起那條魚，帶牠來到「上面」的世界。牠會看見什麼？牠會看見其他生物沒有鰭也能移動，一種新的物理定律。沒有水也能呼吸，一種新的生物法則。然後我繼續想像，想像把這條「科學家魚」放回池塘，讓牠跟其他魚解釋，有好多不可思議的生物活在「上面」的世界裡。

同樣的，你我說不定也都是魚。若弦論證實為眞，就表示在我們孰悉的四維時空之外，還有其他看不見的維度。但這些更高的維度究竟在哪兒？其中一種可能是十維之中的其他六維都「捲起來」了，所以誰也看不到。請想像你把一張紙捲成緊密牢固的細線。原來的紙張是二維，透過「捲起來」的過程，使之成為一維管線。從遠處看，你只會看見一條細線，但它實際上仍屬二維。

承襲上述方式，弦論也認為宇宙最初有十個維度，但因為某些理由，其中六維捲起來了，故而留下「世界只有四維」的錯覺。雖然弦論的這項特點看似荒謬，但許多科學家仍設法找出這類高維度的實際測量方式。

不過，高維度又是如何協助弦論一統相對論和量子力學？若試圖將重力、核力、電磁力合併成單一理論，各位會發現，它們就像彼此無法嵌合的拼圖，僅僅四個維度根本不足以容納這些作用。然而，一旦維度增加，可供組裝這些低階理論的「空間」也隨之冒出來，就像拼圖可逐步嵌合，終而形成完整圖像。

舉例來說：請想像有個處於二維空間的「平面國」，平面國的人跟薑餅人一樣，只能左右移動、沒有上下的概念。另再想像，許多年前，有個美麗的三維晶體爆炸、碎塊紛紛落向平面國。多年以後，平面國人終於把收集到的結晶碎塊拼成兩大碎片，可是無論他們再怎麼努力，就是沒辦法把兩片兜在一起。後來有一天，平面國人提出一道破格的驚人構想——要是把其中一片「豎起來」、朝向看不見的第三維度，說不定就能讓兩塊碎片彼此契合、組成美麗的三維晶體。也就是說，重組晶體的關鍵是移動平面、使其穿過第三維度。以此為喻，兩塊碎片即代表相對論和量子理論，晶體是弦論，爆炸則是大霹靂事件。

即使弦論與數據吻合幾近天衣無縫，我們仍需驗證這套理論。如前所述，弦論不可能直接驗證；物理論述大多都是間接驗證的。比方說，我們曉得太陽主要由氫、氦組成，卻不曾有人造訪過太陽。我們之所以知曉太陽的組成分子，乃是透過間接分析得到的結果：陽光穿過稜鏡，分散成一條條不同色光；研究這道彩虹的色光條帶，就能找到象徵氫和氦的指紋。（事實上，氦最早不是在地球發現的。一八六八年，科學家於某次日蝕期間分析太陽光，發現一種奇特新元素的證據，命名為「氦」（helium），意思是「來自太陽的金屬」。後來一直要到一八九五年，科學家才在地球上找到氦存在的直接證據、並且恍然大悟：原來氦是氣體，不是金屬。）

弦與暗物質

同理，弦論或也能透過多種間接測試驗證。由於弦的每一種振動方式皆能對應一種粒子，故我們也可以在粒子加速器內尋找能代表「高八度弦」的全新粒子。我們希望以一兆電子伏特的能量、令質子相撞，然後在碎片中找出弦論預測到的新粒子。這套做法說不定能反過來說明天文界最大的未解謎題之一。

一九六〇年代的天文學家在研究銀河系如何旋轉時，發現一件怪事：銀河系轉速極快，若依牛頓定律，這種速度應該會使星系分崩離析，但銀河系卻已穩定存在一百多億年。事實上，按牛頓古典力學計算，銀河系的轉速比正常值快了十倍有餘。

這引出一個大問題：若不是牛頓的方程式有誤（這點幾乎無法想像），那就是銀河系外有一圈由未知物質組成的隱形環狀結構，補足重力所需的星系質量、使其團結在一起。這也就是說，螺旋狀星系燦爛美麗的旋臂或許並非完整結構，其實外圍還有一圈質量比可見星系大上十倍、但肉眼看不見的巨環。由於星系照片只呈現以漩渦方式聚集的大量恆星，所以不論維繫群星的力量為何，它肯定不會和光產生作用——它必須是隱形的。

天體物理學家將這些行蹤不明的質量稱為「暗物質」。暗物質的存在迫使學界改寫原本主張「宇宙主要由原子組成」的理論，於是我們有了整個宇宙的暗物質分布圖。雖然看不見，但暗物質就跟其他所有具質量的物體一樣，會彎折星光。因此，只要分析星系周圍星光畸變的程度，就能透過電腦演算推得暗物質存在、描繪它在整個宇宙的分布模式。不用說，分布圖顯示，占星系總質量比例最高的正是暗物質。

暗物質除了會隱形，也有重力，只可惜我們無法掌握——因為它完全不跟其他原子互動（理由是暗物質為電中性）。暗物質會直直穿過你的手掌心、地面、穿透地殼。它會在紐約和澳洲之間來回振動，彷彿地球不存在似的，但它仍會被地球的重力所束縛。因此雖然我們看不見暗物質，但它仍會透過重力與其他粒子互動。

有一套理論指出，暗物質是超弦的一種高階振動態，而排名第一的候選者是光子的超對稱夥伴「超光子」（photino），或稱「小光子」。超光子擁有合乎暗物質特徵的一切性質：它不與光作用，所以看不見；但它仍具質量，且狀態穩定。

我們有幾種方式可以驗證這項推測。首先是利用質子對撞，直接在大型強子對撞機（ＬＨＣ）裡造出暗物質。在極短暫的一瞬間，加速器內應該會形成暗物質粒子。若此法可行，應該會在科學界激起巨大迴響——因為這代表史上首次發現並非以原子為基礎的新物質形式。假如ＬＨＣ不足以製造暗物質，說不定國際直線加速器（ＩＬＣ）辦得到。

另外還有一種驗證方法。地球其實也正乘著暗物質在宇宙中移動。若暗物質粒子撞上粒子偵測儀內的質子，或許會產生一陣次原子雨、說不定還能拍攝下來。目前，全球物理學家皆耐心等待，殷殷期盼他們的粒子偵測儀內出現物質與暗物質相撞的痕跡。而在此同時諾貝爾獎也在等待，等待首位發現暗物質粒子的物理學家。

倘若能透過粒子加速器或地表感應器發現暗物質，就可以拿來跟弦論預測的暗物質特性做比較，據此掌握可評估弦論有效性的證據。

雖然找到暗物質會是邁向證明弦論的一大步，若能透過其他方式證明也同樣可行。比方說，牛頓的重力理論主宰星辰等大質量物體的運動方式，但我們對短距離內的重力作用（譬如數公分以內）仍所知有限。由於弦論的假設維度高於牛頓理論維度，代表牛頓著名的「反平方定律」（inverse square law）——重力強度與距離平方成反比——在短距離內可能無法成立，因為牛頓預測的條件基礎是「三維」。（譬如，假如時空是四維，那麼重力應該與距離立方成反比。目前所有試驗皆找不到牛頓重力定律能在更高維度成立的證據，不過物理學家還沒放棄。）

另外還有一種可能方式：把重力波探測器送上太空。設於美國華盛頓州及路易斯安納州的兩座「雷射干涉儀觀測站」（Laser Interferometer Gravitational Wave Observatory，ＬＩＧＯ）分別於二〇一六和二〇一七年，成功捕捉到黑洞相撞及中子星相撞所發出的重力波。而ＬＩＧＯ的太空進化版「雷射干涉太空天線」（Laser Interferometer Space Antenna，ＬＩＳＡ）或許能偵測到大霹靂瞬間所發出的重力波。我們希望能藉此「倒帶回播」，推測大霹靂之前的宇宙狀態，或可粗略檢驗弦論針對大霹靂前的宇宙所做的部分預測。

蛀孔與弦論

除了前述幾種方法，尋找弦論預測的「奇特粒子」（exotic particles）——譬如類似次原子粒子的「微型黑洞」（micro black hole）——也是驗證弦論的方式之一。

各位已親眼見證，我們如何透過物理學推斷未來文明發展，根據不同文明的能源消耗量做出合理猜測。我們預期文明將從第一類的行星文明進化至第二類的恆星文明，最後達到第三類的星系文明階段。星系文明則傾向透過「馮紐曼探測機器人」探索星系、利用「埠對埠雷射傳輸意識」跨越宇宙。然而其中的關鍵在於，第三類文明或可觸及「普朗克能量」——意即時空趨向不穩定、超光速移動幾近可行的臨界點。但為了計算適用於超光速旅行的物理法則，我們需要一套超越愛因斯坦相對論的理論，而這套理論說不定就是弦論。

我們希望能藉弦論算出可用以分析時間旅行、跨維度旅行、蛀孔、大霹靂前等種種異象的量子校正。舉例來說，假如有個第三類文明能操縱黑洞，並以此創造通往平行宇宙的蛀孔通道。如果沒有弦論，我們大概無法算出進入蛀孔之後會遭遇何種景況：蛀孔會不會爆炸？一旦進入蛀孔，蛀孔是否會因為重力輻射而關閉？我們有沒有辦法平安穿過蛀孔、分享這段經歷？

弦論應該能算出穿過蛀孔期間可能承受的重力輻射量，並回答前述問題。

還有一道問題也在物理學界激起熱議：你進入蛀孔、回到過去，失手殺死自己的祖父（那時你還未出生）——於是矛盾產生了。[78] 如果你殺了自己的祖先，你又怎麼可能繼續存在？愛因斯坦的理論實際上是容許時光旅行的（若負能量確實存在），卻未說明該如何解決祖父悖論。而弦論——由於它屬於世間萬物皆可計算的有限理論——應該有辦法解決這些令人絞盡腦汁、腸枯思竭的矛盾難題。（以下純粹是我個人的想法：進入時光機以後，時間之河會分成兩條支流——換言之，時間線分岔了。這表示你殺死的是某位「長得極像你祖父」、並且「活在另一個宇宙、另一條時間線」的人。也就是說，多重宇宙解決了所有肇因於時間的矛盾與悖論。）

然而，因為弦論的數學計算太過繁複，目前物理學家還沒辦法利用弦論解答前述問題。不過這只是數學問題，而非實驗問題，因此將來說不定有哪位具開創性又有魄力的物理學家，能完整算出超時空和蛀孔的所有性質。物理學家毋須再空想超光速旅行是否可行，而是能透過實際演算，利用弦論確認超光速是否眞有可能發生。不過目前我們仍需等待，等待物理學家更透徹理解弦論，才可能做出最後確認。

離散終點？

所以，第三類文明說不定能利用量子重力理論造出超光速星艦，這點不無可能。

不過，站在人類的角度來看，此舉有何含意？

稍早我們已經知道，受限於光速的第二類文明仍可能建立開枝散葉的星系移居地，創造許多在遺傳學上具明顯差異的血統譜系、最後甚至也可能完全與母星失去聯繫。

但問題依舊存在：當第三類文明能夠駕馭普朗克能量、和這些失聯已久的人類支系重啓聯繫時，又會發生什麼事？

也許歷史會重演。比方說，由於飛行器與現代科技興起，建立迅速且便捷的國際運輸網絡，因此終結人類的大離散時代。今天，我們只要坐上飛機，就能在短時間內飛越當年祖先花了數萬年才跨越的浩瀚大陸。

同樣的，當我們從第二類文明進化至第三類文明，照理說也將擁有足夠的能力探索普朗克能量，理解時空變得不穩定的關鍵點。

若假設此舉能使超光速旅行成為可能，就代表第三類文明或許有能力整合散布星系各處的第二類文明移居地。鑑於這些移居地都擁有共同的人類遺產，說不定眞能如艾西莫夫所預見的，創造出一個嶄新的星系文明。

誠如先前所見，人類在未來數萬年內可能歷經的遺傳分歧程度，粗估跟人類自大離散以來的變異程度差不多。最重要的關鍵是我們自始至終都必須保持人性。在某一文化環境中誕生的孩子，毫無疑問能在另一截然不同的文化環境下順利長大成人，就算這兩種文化差了十萬八千里也不成問題。

這也就是說，第三類文化的考古學家在好奇「遠古」人類如何遷徙之餘，說不定也會嘗試追溯第二類文明老祖宗跨越星系、開枝散葉的遷移路徑。尋找第二類文明的各種古老遺跡，或許會是星系考古學家的研究目標之一。

艾西莫夫「基地系列」的主角們無不戮力尋找孕育「銀河帝國」的遠古星球，該星球的名字與位置已不可考，隱沒在星系前歷史的混亂之中。由於銀河帝國已達上兆人口，遍居數百萬顆適居星球，這項任務看似希望渺茫。後來，他們發現全星系最古老的幾顆行星，找到最早的行星殖民地廢墟，看見這些星球如何因為戰爭、疾病及其他災禍而遭人類拋棄。

同樣的，某第三類文明也可能自第二類文明孕育而生，並試圖回頭尋溯數百年前、藉由次光速星艦散播各處的無數旁系文明。現階段的人類文明廣納許多擁有不同歷史脈絡、觀點視角的多元文化，並因此豐沛興盛，故第三類文明也可能以相同方式，與諸多同樣衍生自第二類文明卻彼此互異的文化交流互動，變得更加豐富多元。

因此，打造超光速星艦能使艾西莫夫的美夢成真，離散各星球的人類便能整合成完整的星系文明。

誠如馬丁．里斯爵士所言，「假如人類能躲過自毀的命運，即注定走向『後人類』時代。源於地球的生命將廣布整個星系，並進化成為超出你我目前所能理解、更加豐富且複雜的文明。若真是如此，我們的小小星球、這顆飄在太空中的淡藍小點，說不定會是全銀河系最重要的一方天地。從地球出發的首批星際旅人將肩負重責大任，讓整座銀河系及系外之境齊發共鳴。」

但是任何先進文明最後都得面對攸關存續的終極挑戰：宇宙也有終點。於是我們得問，一個擁有全面且巨量科技的先進文明，是否可能逃過這個萬物終結的句點？「進化至第四類文明」或許是智慧生命的唯一希望。

第十四章 脫離宇宙

有人說，世界將燬於烈焰，
或寂於堅冰。
嚐過慾火滋味的我，同意烈焰一說。
——美國桂冠詩人羅伯特·佛洛斯特（Robert Frost）

永恆是一段漫長難熬的時光——站在終點的角度來看，尤其如此。
——美國搖滾樂手伍迪·艾倫

地球正邁向死亡。

電影《星際效應》中，地球突遭詭異的枯萎病襲擊，導致作物死亡、農業瓦解，人類陷入挨餓危機。一場毀滅性的大饑荒令文明搖搖欲墜，緩慢崩解。

馬修·麥康納（Matthew McConaughey）飾演的前NASA太空人受派一項危險任務。不久前，土星附近開啓謎一般的蛀孔，這條通道能把人類送往遙遠的銀河系，而那裡說不定有適合人類居住的新天地。太空人不顧一切想拯救人類，於是自願進入蛀孔，在眾星之間為人類尋覓新居所。

在此同時，地球上的科學家也急切想找出蛀孔的祕密。蛀孔是誰造設的？為何剛好出現在人類即將毀滅之際？

真相緩緩浮現。科學家發現，該蛀孔乃科技超前地球百萬餘年的先進文明所造，而建造者竟是人類的後代子孫。

這個文明相當先進，定居於超時空，距離我們熟悉的宇宙十分遙遠。他們打造了連結過去的通道，送來先進科技以拯救祖先（也就是我們）。唯有拯救人類，他們自己才能得救。根據《星際效應》製片之一、物理學家奇普．索恩的說法，激發他們構思這部電影的物理理論，正是弦論。

如果地球得以存續，未來總有一天也會面臨相同問題；只是屆時瀕死的將是宇宙。

在遙遠未來的某一天，宇宙會變冷、變黑，群星不再閃耀，宇宙也將驟然進入「熱寂」狀態（或稱「大凍結」）。宇宙既亡，一切生命亦不復存在，終而達到接近絕對零度的狀態。

但問題是：這套說法完全沒有漏洞嗎？我們能否逃開宇宙死亡的注定終局？我們能不能像馬修．麥康納飾演的太空人一樣，在超時空找到救贖之道？

為了解宇宙可能以哪些方式死亡，我們必須分析愛因斯坦重力論對遙遠未來所做的預測，再分析近十年來學界提出的驚人新見解。兩者皆至關重要。

依據相關方程式，我們算出宇宙的終極命運可能有三種選項。

大崩縮、大凍結、大解體

首先是大崩縮（Big Crunch），意指宇宙膨脹逐漸趨緩、停止、然後反轉。在這個假設場景中，太空中的所有星系最後都會停止運動並開始崩縮。恆星間距逐漸拉近，宇宙溫度隨之飆高。最後，所有星星全部融成一團超級炙熱的太初團塊。在某些版本中，甚至還可能出現「大反彈」（Big

Bounce）、接著是「大霹靂」，整套程序於是從頭再來一遍。

第二種可能是「大凍結」。宇宙持續膨脹，其勢不減，按熱力學第二定律所言，總熵（總亂度）亦持續增加，因此宇宙會因為熱和物質分布日趨離散，變得越來越冷。星星不再閃耀，夜空終將漆黑一片，溫度也會驟降至逼近絕對零度，所有分子幾乎完全停止運動。

數十年來，天文學家一直在嘗試確認哪種假設能決定我們這個宇宙的命運。這部分可藉由計算「宇宙平均密度」得到答案。假如宇宙的密度夠稠密，表示宇宙內有足夠的物質和重力去吸引遙遠星系，逆轉宇宙膨脹，因此「大崩縮」遂有其實際可能性。假使宇宙質量不足，將不會有足夠的重力逆轉膨脹，結果就會走向大凍結。區隔這兩種假設場景的臨界密度，約莫是每立方公尺六顆氫原子。

但是在二〇一一年，諾貝爾物理學獎頒給了索羅．珀爾穆特（Saul Perlmutter）、亞當．黎斯（Adam Riess）和布萊恩．施密特（Brian Schmidt），表揚三人足以推翻數十年堅定信仰的重大發現。他們發現，宇宙實際上並未減緩膨脹速度，反而更加速膨脹。目前的宇宙已存在一百三十八億年左右，不過卻在約五十億年前明顯開始加速膨脹。今日宇宙的膨脹態勢猶若失控。《科學的美國人》聲稱：「天文物理界震驚地發現，宇宙竟然正在自我解體。」這群天文學家分析遙遠星系的超新星爆炸事件，確認了宇宙在數十億年前的膨脹速度，因而得到上述驚人結論。（有一種名為「1A型超新星」〔Type 1A〕的天體爆炸事件，具固定光度，可依其明亮程度精確度量距離。以汽車為例，若知車頭燈亮度，通常很容易判斷車輛遠近。但若不知其亮度，自然也就抓不準距離了。已知亮度的車頭燈即為「標準燭光」，而「1A型超新星」就如同標準燭光，因此很容易判斷距離。）科學家分析這類超新星，發現它們離我們越來越遠，這點完全符合預期。然而令科學家震驚的是，距離較近的幾顆1A型超新星顯然移動得比預期快上許多，這表示宇宙正加快腳步、以更快的速度膨脹。

所以，除了「大凍結」與「大崩縮」，科學家又從數據推導出「大解體」（Big Rip）這種猶如「『大凍結』嗑了類固醇、致使宇宙生命周期的時間架構大幅加速」的結果。

在「大解體」架構中，遙遠星系遠離我們的速度將快到超越光速，最後從我們的視界消失。（此舉並不違反狹義相對論，因為此乃「空間膨脹的速度大於光速」所致。實質物體的移動速度不可能比光速快，但空間能以任何速度收縮或膨脹。）這表示夜空有一天會徹底變黑，因為來自遙遠星系的星光移動速度太快，無法抵達我們的視界。

最後，這股飛快加速膨脹的趨勢將大到無以復加，不僅星系、恆星系硬生生遭扯裂，就連組成你我的原子本身也崩解四散。在「大解體」的最終階段，你我熟知的物質將不復存在。《科學的美國人》寫道：「空間快速膨脹、蠻橫扯裂每一顆原子，於是星系摧毀、恆星系拆解，以致所有星球皆爆炸成碎片。最後，我們的宇宙將在這場爆炸中畫下句點，化為能量無限大、名符其實的奇異點。」

偉大的英國哲學家暨數學家伯特蘭．羅素（Bertrand Russell）曾經寫道：

所有忠誠摯愛、所有靈感啓發、以及人類宛如正午時分燦亮陽光的天才巧思，注定隨著恆星系浩大的死亡而消滅殆盡。以人類成就堆砌而成的輝煌聖殿，亦終將無可避免埋沒在宇宙廢墟的斷垣殘壁之下……唯有在真理的架構中、唯有在徹底絕望的堅定基礎上，（人類）才可能安然建造靈魂居所。

羅素爵士以「宇宙廢墟」和「徹底絕望」回應物理學家預測地球終將消亡的命運。但爵士當時並未預見即將到來的太空計畫，他也未曾預料，科技進步將使人類有可能逃過星球滅亡的終局。

但是就算有一天，人類眞有辦法搭乘星艦逃離垂死的太陽，我們又該如何躲過宇宙之死？

火，還是冰？

就某種意義而言，古人早已料到這許許多多猛烈震撼的局面。每一種宗教似乎都有自己的神話寓言，憑以解釋宇宙的誕生和消亡。在北歐神話中，有一則名為「諸神黃昏」（Ragnarök）的預言。當這一天來臨，世界將壟罩在無盡冰雪中，天堂也因此凍結；「霜巨人」和阿斯嘉（Asgard）的北歐諸神展開末日之戰。基督教神話則有「哈米吉頓」（Armageddon），意思是「世界末日的善惡終戰」。《啓示錄》四騎士現身，預告最終審判即將到來。而印度教神話根本沒有所謂的世界末日，取而代之的是一連串無盡輪迴，每一輪迴約持續八十億年。

然而在歷經數千年的推敲猜想之後，科學已逐漸釐清我們的世界將如何演進、如何告終。地球的未來將陷入一片火海。約莫在五十億年後，我們的行星過完最後幾天好日子，太陽即耗盡氫原子燃料、膨脹成紅巨星。變成紅巨星的太陽將使天空著火、海水沸騰、山脈融化，最後吞沒地球，而地球則像一塊繞著太陽轉的燒紅煤渣（因大氣著火）。這片場景宛如《聖經》所言的「塵歸塵，土歸土」。物理學家的說法則是：你我皆源自星塵，終將復歸於星塵。

而太陽自身的命運則略有不同。歷經紅巨星階段之後，太陽將耗盡所有核燃料，逐漸皺縮變冷、化為一顆小小的白矮星（大小跟地球差不多），最後再變成黑矮星而死亡，成為飄盪於星系之間的核廢料。

銀河系和我們的太陽不同。銀河系將燬於烈焰。若從現在開始計算，銀河系大概會在四十億年後撞上離我們最近的螺旋星系「仙女座星系」（Andromeda）。仙女座星系約莫是銀河系的兩倍大，所以對銀河系來說會是一場「惡意合併」。據電腦模擬推衍，這兩座星系剛開始會互相旋繞，跳起死亡之舞。然後仙女座會拆解銀河系的諸多旋臂，使之瓦解。兩星系中央的黑洞起初也互相旋繞，最後則相互碰撞並融合成更大的黑洞，一個嶄新的橢圓狀星系於焉誕生。

在前述各種假設場景中，讀者必須明白一項重點：「重生」也是宇宙生命周期的一環。行星、恆星、星系都會循環再生。舉例來說，我們的太陽大概屬於第三代恆星。每次只要有恆星爆炸，噴出的塵埃雲氣就會在太空中重新聚合、再度萌生下一代恆星。

科學也讓我們明白整個宇宙的生命歷程。直到最近，天文學家才認為他們終於搞懂了宇宙歷史、以及宇宙在未來數兆年後的終極命運。天文學家推測，宇宙會緩慢歷經五個演化期：

1. 第一階段為大霹靂後十億年內。宇宙充滿炙熱、不透明的解離分子雲，惟因熱度過高，電子、質子尚無法凝聚成原子。
2. 第二階段始於大霹靂後十億年。宇宙已相當程度冷卻下來，令原子、恆星、星系能從一團混亂中生成浮現。空蕩蕩的太空突然變得晶瑩剔透，宇宙初次亮起星辰。你我目前正處於這個時代。
3. 第三階段始於大霹靂後一千億年。恆星耗盡核燃料，宇宙大量充斥小型紅矮星。紅矮星燃燒緩慢，可繼續閃爍數兆年。
4. 第四階段則為大霹靂後數兆年。所有星辰皆燃燒殆盡，宇宙徹底漆黑，偌大的空間僅剩死亡的中子星與黑洞。
5. 來到第五階段，就連黑洞亦逐漸蒸發瓦解，於是整個宇宙變成一片核廢料之海，充滿四處漂蕩的次原子粒子。[79]

後因發現宇宙正在加速膨脹，上述過程說不定得壓縮在數百至數千億年內完成。「大解體」讓天文學界亂了套，科學家又得傷腦筋了。

到底是何方神聖令我們對宇宙的終極命運驟然改觀？[80]

暗能量

根據愛因斯坦相對論，驅使宇宙演化的力量有兩大主要來源。其一是時空曲率，彎曲的時空在恆星與星系周圍創造類似重力場的效應。你我之所以能穩穩踩在地面上，亦是拜時空曲率所賜。在兩種驅力中，天文物理學家較偏重時空曲率的研究。

另外還有一種常被忽略的力量：「無」的力量，眞空能，也稱做「暗能量」（切莫與「暗物質」混淆）。空空如也的太空其實蘊含極大的能量。

最近一次計算顯示，這股暗能量的作用猶如「反重力」，促使宇宙四散分離。宇宙膨脹的程度越大，暗能量就越多，因而導致宇宙膨脹的速度越來越快。

目前科學家取得的最佳數據指出，宇宙所含的物質或能量（物質可與能量互換）有百分之六十九藏在暗能量中。（相較之下，暗物質佔了約百分之二十六、氫氦原子約占百分之五，而組成地球、構成你我的其他高等元素只占小小的百分之〇點五。）因此，驅使星系遠離我們的暗能量，顯然才是主宰宇宙的力量，甚至比時空曲率所含的能量要高出許多。

於是到頭來，整套宇宙學最至關至要的核心問題之一，其實是要了解暗能量的起源。這股力量來自何方？是否終將摧毀宇宙？

若粗略結合相對論與量子理論，通常可以得到暗能量的預測值，但這個結果的偏差程度達到 10^{120} ——這大概是科學史上最大的偏差值，上天下海都找不到此等差異。這表示我們對宇宙的理解肯定錯得離譜。因此，追求「一統的場理論」已不再只是為了滿足科學好奇心，而是理解萬物運作所應掌握的基本道理。這個問題的答案將揭示宇宙本身以及宇宙中所有智慧生物的命運。

逃過世界末日

鑑於宇宙將在遙遠未來消亡於冷寂之中，那麼人類該怎麼辦？這股宇宙之力能夠逆轉嗎？眼前至少有三種選項。

第一是什麼也不做，順其自然，讓宇宙走完自己的生命周期。按弗里曼・戴森的說法，隨著溫度越來越低，智慧生物應該會順應環境、放慢思考速度。到最後就連一個簡單念頭也得花上好幾百萬年才能成形，但屆時這些智慧生物根本不會注意到這一點，因為其他所有智慧生物的思考速度也都變慢了。即便如此，智慧生物彼此之間仍有對話的可能，就算得花上數百萬年也不成問題。故從這個角度來看，一切看似正常不變。

生活在如此寒冷的世界裡，搞不好相當有意思。像是「量子躍遷」（quantum leaps）這類根本不會出現在人類日常生活中的現象，屆時或許也會經常發生。蛀孔可能在眼前開啓又閉闔。泡泡宇宙可能也會一下子冒出來、一下子消失不見。未來的智慧生物可能一天到晚都能看見這些景象，因為他們的腦子運作太緩慢了。

然而，這也只是暫時的解方，因為分子運動終將慢到無法將資訊傳遞至另一方的程度。到了這個節骨眼，一切活動——包括思考，且不論思考速度有多慢——都將停滯不動。屆時，絕望中的唯一希望只剩下在這一切發生以前，暗能量產生的加速度會突然消失——既然誰也不曉得宇宙為何加速膨脹，這股力量突然消失或也不是不可能之事。

晉升第四類文明

依循相同的邏輯脈絡，第二道選項是進化成第四類文明，學會利用星系之外的能量。有一次，我以宇宙學為題進行演講、談到卡爾達肖夫文明指數。會後，有個十歲小男孩走上前來，表示我講錯了。卡爾達肖夫指數在正規的第一類、第二類、第三類文明之外，一定還有第四類文明才對。我糾正他，解釋宇宙只有行星、恆星和星系，因此第四類文明不可能存在。星系之外沒有能源。

後來我才意識到，也許我對那個孩子太沒有耐心了。

各位還記得，每一種文明都比前一級文明強大百億至千億倍嗎？既然可觀測宇宙中大概有一千億個星系，那麼第四類文明應該有辦法駕馭整個可觀測宇宙的能量。

說不定這種「星系外能源」就是暗能量。暗能量是整個宇宙目前已知最大的物質（能量）來源。那麼第四類文明要怎麼操縱暗能量、扭轉「大解體」命運？

就定義而言，第四類文明若能駕馭星系之外的能量，說不定也能操縱某些透過弦論方能呈現的額外維度，造出能令暗能量極性反轉的球體，進而逆轉宇宙膨脹。球體外的宇宙或許依舊加速膨脹，但球體內的星系得以正常演化。透過這種方式，即使宇宙全面邁向死亡，第四類文明或許仍有機會存活下來。

這顆球體的作用方式有點像戴森球，只不過戴森球的目的是包住恆星、提取能量，而這顆球的目的是封住暗能量，遏制宇宙膨脹。

至於最後一種可能是打造一條穿越時空的蛀孔。[81] 若宇宙將死，那麼選擇之一或許是離開這個宇宙、進入另一座更年輕的宇宙。

愛因斯坦最早呈現的宇宙形象是一顆持續膨脹的巨大泡泡，你我則棲息在泡泡表層。但是弦論端出的新形象是除了我們這個大泡泡、還有其他許多泡泡，而每顆泡泡都是弦論方程組的一個解。整個空間其實是一缸泡泡浴，是由眾多泡泡組成的多重宇宙。

在這群泡泡中，有許多泡泡小到得用顯微鏡才看得見。它們在「迷你大霹靂」之後突然閃現、復又迅速崩解，大多不會對我們造成影響，只會在眞空空間裡度過短暫的一生。這種「宇宙在眞空中持續湧現翻騰」的現象，史蒂芬．霍金稱之為「時空泡沫」（space-time foam）。因此，「空無」並非眞的啥都沒有，反倒充滿持續變動的宇宙。這麼說來，就連我們體內也存在這種時空泡沫內的振動，只是振動幅度太小，你我極幸運地完全察覺不到。很奇特吧！

這套理論最教人驚豔之處在於：若大霹靂曾經發生過一次，往後就會一再重複發生。於是這構成一幅新形象：許許多多的嬰宇宙像發芽一樣、不斷從母宇宙冒出來，而我們所在的宇宙只是幅員更大的多重宇宙中的一個小囊袋而已。

（有時候，少部分的小泡泡不會消失、回歸眞空，反倒因為暗能量的關係而劇烈膨脹。我們的宇宙或許就是這麼來的。又或者，我們的宇宙源於兩個泡泡相撞，或是某個泡泡分裂成許多小泡泡，而其中一個正是我們。）

誠如在前章讀到的，某先進文明可能造出規模相當於小行星帶的巨型粒子加速器，並藉此開啓蛀孔。假如他們能以負能量穩定蛀孔結構，說不定就能將蛀孔做為通往其他宇宙的逃生通道。我們已在第八章討論過，該如何利用「卡西米爾力」產生負能量；不過負能量還有另一種來源，就是這些高維度空間。這些超時空具有兩種作用：第一是或許能改變暗能量的值，進而阻止宇宙大解離。其次是或許能造出負能量，協助穩定蛀孔結構。

多重宇宙中的每一個宇宙（泡泡）皆擁有各自獨立的物理定律。最理想的狀況是，我們能進入一處原子組成穩定（這樣在進入該宇宙時，身體才不致瓦解）、但暗能量含量較低的宇宙。因這類宇宙已膨脹至相當程度、亦冷卻到足以形成適居行星，但膨脹速度又不會太快，故不會加速進入大凍結的初期階段。

暴脹

乍看之下，前述各項預測看似荒謬，但我們透過人造衛星收集到的宇宙最新數據，似乎也支持這幅景象。[82]就連原本抱持懷疑態度的人也不得不承認，多重宇宙的概念與所謂的「暴脹理論」（inflation）不謀而合。暴脹理論是大霹靂理論中發展最快的版本。該理論假設，就在大霹靂之前不久，一場名喚「暴脹」的大爆炸在最初 10^{-31} 時創造了宇宙。這個時間點比舊有理論提早許多。最早提出這個想法的是麻省理工學院的亞倫．古斯（Alan Guth）和史丹佛大學的安德烈．林德（Andrei Linde），而暴脹解開了一大堆宇宙學謎題。舉例來說，宇宙似乎比愛因斯坦預測得還要扁平且一致。倘使宇宙當眞經歷過一場雷霆萬鈞的大爆炸，其實會變得非常扁平——像充氣充到極限的巨大氣球——因為體積太大，所以膨脹的氣球表面看起來幾乎是平的。

此外，若我們先朝一個方向觀測宇宙，再轉向一百八十度、朝反方向觀測，結果會發現不論朝向哪個方向，宇宙看起來幾乎都差不多。[83]若要達到這種一致性，得把許多不同部分混在一起才行。然因光速有限，我們所觀測到的一切資訊無論如何都不可能在時限內交融混合，照這樣說來，宇宙看起來應該會是東一團西一團、結構紊亂，理由是時間不足以讓物質均勻混合。但暴脹理論解決了這個難題。該理論假設：在時間之初，宇宙只是一小團均質物質。暴脹使這一小團物質迅速膨脹，創造出今日你我所見的一切。由於暴脹隸屬量子理論範疇，因此它有可能——可能性很小、也很有限——再次發生。

不可否認，暴脹成功解釋現有數據，但宇宙學家之間仍為潛藏在暴脹背後的理論僵持不下。人造衛星提供相當可觀的證據，顯示宇宙確實有過一段快速暴脹期，但究竟是什麼力量驅使宇宙暴脹，仍不得而知。目前憑以闡釋暴脹理論的主流說法，仍是弦論。

有一次，我問古斯博士，我們有沒有可能在實驗室造出一個嬰宇宙？他表示，其實他還眞的算過。首先得將極驚人的大量熱能集中在一點上。假如眞要在實驗室製作嬰宇宙，勢必得通過劇烈的大霹靂爆炸階段。不過，這場爆炸應該會在另一個維度裡發生，因此就人類的觀點而言，這個嬰宇宙最後仍會「消失不見」。話說回來，我們應該還是能感受到嬰宇宙誕生時的劇烈震波，程度可能跟核武爆炸不相上下。因此他的結論是：假如眞的要製作嬰宇宙，咱們得趕緊逃跑才行！

涅槃

多重宇宙也可以從神學的角度理解。人類的宗教可以分成兩大類：明確界定「創造瞬間」的宗教，以及信仰「無限輪迴」的宗教。譬如，猶太、基督教哲學常提到「創造」、「創世紀」，也就是世界誕生的這樁宇宙事件。（可想而知，第一位計算大霹靂時間點的正是物理學家暨天主教神父喬治・勒梅特〔Georges Lemaître〕。他認為愛因斯坦的理論與《創世紀》互不衝突，彼此相容。）但是佛教就沒有所謂的「神」。佛教認為宇宙是永恆的，無始無終，唯一存在的只有「涅槃」（Nirvana）。這兩種哲思看起來完全相反：一方認為宇宙有起點，一方認為宇宙沒有起點。

然而，如果納入多重宇宙的概念，即可能融合這兩種完全相反的哲學概念。弦論有云，我們的宇宙確實有過一場災難式的開端「大霹靂」，但我們也同時活在由許多泡泡組成的多重宇宙中——這些宇宙泡泡漂浮在更大的場域內：一座十維超時空裡。而這個空間沒有開端、亦無盡頭。也就是說，在這個比宇宙更大的「涅槃超時空」裡，「創世紀」會持續不斷地發生。

於是，這套說法讓我們以簡單又優雅的方式，將猶太基督教與佛教的「宇宙起源」觀點融為一體。我們的宇宙確實有過激烈火爆的起點，但我們也在永恆的涅槃中，與其他平行宇宙並存俱在。

造星者

於是這又帶我們回到奧拉夫．斯塔普雷頓的作品：他想像有某種巨大無比的存在，能創造並拋棄所有宇宙——即「造星者」。造星者宛如天體畫家，源源不絕變出新宇宙，妝點或調整其特質，然後繼續創造下一個宇宙。每個宇宙都有不同的自然定律與生命形式。

造星者置身這群宇宙之外，在畫布上盡情描繪宇宙、讓整幅畫面盡收眼底。斯塔普雷頓寫道，「每座宇宙……各有各的特長，也有其獨特的時間軸。透過這種方式，造星者不僅能按各宇宙的內部時間審視任一宇宙的一連串事件，也能從外部時間——在所有共存的宇宙紀元之間，找出對應自己人生的時間點——綜觀全局。」

這跟弦論學者看待多重宇宙的方式相當接近。多重宇宙中的每一個宇宙都是弦論方程組的一個解，各有各的物理定律、各有各的時間標度與度量單位。誠如斯塔普雷頓所言，唯有置身正常時間之外、置身所有宇宙之外，才能一眼看盡這所有宇宙泡泡。

（這不禁令我想起聖奧古斯丁看待時間本質的方式。假如上帝是全能的存在，那麼祂就不應受縛於任何世俗掛念。換言之，神明毋須趕赴約會、或應付截止期限。因此就某種意義而言，上帝必須置身時間之外。同理，造星者和弦論學家在凝視這缸多重宇宙的宇宙泡泡浴時，也必須處於時間之外。）

但是，假使我們真有可能處在一缸宇宙泡泡浴中，那麼到底哪個泡泡才是我們的宇宙？這不免得提到另一個問題：我們的宇宙是否由「更高的存在」一手設計打造？

在檢視宇宙中的各種「力」的時候，我們發現，這些「力」似乎被「微調」得剛剛好、足以創造出智慧生命。舉例來說，假使「核作用力」再強一點，太陽早就在數百萬年前燃燒殆盡了。但如果再弱一些，那麼打從一開始就不會形成太陽。重力也服膺同樣的道理。如果重力再強一點，宇宙在數十億年前就會發生大崩縮。倘若再弱一點，宇宙雖不崩縮，卻會落得大冰凍的下場。就這兩個例子來看，核力與重力都被「微調」至剛剛好的程度，使地球有可能出現智慧生命。繼續檢驗其他的「力」或參數，也能發現同樣的模式。

這些能使生命誕生的基礎定律，容許範圍非常狹窄。於是前人提出某些哲思或基本原理，試圖處理這些問題。

首先是「哥白尼原理」（Copernican principle）。該原理簡單陳述：地球本身沒有任何特別之處。地球只是一片宇宙塵埃，在宇宙中漫無目的地遊蕩。大自然的種種力量只是「碰巧」調整得剛剛好而已。

其次是「人本原理」（anthropic principle）。該原理言明，人類的存在大大限制了宇宙存在的類別。該原理有一套說服力較弱的版本，僅陳述自然法則本就應該容許生命存在，理由是「我們」存在，而且還能思索並理解這些法則。任一宇宙都和其他宇宙一樣好，但只有我們這個宇宙擁有能思索一切、記述一切的智慧生物。而另一套較有說服力的版本則說，若說生命之所以存在，是因為宇宙不得不以某種方式容許生命存在，這似乎有點說不過去。或許宇宙就是為了讓生命存在才設計出來的。

哥白尼原理認為我們的宇宙並不特別，而人本原理的主張則恰恰相反。奇怪的是，雖然兩套說法完全對立，卻都和我們所知的宇宙彼此相容。

（我清楚記得，小學二年級的時候，老師如何解釋這套概念給我聽。她說上帝太愛地球了，所以把地球放在離太陽最恰當的位置上。如果靠得太近，海洋會沸騰。離得太遠，海洋會結冰。所以祂決定讓地球跟太陽保持最適當的距離。那是我這輩子頭一次聽聞科學原理以這種方式說明。）

若要解決這個問題、又不想帶入宗教思想，「系外行星」或許能助一臂之力。這些行星要嘛離恆星太近、要嘛離得太遠，故無法支持生命存在。我們今日之所以存在，實為運氣使然。我們落腳太陽系的適居帶，純粹只因為運氣好。

同樣的，若要解釋宇宙何以似乎微調至允許我們所知的生命存在，也是因為幸運，因為世間還有其他數十億個平行宇宙並未為了生命進行微調，因此毫無生氣。然你我有幸誕生，並為此見證。所以，宇宙不必然非得要由更高的存在來設計創造。我們之所以在這裡討論這個問題，是因為我們活在一個容許生命存在的宇宙。

不過，我們還可以用另一種方式來看待這個問題。我個人比較偏好這種說法，而這也是我目前的研究方向。在這套架構中，多重宇宙內含許許多多的宇宙，但絕大多數不太穩定、並且終將衰變至比較穩定的狀態。過去或許有過不少現已不存在的宇宙，其中有些說不定已併入我們的宇宙；以這種情況來說，我們的宇宙之所以倖存，理由是我們是最狀態穩定的一個。

所以，我的觀點其實融合了哥白尼原理與人本原理。一如哥白尼原理所稱，我認為我們的宇宙並不特別，但以下兩點除外：我們的宇宙非常穩定，以及這個宇宙能與我們所知的生命形式完美相容。因此，名為「涅槃」的超時空裡雖漂浮著無數平行宇宙，但其中大多不穩定，而且說不定只有少數幾個宇宙能繼續存在、創造出如同你我的生命形式。

弦論目前還處於未完成狀態。一旦整套理論謎底揭曉，我們就能拿它跟宇宙的暗物質存量、描述次原子粒子的各種參數比對，這些都是或可確認弦論正確與否的重要問題。如果驗證為真，那麼弦論說不定也能解開暗能量之謎（物理學家相信，將來有一天，宇宙可能會被暗能量的巨力所摧毀）。假如我們有幸進化至第四類文明，能夠駕馭超越星系的能量，那麼弦論或許能告訴我們，要怎麼做才能躲過宇宙本身的消亡。

說不定，哪個充滿抱負又有開創精神的年輕人在讀完本書之後，深受啓發，決定著手完成弦論的歷史終章，這就能解答宇宙之死可否逆轉的終極提問。

最終提問

以薩克．艾西莫夫曾經表示，在他所寫的所有短篇故事中，他最喜歡〈最終提問〉（The Last Question）。這篇故事針對數兆年後的未來，給出一幅驚人的全新版本，也闡明人類將如何面對宇宙末日的挑戰。

故事描述，亙古以來，人類不斷詢問超級電腦「宇宙是否非得滅亡」或「宇宙膨脹是否可能逆轉，以免走向全面凍結的最終命運」這類問題。每當被問到「熵能否逆轉？」時，超級電腦都會回答：「現有數據不足以算出有意義解答。」

後來，距離現在又過了好幾兆年之後，人類的存在已超出物質範圍、進化至「純能量」形式，可經由傳輸跨越星系。少了物質束縛，人類能透過純意識造訪遙遠之境。人類的肉身亦已長生不滅，不過幾乎都儲放在某個遙遠且已遭遺忘的恆星系，只剩意志自在暢遊。只不過，每一次當他們問起「熵能否逆轉？」這個至關重要的問題時，總會得到「現有數據不足以算出有意義解答」的回應。

最後，超級電腦也強大到任何行星皆容不下其存在，最後只能置於超時空。組成「人類」此一種族的數兆心靈也與超級電腦合而為一。當宇宙進入最終死亡的痛苦掙扎時，超級電腦終於解開「熵能否逆轉」的大哉問——就在宇宙死亡的那個瞬間，超級電腦宣布：「要有光！」（Let there be light.）於是，光出現了。❶

也就是說，人類的未來終歸還是進化成神，並且有能力創造出新的宇宙，讓一切重新開始。〈最終提問〉無疑是小說界的大師之作，但是且讓我們從現代物理學的角度分析這則短篇故事。

❶ 譯注：就好比《創世紀 1：3》創世第一天，神說：「要有光。」

誠如前一章提過的，在下個世紀結束前，我們說不定能透過埠對埠雷射傳輸系統，以光速傳輸意識。而雷射傳輸終將成為跨星系的超級高速公路，承載數十億心靈高速飆越星系。如此說來，艾西莫夫設定人類能以「純能量」的形式探索星系，或許不算太牽強的概念。

接下來是「超級電腦增強到只能置身超時空，最後甚至與人類融為一體」這部分。說不定哪天我們眞能變得像造星者一樣，從我們所在的超時空俯瞰全景，看見我們的宇宙和多重宇宙內的其他共存宇宙，以及它們各自包含的數十億星系。在分析眼前這一大片充滿無限可能的宇宙之後，我們或許會從中挑出一個年紀尚輕、可做為人類新家園的新宇宙。我們說不定會選擇一個擁有像原子這類穩定物質、而且還很年輕，故能造出新恆星系並孕育新生命形式的宇宙。所以在遙遠的未來，智慧生命說不定不會走向死亡，反而還能目睹新家園誕生。若情況眞是如此，那麼故事的結局就不會以宇宙死亡告終。

人類若想長長久久生存下去，絕不能繼續窩在地球上。向外探索太空才是唯一活路……但我個人相當樂觀。假如我們在未來兩個世紀能趨吉避凶、順利逃過災難，那麼人類這個種族就能安然長存，在星際開枝散葉。一旦建立可自給自足的外星移居地，人類的未來也就安全無虞了。

——美國物理學家史蒂芬・霍金

夢想源自夢想家。切記：力量與熱情就在你內心深處，讓你能伸手摘星、改變世界。

——美國廢奴主義者哈莉特・塔布曼（Harriet Tubman）

注釋

前言

1 七萬五千年前的某一天，人類差點就滅絕了……

摘自論文 A. R. Templeton,"Genetics and Recent Human Evolution," *International Journal of Organic Evolution* 61, no. 7 (2007): 1507–19.

另可參考 *Supervolcano: e Catastrophic Event at Changed the Course of Human History; Could Yellowstone Be Next?*（New York: MacMillan, 2015）。

2 說不定你我身上都能找到這次巨變的明確證據……

雖然學界普遍同意，多峇島超級火山爆發確實是一次災難級事件，不過在此仍須指明，並非所有科學家都認為那次爆發足以改變人類的演化方向。英國牛津大學某研究團隊鑽鑿非洲馬拉威湖底、取得並分析過去數萬年來的沉積物，循此重建古時候的氣候條件。研究人員分析多峇火山爆發時的天候狀況，並未找到氣候長久變遷的明顯跡象，使得這套理論蒙上幾分疑慮。不過，馬拉威湖的分析結果是否能擴及其他地區，目前尚待確認。另一套理論指出，人類之所以在七萬五千年前遭遇演化瓶頸，乃是環境緩慢變遷、而非生態系突然崩潰所致。不過這個問題仍需進一步研究，才能做出明確結論。

第一章

3 年輕時，他大多窩在圖書館鑽研科學期刊、學習牛頓運動定律……

牛頓的三大運動定律分別是：

- 若不受外力作用，運動中的物體將維持原本的運動狀態。（也就是說，太空探測器一旦飛上太空，只需少量燃料就能抵達遙遠行星。理由是太空不具摩擦效應，故基本上可一路滑行至目的地。）
- 作用力為質量與加速度的乘積。這是牛頓力學的基礎法則，亦使摩天樓、橋樑及工廠等建築物得以屹立於世。不論在哪一所大學，大一物理原則上就是在不同力學系統中解決這道方程式。
- 每一作用力必定有一力量相同、方向相反的反作用力。火箭能在太空中前進，正是基於這個道理。

若用於發射太空探測器、飛越太陽系，這套定律運作得十分完美；然而在以下幾個重要領域中，牛頓力學仍不免敗下陣來：(a)速度快到接近光速、(b)極大的重力場，譬如黑洞附近、(c)原子內的極短距離。要想解釋這些現象，必須借助愛因斯坦的相對論和量子理論。

4 立足小行星……

摘自克里斯．英培《Beyond》（New York: W.W. Norton, 2015）。

5 戈達德教授霸著……

摘自克里斯．英培《Beyond》第三十頁。

6 韋納·馮布勞恩繼承前人的草圖、夢想和模型……

諸如齊奧爾科夫斯、戈達德、馮布勞恩等火箭先鋒彼此如何互相影響，史學家至今仍爭論不休。有人宣稱前述諸位幾乎是完全獨立作業，各自獨立發現或重複發現彼此的成果。有人則認為他們彼此之間應該有某種交流，特別是因為這些學者的研究大多已做論文發表，應不難取得。不過，目前已知納粹確實徵詢過戈達德的建議，因此若說馮布勞恩十分明白前人投入的種種努力（因為他與納粹政府有往來），應無爭議。

7 我打算飛上月球……

摘自 Hans Fricke《Der Fisch, der aus der Urzeit kam》（Munich: Deutscher Taschenbuch-Verlag, 2010）第二十三到二十四頁。

8 我意在摘星，但偶爾會不小心擊中倫敦……

摘自一九九八年八月三日《時代》雜誌〈The Moon and the Clones〉一文，作者為 Lance Morrow。欲進一步了解馮布勞恩留下的政治遺產，請參見 M. J. Neufeld 著作《Wernher von Braun: Dreamer of Space, Engineer of War》（New York: Vintage, 2008）。另外，這部分討論還有一些是根據二〇〇七年九月，我在廣播節目訪問前書作者 Neufeld 所完成的。馮布勞恩可謂開啟太空時代新紀元的偉大科學家。描寫他的作品非常多，但這些研究成果大多受納粹金援而來，因此褒貶不一，各有定論。

9 美國的火箭計畫有一搭沒一搭地進行……

參見 R. Hal 與 D.J. Sayler 所著《*The Rocket Men: Vostok and Voskhod, the First Soviet Manned Spaceflights*》（New York: Springer Verlag, 2001）。

10 國會越來越把NASA視爲『業務』單位……

參見詹姆斯和古格里．班福德所著《Starship Century》（New York: Lucky Bat Books, 2014）第三頁。

第二章

11 整個概念都是爲了保存地球……

摘自二〇一三年八月十二日《華盛頓郵報》Peter Whoriskey 報導：〈For Jeff Bezos, The Post Represents a New Frontier〉。

12 上個世紀九〇年代，科學家意外發現……

參見論文 R. A. Kerr, "How Wet the Moon? Just Damp Enough to Be Interesting," Science Magazine 330 (2010): 434.

13 中國宣布要在二〇二五年送太空人上月球……

參見 B. Harvey《China's Space Program: From Conception to Manned Spaceflight》（Dordrecht: Springer-Verlag, 2004）。

14 限制太空人停留時間長短的因素很多……

參見美國智庫「華盛頓特區戰略與國際研究中心」（CSIS）報告〈Costs of an International Lunar Base〉，作者 J. Weppler, V. Sabathicr 與 A. Bander，網址：csis.org/publication/costs-international-lunar-base。

第三章

15 行星資源公司估計……

該公司網址：www.planetaryresources.com

第四章

16 在我們這裡（指『太空探索技術公司』），失敗是選項之一……

若想多了解伊隆・馬斯克的名言金句，可造訪網站：www.investopedia.com/university/elon-musk-biography/elon-musk-most-influential-quotes.asp

17『火星』是當前最新潮流……

參考網址：manofmetropolis.com/nick-graham-fall-2017-review

18 我累積個人財富，自始至終就只有一個目的……

摘自英國《衛報》二〇一六年九月報導，網址：www.theguardian.com/technology/2016/sep/27/elon-musk-spacex-mars-exploration-space-science

19 我深深相信……

摘自美國科技新聞平台《The Verge》二〇一六年十月五日報導，網址：www.theverge.com/2016/10/5/13178056/boeing-ceo-mars-colony-rocket-space-elon-musk

20 條條大路通火星，我覺得這是好事……

摘自美國財經科技新聞網《Bussiness Insider》二〇一六年十月六日報導，網址：www.businessinsider.com/boeing-spacex-mars-elon-musk-2016-10

21 NASA竭誠鼓勵……

出處同上。

22 NASA「人類探索與行動任務局」副局長比爾．葛斯登梅爾……

參見網址：www.nasa.gov/feature/deep-space-gateway-to-open-opportunities-for-distant-destinations

第五章

23 其實是因爲史普尼克……

二〇一七年六月廣播節目《Science Fantastic》訪問內容。

24 此外還有一項名爲「生物圈二號」（**Biosphere 2**）的古怪企畫……

參見 R. Reider 著作《Dreaming the Biosphere》（Albuquerque: University of New Mexico Press, 2010）。

第六章

25 天文學家利用牛頓定律……

若想算出「洛希極限」和潮汐力，只需應用最基本的牛頓萬有引力定律即可得到答案。由於衛星是球體而非點粒子，故木星這類氣態巨行星施予衛星面行星側的引力，會大於衛星背行星側的重力，導致衛星微微突出變形。各位也能算出衛星本身的重力，這股重力拉住衛星本身、使其團結在一起；然若到了某個臨界點，衛星會開始瓦解碎散，這個臨界點就稱為「洛希極限」。據此推知（但並非證明）氣態巨行星的「環」可能肇因於潮汐力。

26 越過氣態巨行星……

來自「庫柏帶」與「奧特雲」的彗星，可能各自擁有不同的起源。早在太陽還是一團氫氣與塵埃組成的巨大火球時，火球縱徑可能上看好幾光年；後來因為重力的關係，這顆大球逐漸塌縮，旋轉速度也越來越快。來到某個時間點，部分氣體崩縮成一片快速旋轉的圓盤，終而凝聚成太陽系。由於這片旋轉圓盤含有水汽，遂形成太陽系邊陲之外的行星環帶——也就是庫柏帶。不過，另外還有些氣體和塵埃並未壓縮併入圓盤。其中有些凝固成一塊塊堅冰，可粗略看出「原恆星」（protostar）的初始輪廓，此為奧特雲。

第七章

27 AlphaGo 連西洋棋也不會……

摘自二〇一七年四月號《Discovery Magazine》。可參考網址：discovermagazine.com/2017/april-017/cultivating-common-sense

28 二〇一七年，兩位億萬富翁爲了 AI 大起爭執……

許多人擔心 AI 會顛覆就業市場，導致數百萬人失業。雖然這極有可能發生，不過仍有其他趨勢或可逆轉這個效應。為因應 AI 發展，新的就業市場亦可能就此蓬勃發展——設計、維修、服務型機器人的需求與規模可能呈現爆炸性增長，說不定還能跟手機產業相抗衡。此外，在未來數十年間，仍有許多工作類別無法以機器人取代，譬如某些需相當熟練度的非重複型勞務（如警察、管理員、建築工人、水電工、園丁、承包人員等等），機器人仍力有未逮。舉例來說，機器人可能因為太過陽春，連「撿垃圾」也做不來。普遍來說，工作內容較難自動化、故不易遭機器人取代的類別通常需要(a)常識、(b)辨認模式、和(c)與人互動。比方說，法律事務所裡的助手幫辦可能遭機器人取代，但是我們依舊需要律師出庭，在真人法官或陪審團面前辯護案件。至於中盤商或網路仲介商，由於他們的工作特別容易被取代，所以可能得想辦法提高服務的附加價值——譬如提高「智慧資本」（intellectual capital），加強分析、員工教育、歷練和創新，這些都是機器人缺乏的能力。

29 人類自己正在創造自己的繼承者……

摘自賽謬爾．巴特勒〈機器中的達爾文〉，參考網址：www.historyofinformation.com/expanded.php?id=3849

30 我可以預見，總有一天，人類與機器人的關係……

欲了解更多克勞德．夏農的金句箴言，請見：www.quotes-inspirationa.com/quote/visualize-time-robots-dogs-humans-12

31 真可笑，現在談這些太早了吧……

摘自二〇一五年十一月二十三日《紐約客》雜誌〈The Doomsday Invention〉一文，作者Raffi Khatchadourian。參考網址：www.newyorker.com/magazine/2015/11/23/doomsday-invention-artificial-intelligence-nick-bostrom.

32 至於祖克柏與馬斯克兩人的爭論……

這場有關ＡＩ風險與益處的爭議，應該從更全面的角度來審視討論。每一項發明的應用層面皆有好有壞，弓箭最初也只用在小型狩獵競賽（譬如獵捕松鼠、野兔等等），但後來卻演變成可攻擊人的可怕武器。同樣的，人類最初是為了娛樂消遣和運送郵件才發明飛機，後來也變成可載運砲彈的武器。同理，ＡＩ在未來數十年內會是相當有用的發明，因為它能創造工作、創新產業同時創造財富。但是到頭來，假使它們變得太過聰明，確實有可能對人類的存在造成威脅。ＡＩ要發展到哪種程度才算危險？我個人認為，當ＡＩ具有自我意識，就是由利轉弊的臨界點。目前的機器人不知道自己是機器人，但這項認知在未來可能發生劇變；不過就我的看法，直到本世紀結束以前，ＡＩ應該還不會到達這個臨界點。這讓我們還有時間做好準備。

33 他深信，我們將在二〇四五年達到「科技奇異點」……

在分析「科技奇異點」的不同面向時，各位應該謹記：未來世代的機器人肯定會比前幾代機器人聰明，因此應該很快就能造出超智能機器人。當然，人類也有可能造出記憶容量大得驚人的超級電腦，但這就能代表電腦變得更聰明嗎？事實上，目前尚無人能演示單一電腦能否造出「更高智慧」的二代電腦。也就是說，其實「聰明」這個詞並沒有嚴謹的定義。這並非代表前述狀況不可能發生，而是這個過程本身的定義並不恰當。就連要怎麼實現這個目標，也沒人清楚解釋過。

34 為了造出一台擁有自我意識的機器人……

在我看來，「模擬未來」這份能力是人類智慧或智能的關鍵。人類總是不停在計畫、架構、空想、沉思或冥想未來。我們情不自禁這麼做。人類喜歡預測。但要想模擬未來，關鍵之一是必須理解常識法則，而這類法則多達數十億條。這些法則源自我們對周遭世界基礎生物學、化學及物理學的掌握與了解。我們越是精確理解這套自然法則，就越有辦法確切模擬未來。目前，「常識問題」是ＡＩ仍待跨越的主要障礙之一。科學家投入大量心血，想把所有常識法則有系統地編纂成條目，無奈全軍覆沒。就連一個小朋友知道的常識也遠遠勝過現今最先進的電腦。故換言之，由於機器人就連這世界最簡單的事物也無法理解，因此就算有哪個機器人妄想從人類手中奪下世界掌控權，注定毫無勝算。對機器人而言，光是主宰人類還不夠，它得能掌握最簡單的常識法則、才有辦法執行計畫。比方說，給機器人下個「搶銀行」的簡單指令，最終肯定失敗——因為機器人無法實際設想所有可能的突發狀況。

第八章

35 來到計畫的下一個階段……

參考論文 R. L. Forward, "Roundtrip Interstellar Travel Using Laser-Pushed Lightsails," Journal of Spacecraft 21, no. 2 (1984): 187–95.

36 在星艦類別中，「光帆」算是蠻大的一個項類……

參見 G. Vulpetti, L. Johnson、L. Matloff 合著之《Solar Sails: A Novel Approach to Interplanetary Flight》（New York: Springer, 2008）。

37 將來有一天，地球會出現一種速度比這個還快……

摘自凡爾納《從地球到月球》。文句節錄可參考：www.space.com/5581-nasa-deploy-solar-sail-summer.html.

38 泰德．泰勒延續弗里曼．戴森的主張，進一步發展這個構想……

參考 G. Dyson 著作《Project Orion: The True Story of the Atomic Spaceship》（New York: Henry Holt, 2002）。

39 目前已知有好幾種方式……

參考 S. Lee、S. H. Saw 連袂發表之〈Nuclear Fusion Energy—Mankind's Giant Step Forward〉一文，《*Journal of Fusion Energy*》二〇一〇年二月二十九日出刊。

40 就概念而言，核融合火箭是合理可靠的……

「磁局限融合」之所以無法在地球實際施行，最根本的理由還是安定性問題。在自然界裡，一大團氣體可被壓縮成恆星，因為重力能均勻壓縮這團氣體。然而「磁局限融合」的磁極有南北兩極，因此不可能以磁力均勻壓縮氣體。若以磁力壓縮某區域的氣體，這團氣體肯定會朝另一端突出（正如同擠捏氣球，你掐捏一處，球體必向另一側擴張）。有人想出一個點子：打造甜甜圈模樣的磁場，然後在甜甜圈內壓縮氣體。物理學家嘗試之後，竟連十分之一秒也撐不下去，而且這段時間也短得無法產生可自發運作的核融合反應。

41 提取宇宙蘊藏量最豐富的能源……

雖然反物質火箭的質能轉換效率可達百分之百，過程中仍有從表面上看不出來的些微損耗。譬如，物質與反物質相撞所產生的能量，部分可能以微中子形式呈現，但微中子無法收集轉製成可利用能源。其實人體天天承受太陽發出的微中子輻射，甚至在日落以後，穿過地球而來的微中子仍持續撲擊你我的身體，但我們卻連一點感覺也沒有。事實上，如果各位以微中子束照射鉛塊，它大概會先直直穿透一光年的距離，最後才被擋下來。因此，物質及反物質碰撞產生的微中子能量會逸散消失，無法用來發電。

42 衝壓噴射融合火箭則是另一種迷人概念……

參考論文 R. W. Bussard, "Galactic Matter and Interstellar Flight," Astronautics Acta 6 (1960): 179–94.

43「太空電梯」或許是奈米科技「改變遊戲規則」的畫時代應用方式……

參考 NASA 出版品，D. B. Smitherman Jr. 所著《Space Elevators: An Advanced Earth-Space Infrastructure for the New Millennium》CP 2000-210429。

44 大概要等大家聽了不會笑、然後再加個五十年吧……

參考資料《NASA Science》〈Audacious and Outrageous: Space Elevators〉。網址：science.nasa.gov/science-news/science-at-nasa/2000/ast07sep_1.

45 有一天，有個男孩讀到一本童書，爾後改變了世界……

愛因斯坦狹義相對論的基礎，根植於一句非常簡單的描述：在所有慣性系統中（任何等速運動座標系），光速均維持不變。然而該陳述違反牛頓定律，因為後者壓根沒提過光速。為了讓愛因斯坦的理論使人信服，我們必須大幅改變對古典運動定律的既有認知。單從愛因斯坦這句描述，各位會發現：

- 火箭的移動速度越快，火箭裡的時間就過得越慢。
- 火箭的移動速度越快，火箭裡的空間壓縮程度就越大。
- 你的移動速度越快，你的重量就越重。

於是這就表示，當移動速度等於光速時，時間會停止，你也會變得無比扁平、無比沉重——但這完全不可能。因此，任誰都沒辦法超越光速障礙。（話說回來，大霹靂時，宇宙膨脹得相當快，導致速度超越光速——這個不成問題。因為是「空間」膨脹的速度大於光速，但物質物體的速度不准超過光速。）

目前所知唯一能超越光速的方法，必須借助愛因斯坦廣義相對論的「時空」（space-time）概念：這是一種可伸縮、彎曲、甚至撕裂的結構。首要是利用「多重連結空間」（multiply connected spaces），即「蛀孔」，讓兩個宇宙像連體嬰一樣彼此相連。拿兩張紙、令其平行，然後再打個洞、串起兩張紙——這就是蛀孔。又或者，你也可以壓縮前方的空間，然後越過這團壓縮空間，達成超光速移動。

46 雖然物理學家還沒找到負物質的證據……

史蒂芬．霍金證明了一項強而有力的定理。該定理言明，容許時光旅行與跨蛀孔星艦的愛因斯坦方程組中，負能量是該方程組所有合理解的基本要件。

古典牛頓力學並不容許負能量存在。而量子力學則透過「卡西米爾效應」，承認負能量存在。實驗室已測得負能量，其值非常非常小。取兩片金屬板、令其平行。若施以外力迫使兩金屬板分開，則卡西米爾力與金屬板之間的距離成反比。換言之，兩塊金屬板逐漸靠近彼此時，金屬板之間的負能量會迅速提升正能量。

問題是這兩塊金屬板必須非常貼近，間距不得超過次原子等級。惟今日的科技水準尚無法達成。我們只得假設，某個超先進文明已經找到控制浩瀚負能量的方法，並可嫻熟掌控這項能力，順利造出時光機和跨蛀孔星艦。

47 我有幸訪問過米蓋爾．阿庫別瑞這位墨西哥籍理論物理學家……

參見論文 M. Alcubierre, "The Warp Drive: Hyperfast Travel Within GeneralRelativity," Classical and Quantum Gravity 11, no. 5 (1994): L73–L77。我為《發現頻道》訪問阿庫別瑞教授時，他相當有信心地表示，他針對愛因斯坦方程組所提出的解，在科學上絕對有相當程度的貢獻；但是，如果有誰眞想造出一台曲速引擎，他會非常謹慎看待實務上必須面對的難題。首先，曲速泡泡裡的時空偶爾會與外界分離。這代表我們不可能從外部操縱或指揮星艦。再者——同時也最重要的是——曲速引擎需要極大量的負物質（目前仍未發現這種物質）和負能量（僅存在極微小量）。因此他的結論是，在人類確實造出可供使用的曲速引擎之前，眼前還有好多重大障礙尚待解決。

第九章

48 布魯諾可謂伽利略的大前輩……

摘自《Giordano Bruno: His Life, Thought, and Martyrdom》（Victoria, Australia: Leopold Classic Library, 2014）。

49 我們宣稱宇宙是無限的……

出處同上。

50 二〇〇九年發射的「克卜勒太空望遠鏡」，爲天文學界帶來重大突破……

若想更深入了解克卜勒太空望遠鏡，請造訪 NASA 官網：http://www.kepler.arc.nasa.gov

克卜勒太空望遠鏡僅對準銀河系中非常微小的一點進行觀測。即便如此，它仍找到約四千多顆行星繞行恆星運轉的證據。我們可以從這微小的一點推斷整個星系，概略分析銀河系內的行星。後續接替克卜勒的其他任務會把重點放在銀河系的不同區域，希望能找到不同類型的太陽系外行星與更多類地行星。

51 有些系外行星根本沒辦法拿太陽系的行星做類比……

節錄自二〇一七年六月，廣播節目《Science Fantastic》邀請莎拉．席格教授的訪談紀錄。

52 這顆行星徹底改變系外行星科學的遊戲規則……

摘自科學網站《Science News》二〇一六年十二月十四日報導〈Year In Review: A Planet Lurks Around the Star Next Door〉，作者 Christopher Crockett。

53 這實在太棒了……

節錄自二〇一七年六月，廣播節目《Science Fantastic》邀請莎拉．席格教授的訪談紀錄。

54 這是個相當不可思議的行星系統……

參見網站資料：http://www.quotes.euronews.com/people/michael-gillion-KAp4OyeA.

第十章

55 星系移民的另一建議選項……

參見論文 A. Crow, J. Hunt, and A. Hein, "Embryo Space Colonization to Overcome the Interstellar Time Distance Bottleneck," Journal of the British Interplanetary Society 65 (2012): 283–85.

56 包含基因、遺傳學在內，所有跡象都顯示……

摘自二〇一六年十月號《Discover Magazine》〈What It Takes to Reach 100〉，作者 Linda Marsa。

57 老化機制正緩緩揭曉……

有時候，有人會說「長生不老」違反熱力學第二定律——即萬物（包括所有生物在內）總有一天會衰變、腐朽與死亡。然而第二定律有其漏洞，那就是在封閉系統內，「熵」（亂度）不可避免地會持續增加。這句話的關鍵是「封閉」。如果是開放系統（外界可灌入能量），熵是可以逆轉的。電冰箱就是運用這個原理。冰箱底部的馬達擠壓管道內的氣體，令其膨脹，使冷藏庫的溫度下降。如果把這個原理應用在活體生物上，就代表只要能從外界取得能量（太陽能），即可逆轉亂度。

因此人類之所以存在，是因為陽光能賦予植物能量、而我們則攝取植物能量以修補「熵」造成的損傷；據此，我們的確能反轉部分的熵。於是在討論人類不朽的議題時，只要能從外界局部添加能量（譬如透過改變飲食習慣、運動、基因療法、攝取新型酵素等等），就能逃開熱力學定律的宿命。

58 我認爲時機還沒到，但很接近了……

摘自加來道雄《科技大未來》（*The Physics of the Future*，New York: Anchor Books, 2012）原書第一八八頁。

59 要是我們成功解決老化問題，接下來會發生什麼事……

這段要強調的是，大體來說，上個世紀六〇年代所做的「人口過剩」悲觀預測並未成眞：世界人口的增加速度，其實正在趨緩。不過世界人口的實際數字仍持續上升（尤其是在撒哈拉沙漠以南的非洲地區），因此若要估計二〇五〇年和二一〇〇年的世界人口，其實相當困難。然而，有些人口統計學家聲稱，若前述趨勢不減，那麼世界人口曲線會達到水平延伸的穩定狀態。倘若眞是如此，世界人口即進入某種高原期，不會出現人口過剩的大災難。不過這一切仍屬推論。

60 我跟其他人一樣喜愛我的身體……

參見網站：quotefancy.com/quote/1583084/Danny-Hillis-I-m-as-fond-of-my-body-as-anyone-but-if-I-can-be-200-with-a-body-of-silicon.

第十一章

61 這項革新以旋風之姿橫掃生物科技界……

摘自二〇一四年三月三日《紐約時報》Andrew Pollack 所作〈A Powerful New Way to Edit DNA〉一文，另可參見》www.nytimes.com/2014/03/04/health/a-powerful-new-way-to-edit-DNA.html.

62 這話沒人有膽子說出來……

參見加來道雄《Visions》（New York: Anchor Books, 1998）第 220 頁及《科技大未來》原書第一一八頁。

63 根據我的預測，到了二一〇〇年……

加來道雄《科技大未來》原書第一一八頁。

64 史丹佛大學經濟學家法蘭西斯・福山認爲……

摘自雜誌《Foreign Policy》〈The World's Most Dangerous Ideas: Transhumanism〉一文（Foreign Policy 144 (2004):

42–43），作者為法蘭西斯・福山。

第十二章

65 人類只消瞧瞧自己……

亞瑟・克拉克爵士曾說：「宇宙中要嘛有智慧生命，要嘛沒有。但是這兩種想法都挺嚇人的。」

66 假如你住在隨處可能有餓獅出沒的叢林裡……

參見二〇一七年二月八日《NBC News》報導〈Why These Scientists Fear Contact with Space Aliens〉，作者 Rebecca Boyle。網址：www.nbcnews.co/storyline/the-big-questions/why-these-scientists-fear-contact-space-aliens-n717271.

67 地外文明搜尋計畫……

目前，學界對於這項「地外文明搜尋計畫」尚未取得普遍共識。有些人認為，銀河系可能充滿智慧生命；有些人則深信，地球或許是宇宙中的孤獨存在。由於我們手上只有一個可分析數據（地球），因此除了「德雷克公式」之外，沒有太多能指引分析方向的嚴謹規範。

若想了解其他意見，可參考 N. Bostrom 發表的〈Where Are They: Why I Hope the Search for Extraterrestrial Intelligence Finds Nothing〉，刊載於《*MIT Technology Review Magazine*》一九九八年五／六月號，第七二到七七頁。

68然而這一切還是脫離不了一個甩不掉也解不開的謎題⋯⋯

摘自〈Where Is Everybody? An Account of Fermi's Question〉一文，作者E. Jones，出處《Los Alamos Technical Report》（LA 10311-MS, 1985）。另可參考 .S. Webb 著作《If the Universe Is Teeming with Aliens... Where Is Everybody?》（New York: Copernicus Books, 2002）。

69在這些還未進化至烏托邦的文明世界中⋯⋯

摘自斯塔普雷頓《造星者》（New York: Dover, 2008），原書第一一八頁。

70還有一種可能性：外星人覬覦地核的熱能⋯⋯

關於這個議題，還有許多無法輕易剔除的可能性。

其中之一是我們說不定真的是宇宙中唯一且孤獨的存在。其論據在於，科學家陸續發現越來越多適居帶，表示我們越來越難找到能符合所有新適居帶環境條件的適居星球。譬如銀河系有適居帶，而某顆行星若是太靠近銀河系中心，可能會因為輻射量太高而使生命無法存在；假使離中心太遠，則可能因為重元素不足而無法組成分子、創造生命。故其論點是，雖然宇宙可能有非常非常多的適居帶，其中許多甚至還未發現，但整個宇宙之中極可能就只有一顆行星擁有智慧生命。科學家每找到一個適居帶，就大大降低生命存在的可能性。目前我們已經找到非常多適居帶，但智慧生命的整體機率卻幾近於零。

此外也有人說，地外生命的形式或許能以全新的化學及物理定律為基礎，徹底超出人類能在實驗室模擬的範圍。這麼說來，那就是我們對大自然的認識太過狹隘，在闡明外太空生命時過度簡化了。說不定眞是如此。而且一旦我們開始探索宇宙，肯定也會發現全新的驚喜。不過，單純指稱可能有外星化學或外星物理學存在，仍無法強化這個論點。科學必須以可驗證、具再現性、以及可否證（可證明為偽）的理論為基礎，因此若只是假定可能還有其他未知的化學及物理定律，並無實際用處。

第十三章

71 小報以斗大的標題宣布……

參見二〇一六年八月二十五日《*Huffington Post*》報導〈Are Space Aliens Behind the 'Most Mysterious Star in the Universe'?〉，作者 David Freeman。網址：www.huffingtonpost.com/entry/are-space-aliens-behind-the-most-mysterious-star-in-the-universe_us_57bb5537e4b00d9c3a1942f1

另可參考《華盛頓郵報》二〇一七年五月二十四日報導〈The Weirdest Star in the Sky Is Acting Up Again〉，作者 Sarah Kaplan，網址：www.washingtonpost.com/news/speaking-of-science/wp/2017/05/24/the-weirdest-star-in-the-sky-is-acting-up-again/?utm_term=.5301cac2152a

72 我們從沒見過這種星星……

摘自二〇一五年十月十三日《The Atlantic》報導〈The Most Mysterious Star in Our Galaxy〉，作者 Ross Anderson，網址：www.theatlantic.com/science/archive/2015/10/the-ost-nteresting-star-in-our-galaxy/41023.

73 這套先進文明的分類方式，由俄國天文學家……

引用卡爾肖達夫論文 "Transmission of Information by Extraterrestrial Civilizations," Soviet Astronomy, 8, 1964: 217

74 要想找到任何高度先進文明，前提是……

摘自克里斯・英培《Beyond: Our Future in Space》（New York: W. W. Norton, 2016）第二五五到二五六頁。

75 邏輯告訴我，往天空尋找先進外星文明的神啓是合理的……

摘自大衛．葛林斯朋《Lonely Planets》（New York: HarperCollins, 2003）第333頁。

76 LHC創造不少頭條新聞……

有時會聽人這麼說：建造LHC或更高等級的超大型粒子加速器，可能會做出黑洞並吞噬整個星球。這件事完全不可能發生，理由如下：

首先，LHC無法產生製造黑洞所需的能量（相當於一顆巨大恆星所產生的能量）。LHC的能量級屬於次原子粒子級，微小到無法在時空鑽洞。再者，大自然每天轟炸地球的次原子粒子能量，遠遠強過LHC的產出量。而地球仍好端端的不是？所以，即使次原子粒子的能量強度大於LHC產物，仍不會造成傷害。最後，弦論預測，將來我們會在粒子加速器裡造出迷你黑洞。但由於這些迷你黑洞屬於次原子粒子，不是恆星，因此毫無危險性。

77 目前唯一辦得到的只有弦論……

假如我們天真地想把量子理論和廣義相對論結合在一起，就會得到不一致的數學解，而這個問題難倒眾物理學家近一個世紀。舉例來說，若計算兩顆重力子的散射態，得到的答案是無限大，但這個答案毫無意義。因此，理論物理學面對的根本問題是要在能給出「有限」答案的架構下，整合重力與量子理論。

目前所知唯一能排除這些「無限大麻煩」的方法是「超弦理論」。該理論有一套強大的超對稱設定，讓這些無限值可互相抵消。這是因為弦論的每一種粒子都有自己的「超粒子」夥伴，因此源自普通粒子的無限值得以精確地與超粒子的無限值互相抵消，使得整套理論回歸有限。弦論是物理學中唯一一套「維度自選」的理論。在超對稱的範疇下，弦論是對稱的。一般來說，宇宙間的所有粒子可分成兩種，即「整數自旋」(integer spins)的玻色子(bosons)，和「半整數自旋」(half-integer spins）的費米子（fermions）。隨著時空維度數目增加，這些費米子和玻色子的數目也會增加，且費米子增加的速度通常快過玻色子。然而，最後這兩條曲線卻在十維（弦論）及十一維（M理論，M-theory。M代表球體或泡泡的「膜」）交叉了。所以，我們只能在十維及十一維超時空裡找到唯一一套完備的超弦理論。

假如我們將時空維度設定在十維，就能得到一套相容且完備的弦論。不過就算在十維時空下，也有五種不同版本的弦論。對於傾力尋找時間與空間終極理論的物理學家來說，要相信宇宙竟然有五套彼此不同、卻又「自我完備」（self-consistent）的弦論實在很難。我們最終只想要一套理論。（愛因斯坦曾問過一個頗具指標意義的問題：「上帝在創造宇宙的時候，祂有沒有其他選擇？」也就是說，宇宙是否獨一無二？）

後來，美國數學物理學家愛德華．維騰（Edward Witten）表示，如果再多加一個維度，就能把這五種弦論整合成單一且唯一的理論。這套理論稱為「M理論」，M理論的「膜」相當於弦論中「弦」的概念。倘若先從十一維的「膜」切入，再減去其中一個維度（壓扁或削去），這時我們會發現，眼前有五種方法可將膜降成弦——即已知的五種弦論版本。（譬如把海灘球壓扁，只留下一片圓餅，就等於把十一維的膜降成十維的弦。）不幸的是，即使到了今天，我們對M理論的基礎理論仍一無所知。我們只知道：如果把十一維降至十維，M理論就能化為五種不同的弦論。另就是，在低能量限度內，M理論可降成十一維的超重力理論（supergravity theory）。

78 你進入蛀孔、回到過去，失手殺死自己的祖父……

時間旅行還會引起另一個問題。假若有顆光子進入蛀孔，回到好幾年前，那麼這顆光子在多年後就會抵達「現在」並且再次進入蛀孔。事實上，這顆光子會無限次一再進入蛀孔。這麼一來，時光機肯定爆炸——這是史蒂芬・霍金反對時光機構想的理由之一。不過還是有其他辦法能避開這個問題。在量子力學的多重世界理論中，宇宙會不斷分裂成兩個平行宇宙。因此，倘若時間會不斷分裂，就代表那顆光子「回到過去」的事件只會發生一次。假如光子重返蛀孔，充其量也只是進入另一個平行宇宙，故只會穿越蛀孔一次。如此就能解決「無限次」的問題了。其實，一旦我們採納「宇宙持續分裂成平行世界」的構想，那麼和時間旅行有關的種種矛盾皆可迎刃而解。假如你在自己誕生前就把祖父殺了，實際上你殺掉的只是平行宇宙中某個長得像你祖父的人。你自己的祖父還在你的宇宙裡，好端端地活著哩。

第十四章

79 來到第五階段，就連黑洞……

即使是黑洞，最後也注定消亡。根據「測不準原理」，萬物沒有一樣是確定的，包括黑洞在內。照理說，掉進黑洞的物質百分之百會被黑洞吸收，但這違反測不準原理，所以實際上會有一絲微弱輻射逃出黑洞，稱為「霍金輻射」。霍金證明，霍金輻射屬於黑體輻射（類似熱熔金屬發出的輻射），故帶有溫度。各位可以算算看，一個黑洞（其實是「灰洞」）在亙古綿長的時間內會放出多少輻射，結果導致其結構不再穩定，最後在爆炸中灰飛煙滅。所以即使是黑洞，終究仍難逃一死。

如果我們假設未來某一天會發生「大凍結」，那麼就得正視一項事實：在好幾億兆年之後，你我所知的原子物質極有可能瓦解。目前，描述次原子粒子的標準模型宣稱，質子應該還算穩定；但如果將這套模型擴大解釋、嘗試整合其他各種原子力，各位會發現質子最終可能會衰變成一個「正電子」（positron）和一個「微中子」（neutrino）。假如眞是如此，那麼就代表我們所知的物質終究會變得不穩定、並且衰變成如迷霧般的一團正電子、微中子、電子等等。在這種嚴苛條件下，生命大概也不可能存在了。按熱力學第二定律，唯有溫差存在才可能提取有用的「功」（work）。然而在大凍結發生時，溫度會降至接近絕對零度，因此幾乎沒有溫差、是以也無法提取能量。換言之，宇宙萬物——就連所有可能的生命形式在內——都將全面停止運作。

80 到底是何方神聖令我們對宇宙的終極命運驟然改觀……

暗能量是今日物理界最大的謎團之一。愛因斯坦方程組有兩個通常具協變性質（covariant）的項。一是「縮併曲率張量」（contracted curvature tensor），用以描述恆星、塵埃、行星等等造成的時空曲率。另一為「時空容積」（volume of space-time）。因此，即使是真空也帶有能量。宇宙越膨脹，真空範圍就越大，連帶也會冒出更多暗能量促使宇宙繼續膨脹。換言之，真空的膨脹率與真空的量成正比。照定義解釋，前述狀況會創造出呈指數增長、快速膨脹的宇宙，稱為「德西特膨脹」（de Sitter expansion。德西特是首先提出這個構想的物理學家）。

德西特膨脹可能引發初始暴脹、爾後誘發大霹靂。不過這也導致宇宙再度快速膨脹。不幸的是，物理學家完全不知道該如何從基本原理解釋這種現象。弦論是最接近、幾乎能解釋暗能量的理論，但問題是弦論無法精確預測宇宙的暗能量含量。弦論言明，暗能量的值會依我們捲曲十維超時空的方式而定，但弦論並未精確預測宇宙中到底有多少暗能量。

81 至於最後一種可能是……

假設蛀孔可能存在，眼前還有一道障礙要解決：我們得確定蛀孔另一端的物質狀態是穩定的。比方說，我們的宇宙之所以存在，是因為質子很穩定，或至少穩定到使宇宙在一百三十八億年前剛生成時，不致塌縮至更低階的狀態。然而在多重宇宙的其他宇宙裡，其「基態」（ground state）或許會使次原子粒子（譬如質子）衰變成質量更小的粒子（比方說正電子）。這樣的話，周期表上你我熟悉的所有化學元素都會發生衰變，而這個宇宙將充斥霧濛濛的電子、微中子，無法成為組成穩定原子物質的適當素材。因此在進入平行宇宙時，必須謹慎留意另一方和我們的宇宙是否相似、物質狀態是否穩定。

82 乍看之下，前述各項預測看似荒謬……

參考亞倫・古斯論文"Eternal Inflation and Its Implications," Journal of Physics A 40, no. 25 (2007): 6811.

83 此外，若我們先朝一個方向觀測宇宙……

大霹靂有幾處令人迷惑難解的部分，都讓暴脹理論給一一解開了。第一，我們的宇宙看起來極度扁平，比大霹靂標準理論中提到的還要扁。這部分可透過「宇宙膨脹的速度遠遠超過先前預期的程度」來解釋：初始宇宙的小小部分劇烈暴脹，暴脹過程使得表面益趨扁平化。第二，暴脹理論也能解釋宇宙何以均勻得遠遠超出應有程度。不論朝太空的哪個方向觀察，各位會發現宇宙實在非常均勻且一致。但照理說，初始宇宙應該沒有足夠的時間混合均勻（因為光速已是極限速度），因此我們可以假設，起初發生大霹靂時，有一小塊區域確實是均勻的，而那一小塊均勻區域發生暴脹、爾後形成今日均勻一致的宇宙。

除了前述兩項成就之外，截至目前為止，暴脹宇宙論和我們從「宇宙微波背景輻射」（CMB）蒐集到的數據亦一致相符。這並不代表暴脹理論正確無誤，只能說它正好吻合目前蒐集到的宇宙數據。這套理論是否正確，有賴時間證明。不過暴脹理論倒是有個明顯缺陷：暴脹的成因。這套理論能詳盡說明暴脹瞬間之後的種種，但究竟是什麼導致初始宇宙發生暴脹，卻一個字也沒說。

延伸閱讀

Arny, Thomas, and Stephen Schneider. *Explorations: An Introduction to Astronomy.* New York: McGraw-Hill, 2016.

Asimov, Isaac. *Foundation*. New York: Random House, 2004.

Barrat, James. *Our Final Invention: Artificial Intelligence and the End of the Human Era*. New York: Thomas Dunn Books, 2013.

Benford, James, and Gregory Benford. *Starship Century: Toward the Grandest Horizon*. Middletown, DE: Microwave Sciences, 2013.

Bostrom, Nick. *Superintelligence: Paths, Dangers, Strategies*. Oxford: Oxford University Press, 2014.

Brockman, John, ed. *What to Think About Machines That Think.* New York: Harper Perennial, 2015.

Clancy, Paul, Andre Brack, and Gerda Horneck. *Looking for Life, Searching the Solar System.* Cambridge: Cambridge University Press, 2005.

Comins, Neil, and William Kaufmann III. *Discovering the Universe*. New York: W. H. Freeman, 2008.

Davies, Paul. *The Eerie Silence.* New York: Houghton Mifflin Harcourt, 2010.

Freedman, Roger, Robert M. Geller, and William Kaufmann III. *Universe.* New York: W. H. Freeman, 2011.

Georges, Thomas M. *Digital Soul: Intelligent Machines and Human Values.* New York: Perseus Books, 2003.

Gilster, Paul. *Centauri Dreams.* New York: Springer Books, 2004.

Golub, Leon, and Jay Pasachoff. *The Nearest Star.* Cambridge: Harvard University Press, 2001.

Grinspoon, David. *Lonely Planets: The Natural Philosophy of Alien Life.* New York: HarperCollins, 2003.

Impey, Chris. *Beyond: Our Future in Space.* New York: W. W. Norton, 2016.

———. *The Living Cosmos: Our Search for Life in the Universe.* New York: Random House, 2007.

Kaku, Michio. *The Future of the Mind.* New York: Anchor Books, 2014.

———. *The Physics of the Future.* New York: Anchor Books, 2011.

———. *Visions: How Science Will Revolutionize the 21st Century.* New York: Anchor Books, 1999.

Kasting, James. *How to Find a Habitable Planet.* Princeton: Princeton University Press, 2010.

Lemonick, Michael D. *Mirror Earth: The Search for Our Planet's Twin.* New York: Walker and Co., 2012.

———. *Other Worlds: The Search for Life in the Universe.* New York: Simon and Schuster, 1998.

Lewis, John S. *Asteroid Mining 101: Wealth for the New Space Economy.* Mountain View, CA: Deep Space Industries, 2014.

Neufeld, Michael. *Von Braun: Dreamer of Space, Engineer of War.* New York: Vintage Books, 2008.

O'Connell, Mark. *To Be a Machine: Adventures Among Cyborgs, Utopians, Hackers, and the Futurists Solving the Modest Problem of Death.* New York: Doubleday Books, 2016.

Odenwald, Sten. *Interstellar Travel: An Astronomer's Guide.* New York: The Astronomy Cafe, 2015.

Petranek, Stephen L. *How We'll Live on Mars.* New York: Simon and Schuster, 2015.

Sasselov, Dimitar. *The Life of Super-Earths.* New York: Basic Books, 2012.

Scharf, Caleb, *The Copernicus Complex: Our Cosmic Significance in a Universe of Planets and Probabilities.* New York: Scientific American/Farrar, Straus and Giroux, 2015.

Seeds, Michael, and Dana Backman. *Foundations of Astronomy.* Boston: Books/Cole, 2013.

Shostak, Seth. *Confessions of an Alien Hunter.* New York: Kindle eBooks, 2009.

Stapledon, Olaf. *Star Maker.* Mineola, NY: Dover Publications, 2008.

Summers, Michael, and James Trefil. *Exoplanets: Diamond Worlds, Super Earths, Pulsar Planets, and the New Search for Life Beyond*

Our Solar System. Washington, D.C.: Smithsonian Books, 2017.

Thorne, Kip. *The Science of "Interstellar."* New York: W. W. Norton, 2014.

Wachhorst, Wyn. *The Dream of Spaceflight.* New York: Perseus Books, 2000.

Wohlforth, Charles, and Amanda R. Hendrix. *Beyond Earth: Our Path to a New Home in the Planets.* New York: Pantheon Books, 2017.

Woodward, James F. *Making Starships and Stargates: The Science of Interstellar Transport and Absurdly Benign Wormholes.* New York: Springer, 2012.

Vance, Ashlee, and Fred Sanders. *Elon Musk: Tesla, SpaceX, and the Quest for a Fantastic Future.* New York: HarperCollins, 2015.

Zubrin, Robert, *The Case for Mars.* New York: Free Press, 2011.

NEXT 256

離開太陽系 移民火星、超人類誕生到星際旅行，探索物理學家眼中的未來世界

The Future of Humanity:
Terraforming Mars, Interstellar Travel, Immortality, and Our Destiny Beyond Earth

作者	加來道雄Michio Kaku
譯者	黎湛平
主編	陳怡慈
責任編輯	陳怡君
責任企畫	林進韋
美術設計	陳恩安
內文排版	薛美惠
發行人	趙政岷
出版者	時報文化出版企業股份有限公司 10803 臺北市和平西路三段240號一～七樓 發行專線｜02-2306-6842 讀者服務專線｜0800-231-705｜02-2304-7103 讀者服務傳真｜02-2304-6858 郵撥｜1934-4724 時報文化出版公司 信箱｜臺北郵政79～99信箱
時報悅讀網	www.readingtimes.com.tw
電子郵件信箱	ctliving@readingtimes.com.tw
人文科學線臉書	www.facebook.com/jinbunkagaku
法律顧問	理律法律事務所｜陳長文律師、李念祖律師
印刷	勁達印刷有限公司
初版一刷	2018年12月
定價	新臺幣420元

時報文化出版公司成立於一九七五年，並於一九九九年股票上櫃公開發行，
於二〇〇八年脫離中時集團非屬旺中，以「尊重智慧與創意的文化事業」為信念。

ISBN 978-957-13-7641-7 | Printed in Taiwan

離開太陽系：移民火星、超人類誕生到星際旅行，探索物理學家眼中的未來世界/ 加來道雄(Michio Kaku)著；黎湛平譯. -- 初版. -- 臺北市：時報文化, 2018.12 | 面； 公分. -- (NEXT；256) | 譯自：The Future of Humanity: Terraforming Mars, Interstellar Travel, Immortality, and Our Destiny Beyond Earth | ISBN 978-957-13-7641-7（平裝） | 1.天體物理學 | 323.1 | 107021534